はじめに

JN188159

　近年のAI技術の飛躍的な進展により、私たちの生活や仕事のあり方は大きく変わりつつあります。AIは、これまでの最先端の研究分野や産業での利用といった専門的な利用にとどまらず、一般企業における業務の効率化や娯楽目的での利用など、私たちの日常に深く浸透しています。

　Microsoft 365 Copilotは、AIの力を活用して業務効率を劇的に向上させるツールとして登場しました。Excel、Word、PowerPoint、Outlook、Teamsなどのアプリと連携し、ユーザーの作業を支援してくれます。例えば、データの分析、文書の生成、メールの整理など、従来は人間が行うしかなかった作業を、代わりに行ってくれるのです。

　私たちはこの先、AIを利用することが必須の社会を生きることになるでしょう。多くの企業では、従来型の手間のかかる作業を削減し、従業員がよりクリエイティブな業務に集中できるようになることを目指し、AIの利用を推進しています。その一方で、「AIを使ったことはあるが、業務での活かし方がイメージできない」「そもそもAIって難しそう」といった印象から、AIを使うことに対して抵抗感を持つ方も少なくありません。

　この本では、そんな皆さんの不安を解消するために、実際の業務の流れや使い勝手を意識して、テクニックや考え方などのコツを解説しています。個々のテクニックだけでなく、「どうしてそのような指示を出すのか」「どのような活かし方ができるか」といった観点で解説し、より実践的にMicrosoft 365 Copilotを活用できるよう構成しています。

　AIは決して難しいものではなく、正しく使えば非常に強力なツールとなります。この本を通じて、AIの力を最大限に活用し、業務の効率を向上させるためのヒントを得ていただければ幸いです。そして皆さんがAIを使いこなし、業務をより効率的で生産的なものにできるよう、心から願っています。

2025年3月31日

FOM出版

業務にAIを取り入れるよう会社から言われたけど何から始めようかな？

業務をもっと効率化したい！

…そんなあなたに！

Microsoft 365 Copilot

生成AIをOfficeアプリに取り入れてこれまでの業務をさらに効率化！

でも…………

使い方だけ覚えても業務に役立てられる？

AIを使いこなすのって難しそう……

操作が難しそうで、やってみる気にならない

そんな疑問や不安を持つあなたをサポートします！

実はこのイラスト、Copilotで生成しました！

※生成方法は46ページ

本当に役立て
られるの？

Point 1

業務で使える場面が
イメージしやすい！

本書は、実際の利用用途や利用シーンをイメージしやすいように、**実際の業務に即した流れを意識した構成**となっています。また、業務の内容と使用するアプリが章単位で分けられているので、目的に合わせた読み方で、効率的に使いこなし術を身につけられます。

一通りの使い方を知りたい場合や、業務にどう活かしていくかイメージしながら読みたい場合は、初めから順に読み進めることをおすすめします。

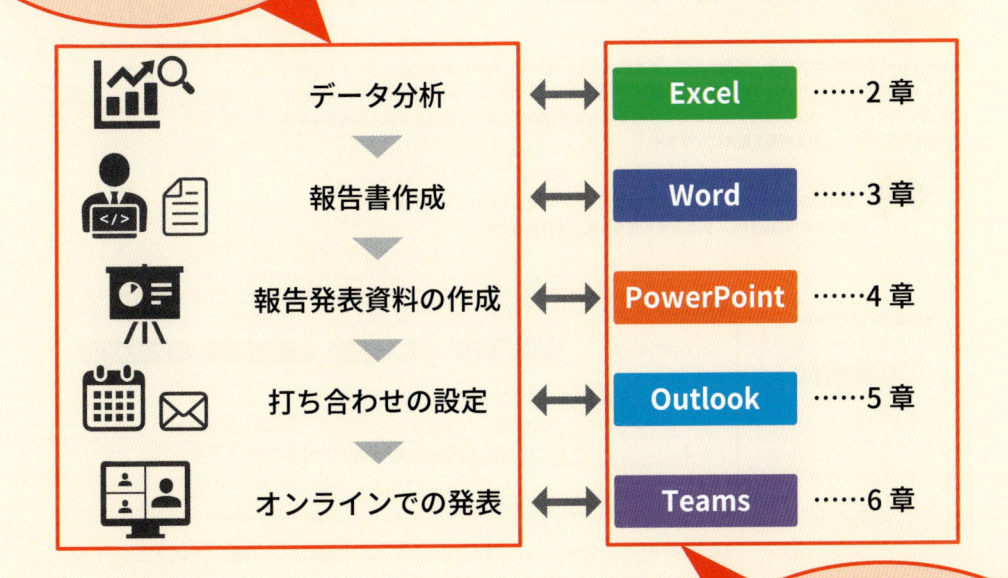

データ分析	⟷	Excel	……2章
報告書作成	⟷	Word	……3章
報告発表資料の作成	⟷	PowerPoint	……4章
打ち合わせの設定	⟷	Outlook	……5章
オンラインでの発表	⟷	Teams	……6章

特定のアプリでの使い方を知りたい場合は、必要な章をピックアップして読むこともできます。

コツや
テクニックが
たくさんあって
難しそう

Point 2

使いこなすための
ポイントが明確！

各 Section の初めには、その Section で解説する内容を簡潔な言葉でまとめた**ハッシュタグ**を表示しています。その Section のポイントがつかめるだけでなく、知りたいテクニックをハッシュタグから探すこともできます。また、AI に要望を伝えるための**指示（プロンプト）**も、AI に指示の意図を汲んでもらうのに有効なポイントが、4 つの色分けで確認できるようになっています。

Section
04

#複雑な条件を含む数式　#複雑なタスクを分解して依頼する

複雑な数式を生成してもらおう

実際に Excel で業務を行う際は、IF 関数を用いた条件式など、もう少し複雑な数式を扱うことがよくあります。条件式の入力は、手で入力するのはやや面倒ですが、Copilot であれば、日本語で条件を伝えるだけで生成してくれます。なお、条件が複雑になりすぎる場合は何段階かに分けて依頼すると、生成される数式の確認がしやすく、生成内容も確実になります。

こう頼む！

・送料の条件を指定して、サイズ・重量に基づいて送料を計算してもらう
・遠方地域用の送料を、都道府県名から判断して計算してもらう

ハッシュタグ

Section で解説されている内容が一目でわかるよう、ハッシュタグでまとめています。

Copilot にヘルプを頼む

	A
1	商品名
2	キャンプチェア
3	サングラス
4	折りたたみ傘
18	ランニングシューズ
19	キッチンスケール
20	アウトドアテーブル
21	ワッフルメーカー

Prompt

☑ 作成のポイント　　1 目的　　2 期待値　　3 ソース　　4 コンテキスト

1 グループ会議で使用するための報告書を、3 第１四半期と第２四半期の営業成績フォルダーのデータを使用して作成してください。4 来期の経営方針の指標となるように、2 第 1，第 2 四半期の比較を盛り込み，項目ごとの数値を表にまとめてください。

で紹介した 4 つのポイントをすべて盛り込むのは、内容によっては難しい場合もあるでしょう。に盛り込もうとする必要はありません。プロンプトを実行してみて、思ったような結果が得られても、Section 3 で紹介した「ユーザーと相互にやり取りをする」によってより良い結果を得られ試行錯誤してみましょう。

035

指示（プロンプト）

ポイントごとに色分けされているため、何が入力されているか、意識的に確認できます。

Point 3

操作が難しそう

ていねいな図解で、手順を確認できる！

操作の手順を画像で紹介しているので、読みながら実践する場合、プロンプトの入力やボタン操作などを迷わずに行えます。また、Copilotの実行結果も画像で紹介しているため、まずはどんなことができるのかを知りたいという場合でも、先に確認してから取り掛かることができます。

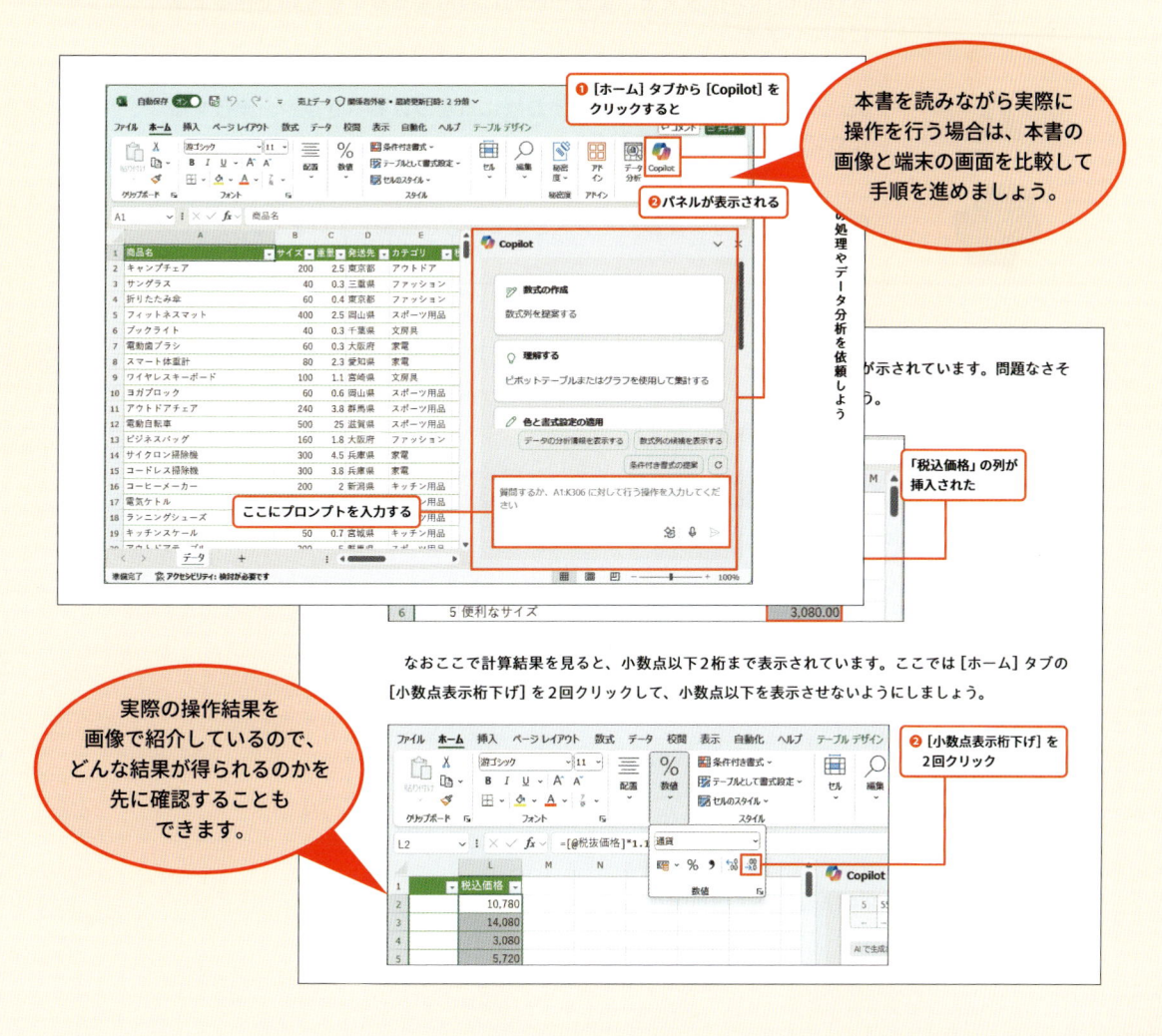

❶ [ホーム] タブから [Copilot] をクリックすると

❷ パネルが表示される

ここにプロンプトを入力する

本書を読みながら実際に操作を行う場合は、本書の画像と端末の画面を比較して手順を進めましょう。

「税込価格」の列が挿入された

実際の操作結果を画像で紹介しているので、どんな結果が得られるのかを先に確認することもできます。

なおここで計算結果を見ると、小数点以下2桁まで表示されています。ここでは [ホーム] タブの [小数点表示桁下げ] を2回クリックして、小数点以下を表示させないようにしましょう。

❷ [小数点表示桁下げ] を2回クリック

本書をご利用いただく前に

本書の内容を理解していただくために、本書で使われる表記などについて紹介します。読み進める前にご一読ください。

1. 本書の記述について

説明のために使用している記述には、次のような意味があります。

記述	意味
こう頼む！	Copilotへの依頼の伝え方を具体的に表現したものです。本書で紹介するCopilotへの指示文を、より一般的に利用する際に参考にできるようにしています。
ここに注意！	Sectionで紹介する内容を実行する際に気をつけるべき点や、実行するために必要な条件などを記載しています。
Column	Sectionに関連する話題やヒントとなる内容を解説しています。

2. 製品名の記載について

本書では、次の名称を使用しています。

正式名称	本書で使用している名称
Microsoft 365 Copilot	Copilot

3. 操作環境について

本書で紹介している内容を操作するには、次のソフトウェアが必要です。

- **Windows 11**
- **Microsoft Edge**
- **Microsoft 365**
- **Microsoft 365 Copilot（有償版Copilot）**

4. 本書を開発した環境について

本書を開発した環境は、次のとおりです。

- OS：Windows 11（24H2 26100.2894）
- アプリケーション：Microsoft 365（2501.18429.20132）
- ディスプレイ：画面解像度1280×960ピクセル

※テキスト内の画面表示は、画面解像度を変更しているものもあります。
※インターネットに接続できる環境で操作することを前提に記述しています。
※Copilotからの出力は、環境によって本書に記載の内容と異なる場合があります。また、画面の表示が異なる場合や記載の機能が操作できない場合があります。

5. 本書の最新情報について

本書に関する最新のQ&A情報や訂正情報、重要なお知らせなどについては、FOM出版のホームページでご確認ください。

▼ホームページアドレス

https://www.fom.fujitsu.com/goods/

▼ホームページ検索用キーワード

FOM出版

※アドレスを入力するとき、間違いがないか確認してください。

目次

はじめに 001

本書をご利用いただく前に 006

Chapter 1 Microsoft 365 Copilotと生成AI

Section 01　Microsoft 365 Copilot とは？ 012

Section 02　生成AIの仕組みと特徴を知ろう 020

Section 03　文章生成AIを使いこなすプロンプトのテクニック 024

Section 04　Microsoft 365 Copilot の仕組み 032

Section 05　Microsoft 365 Copilot のプロンプトのコツ 034

Section 06　参照情報の共有範囲 036

Section 07　個人で使用するには？ 038

Section 08　Copilot を実行する際の注意 042

Section 09　本書を効果的に活用するためのコツ 044

Chapter 2 Excelでの処理やデータ分析を依頼しよう

Section 01　Excel で Copilot を利用する準備をしよう 048

Section 02　OneDrive にデータを保存しよう 054

Section 03　簡単な計算をお願いしてみよう 056

Section 04　複雑な数式を生成してもらおう 060

Section 05　データの傾向を知るのに適した表示にしてもらおう 066

Section 06　データの集計をしてもらおう 070

Section 07　売上の傾向を視覚化してもらおう ———————————— 074
Section 08　グラフでデータを可視化してもらおう ———————————— 080
Section 09　データの傾向を詳しく解析してもらおう ———————————— 088
Section 10　データ分析のレポート作成に必要な情報を作ってもらおう ——— 092

Chapter 3　Wordでの文書作成や編集を依頼しよう

Section 01　挨拶文を書いてもらおう ————————————————— 100
Section 02　年間の業績報告書を作ってもらおう ———————————— 108
Section 03　情報を表にまとめてもらおう ——————————————— 114
Section 04　読み手に合わせた文章にしてもらおう ———————————— 118
Section 05　文章を校正してもらおう ————————————————— 122
Section 06　報告書の要約文を作成してもらおう ———————————— 126
Section 07　海外向けの報告書を作成してもらおう ———————————— 130
Section 08　報告書の改善点を教えてもらおう ————————————— 134

Chapter 4　PowerPointでのプレゼンテーション作成を依頼しよう

Section 01　発表テーマからプレゼンテーションを生成してもらおう ———— 140
Section 02　ファイルからプレゼンテーションを生成してもらおう ————— 148
Section 03　プレゼンテーションの構成を整理してもらおう ——————— 152
Section 04　スライドを1枚生成して追加してもらおう ————————— 156
Section 05　イメージに合った画像を挿入してもらおう ————————— 158
Section 06　プレゼンテーションの要点を教えてもらおう ———————— 162
Section 07　プレゼンテーションの改善点を教えてもらおう ——————— 166

Chapter 5

Outlookでのメール作成や
スケジュール調整を依頼しよう

Section 01　スケジュールをまとめてもらおう ·········· 170
Section 02　未対応メールを教えてもらおう ·········· 176
Section 03　会議の開催メールを生成してもらおう ·········· 180
Section 04　文面を改善してもらおう ·········· 190
Section 05　会議の日時を決めてもらおう ·········· 196

Chapter 6

Teamsでの会議の議事録作成や
フィードバックを依頼しよう

Section 01　議事録を生成してもらおう ·········· 202
Section 02　会議の内容を要約してもらおう ·········· 208
Section 03　「質問はありませんか？」に対する候補を生成してもらおう ·········· 214
Section 04　会議のフォローアップをしてもらおう ·········· 218
Section 05　会議で挙がった今後のタスクを整理してもらおう ·········· 222
Section 06　次回以降の会議に向けた改善点を出してもらおう ·········· 226
Section 07　参加者の発言をまとめてもらおう ·········· 232

索引 ·········· 238

Microsoft 365 Copilotと生成AI

Microsoft 365 Copilotは、OfficeアプリにAIを搭載したAIアシスタントです。その仕組みや使い方のコツを交えながら、日々の業務でどんなふうにアシストしてもらえるのかを見ていきましょう。

#Microsoft 365 Copilotとは　#各アプリでできること

Microsoft 365 Copilotとは？

Microsoft 365 Copilotは、MicrosoftのOfficeアプリで使用できるAIアシスタント機能です。Copilotとは日本語で「副操縦士」の意味を持つ英単語ですが、実際に副操縦士としてどのようにサポートしてくれるのでしょうか。そのイメージとともに、本書で解説するOfficeアプリの画面を見ながら、どのようなことが可能になるのかを見ていきましょう。

Copilotが解決してくれること

　Officeアプリを使って仕事をするのは、いまや当たり前の世の中になりました。しかし、いくらOfficeアプリを使い慣れても、時間や手間のかかる作業はなくなっていません。例えばExcelで数式や関数を使ってデータを処理しようとすれば、数式を組み立てて入力し、動作を確認する必要があります。時には試行錯誤を重ねる必要がある場合もあるでしょう。かつての紙ベースの社会では、計算、文章の作成、作成した書類のやり取りなど、あらゆる作業がアナログでした。そのため、数式を使った計算の自動化などは、それだけでも画期的な作業の効率化でした。しかし、その後の電子化が進んだ社会でも、むしろ電子化が進んだがゆえに**それなりに手間と時間のかかる人間の作業が存在する**というのも事実です。

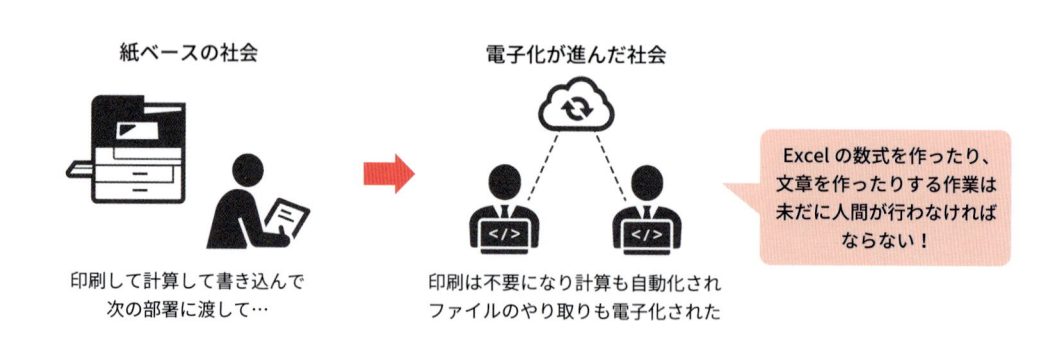

紙ベースの社会

印刷して計算して書き込んで
次の部署に渡して…

電子化が進んだ社会

印刷は不要になり計算も自動化され
ファイルのやり取りも電子化された

> Excelの数式を作ったり、文章を作ったりする作業は未だに人間が行わなければならない！

　そして、昨今のAI技術の進展により、身の回りのさまざまな場面でAIが取り入れられるようになりました。それはOfficeアプリのような業務用のアプリも例外ではありません。いまでは多くの企業や組織で使われるMicrosoft OfficeアプリにもAIが取り入れられ、人間が行うしかなかったさまざまな作業を代わりに行ってくれるようになりました。それが**Microsoft 365 Copilot（以下、Copilot）**なのです。

Copilot＝あなたの副操縦士

　CopilotはOfficeアプリに組み込まれたAIで、ExcelやWordをはじめとする、さまざまなMicrosoft製のアプリで使用することができます。Officeアプリに組み込まれたCopilotは、あなたが行いたい作業の多くの部分でサポートをしてくれます。例えばExcelでCopilotに作業を依頼すると、複雑な数式を作成してくれたり、分析に必要なグラフを作成してくれたりと、**これまで人間の手で行うしかなかったことを、代わりに行ってくれる**のです。

　Copilotは、あなたが行いたいことや要望に沿って、はじめの一歩を提供してくれる存在です。その一歩に対して、再度指示を出したり、細かな点を修正してもらったりして、あなたが考える方向性に進め、最終的に欲しいものを得ることができるのです。つまり、あなたが操縦士として飛行する飛行機の**Copilot＝副操縦士**として活躍してくれる存在というわけです。

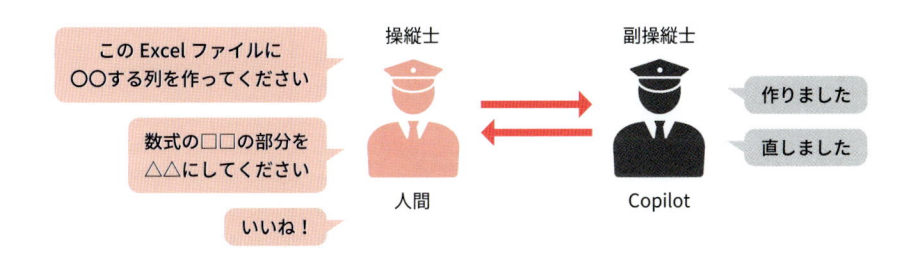

　とはいえ、Copilotにも限界はあります。あらゆることを代わりにやってくれるわけではなく、得手不得手があるのです。どのような得手不得手があるのかということについては、この後のSectionや各Chapterで詳しく解説しますので、実際に操作をしながら体感してコツを掴んでいきましょう。

ExcelでCopilotを利用する

　Copilotの役割について理解したところで、それぞれのOfficeアプリでどのようなことができるようになるかを、本書で扱うExcel、Word、PowerPoint、Outlook、Teamsの5つのアプリについてもう少し具体的に見ていきましょう。まずはExcelでCopilotを利用する際の画面から確認してみましょう。

　次の図は、ExcelでCopilotを使用する際の画面です。

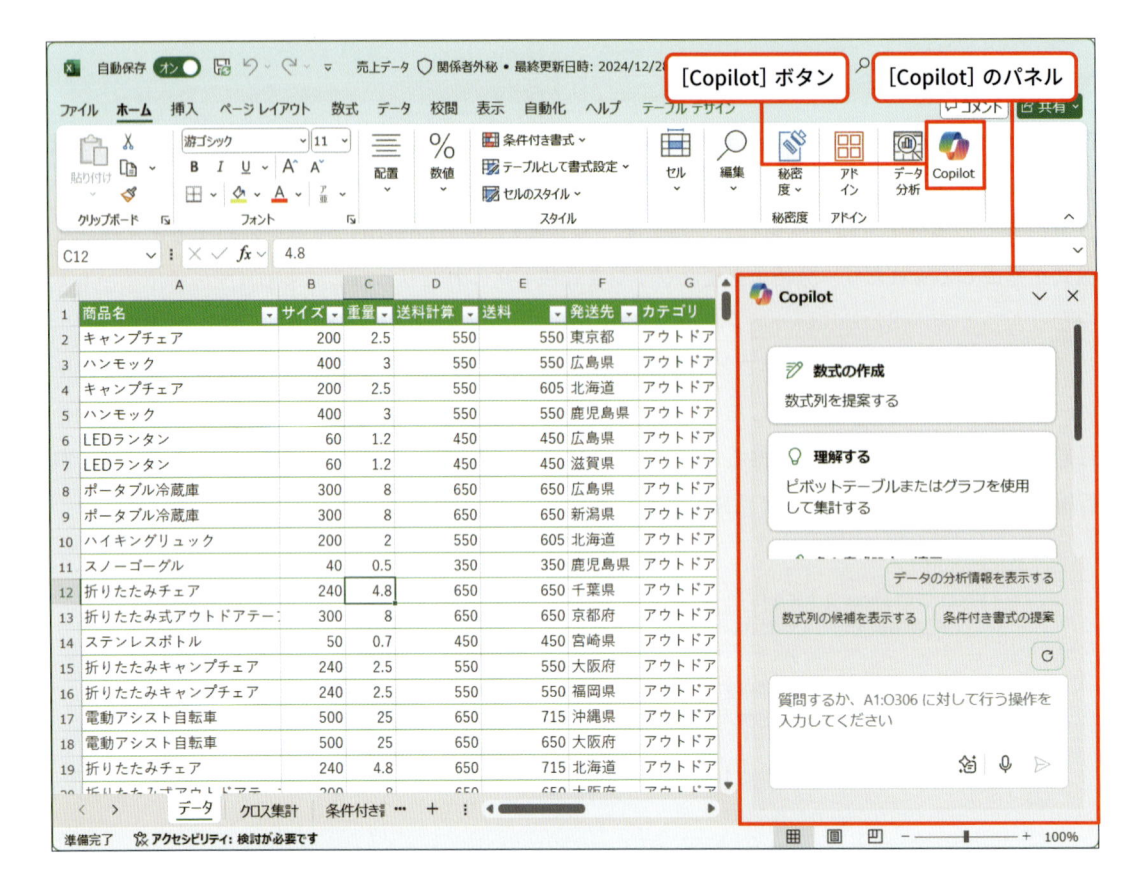

　[ホーム] タブから [Copilot] ボタンをクリックすると、Copilotのパネルを表示できます。Excel で Copilotを利用する場合は、基本的にこのパネルの入力欄に指示を入力して、Copilotに指示を送信します。

　Excel で Copilot を利用するとできることとしては、次のようなものがあります。

- 数式を含む列を追加してもらう
- 条件付き書式を設定してもらう
- フィルター・ソートをしてもらう
- グラフを作成してもらう
- データを集計してもらう

　いずれも手作業で行う場合、ひと手間やふた手間はかかるものですが、Copilot に文章で依頼するだけでこれらのことを行ってもらうことができてしまいます。もちろん慣れた人には些細な違いかもしれませんが、ちょっとした作業の積み重ねが、大きな違いにつながってしまうものです。

　なお、これらの詳しい使用方法については、Chapter 2 の解説をご覧ください。

Word で Copilot を利用する

Word で Copilot に指示を出す方法は、大きく次の 2 つがあります。

- [Copilot] のパネルを開いて指示を出す方法
- 指示を出したい範囲を選択して、指示を出す方法

次の画像は、Word の画面で Copilot を利用する場合の画面の例です。

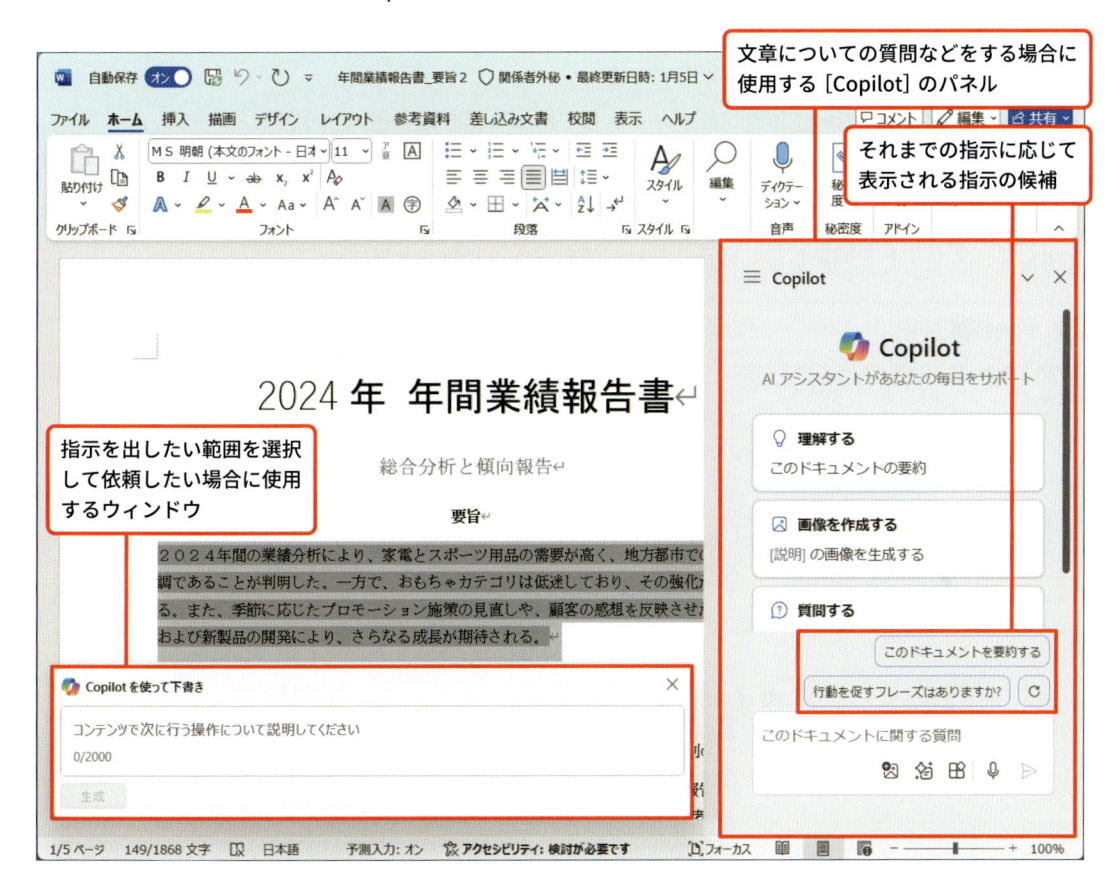

これらはそれぞれ目的に沿って使い分けます。例えば、Word ファイル内の文章について質問したり、文章を要約してもらったりしたい場合に、[Copilot] のパネルを開いて指示を出します。このパネルには、それまでに出した指示によって、指示の候補が自動的に表示されます。それらをクリックして、新たに指示を作成することも可能です。

もう1つの方法は、例えば書きかけの文章の続きを生成してもらう、書いた文章を指示にしたがって書き換えてもらうといった場合に、指示を出したい範囲を選択して、依頼します。この他に、文書を新規に作成する場合は、指定したテーマや内容の文章を生成してもらうためのウィンドウを表示させて指示を出す方法もあります。詳しい使用方法は、Chapter 3の解説をご覧ください。

PowerPoint で Copilot を利用する

PowerPoint で Copilot を利用する方法は、大きく次の2つがあります。

- [Copilot] のパネルを開いて指示を出す方法
- スライド上部の [Copilot] ボタンをクリックして指示の出し方を選択する方法

　[Copilot] のパネルを開いて指示を出す方法は、Excel や Word と同じです。スライドに関する指示を出して、スライドを編集したり修正したりしてもらうことができます。

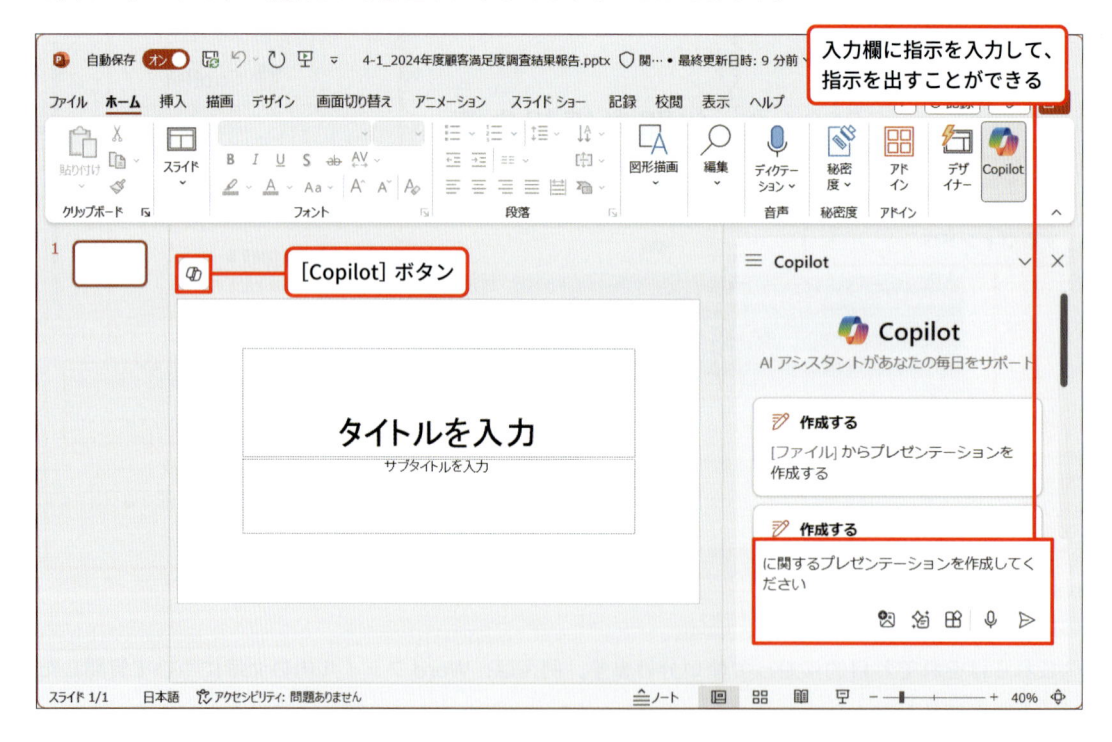

　もう1つの方法は、スライドの上部にある [Copilot] ボタンをクリックして、指示の出し方を選択する方法です。スライド上部の [Copilot] ボタンをクリックすると、次のようにメニューが表示されます。この中から自分の行いたいことを選択して、具体的な指示を出すことが可能です。

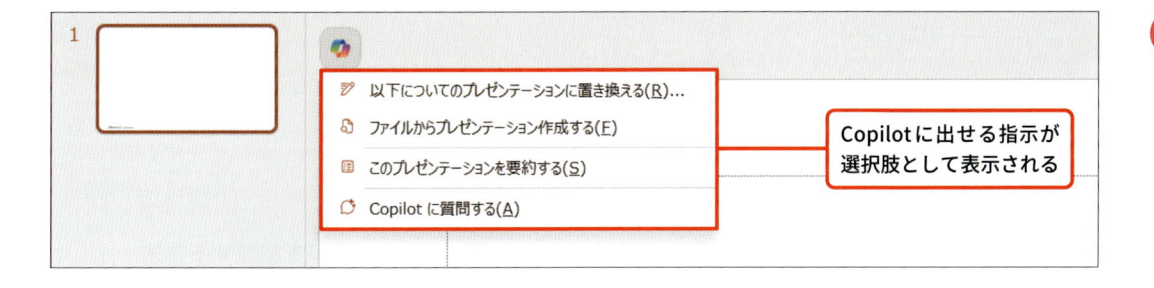

この中でも特に [以下についてプレゼンテーションに置き換える] をクリックすると、次のように
プレゼンテーションのシナリオを編集する画面が表示され、全体の流れを調整しながらプレゼンテー
ションを作成してもらうことができます。

詳しい使用方法については、Chapter 4 の解説をご覧ください。

Outlook で Copilot を利用する

Outlook で Copilot を利用する場合、次のようにいくつかの方法があります。

- 受信したメールに対するアクションを依頼する方法
- 登録されたスケジュールなどに基づく、スケジュールに関するアクションを依頼する方法
- メールの作成のアシスタントとして利用する方法

　これらの用途によって、使用する画面やボタンが異なります。受信したメールに対するアクションを依頼する場合は、例えば [Copilot による要約] ボタンや、[Copilot を使用してスケジュールする] ボタンを利用して、メールの要約やスケジュールの設定などを行うことができます。

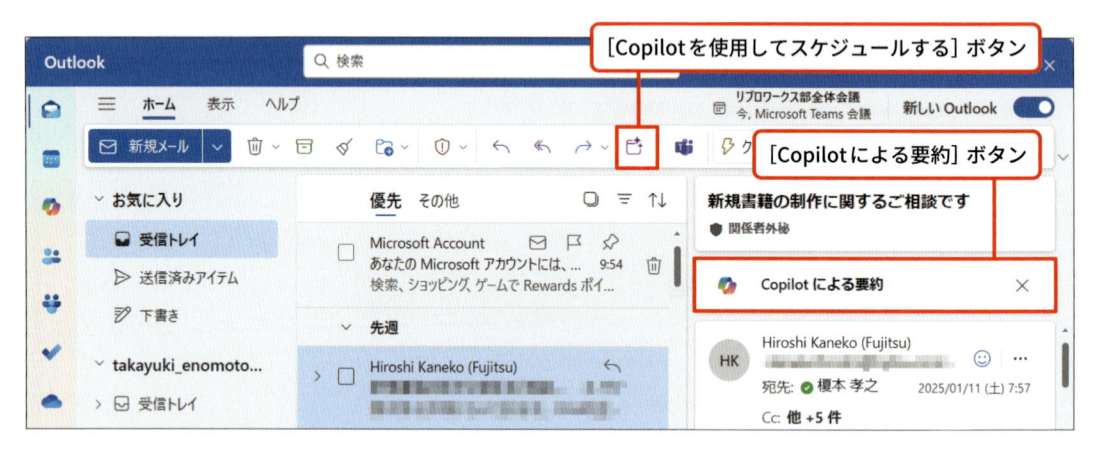

　またメールの作成のアシスタントとして依頼したい場合は、メール作成ウィンドウの [Copilot] をクリックして、下書きやコーチングなどを依頼できます。

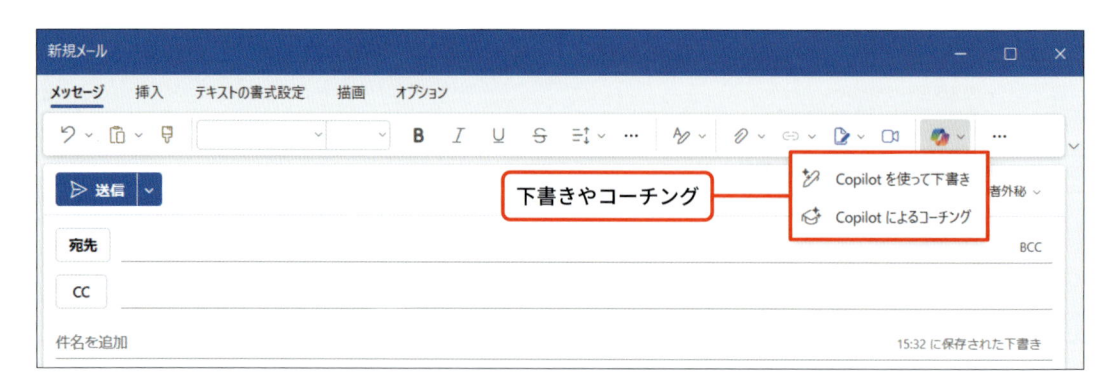

　詳しい使用方法については、Chapter 5 の解説をご覧ください。

Teamsで Copilot を利用する

Teams での Copilot の利用する場合、大きく次の 2 つの方法があります。

- **会議の書き起こしや要約**
- **会議に対する質問やアクションアイテムの提案**

　Teams で Copilot に依頼を行うには、これまで見てきたアプリと同様に、Copilot のパネルを表示して、その入力欄から指示を入力して送信します。

　会議中でも会議後でも、Teams で Copilot を使用することが可能です。会議に関する質問や、議事録の作成、会議の内容から次に行うべきアクションアイテムの提案など、さまざまな用途で利用できます。本書で紹介する方法以外にも、創意工夫して指示を考えることで、会議をより良いものにすることができるでしょう。

　詳しい使用方法については、Chapter 6 の解説をご覧ください。

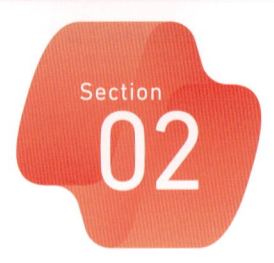

Section
02

#生成AIの仕組み　#生成AIの利用上の注意点

生成AIの仕組みと特徴を知ろう

「生成AI」は、これまで人間が時間をかけて行ってきた文章の作成や絵画やイラストなどの描画を、比べ物にならないほどすばやく、しかも豊富なバリエーションで生成してくれます。そうした優れた性能から、今後の社会でますます利活用が盛んになることが予想されています。しかし、生成AIを使用するうえで注意すべき点もあります。生成AIの仕組みを理解し、うまく協働できるようになりましょう。

生成AIとは？

　近年では「生成AI」という言葉自体はよく聞くようになりました。文字通り「何かを生成するAI」です。人間が生成したいものを文章などで具体的に指示することで、文章や画像、動画、音楽など、さまざまなコンテンツを生成してくれます。

　例えば文章生成AIに対して「生成AIが画期的なポイントを3つ挙げてください。」と指示すると、次のような文章を生成してくれます（32ページで紹介するCopilotのチャットを使用したものです）。

> 生成AI（ジェネレーティブAI）が画期的なポイントを3つ挙げるとすれば、以下のような点が挙げられます：
>
> 1. **創造性と自動化**: 生成AIは、テキスト、画像、音楽などの新しいコンテンツを自動的に生成する能力があります。これにより、クリエイティブなプロセスが大幅に効率化され、例えば広告、デザイン、コンテンツ制作などの分野での作業が迅速に行えるようになります。
> 2. **パーソナライズ**: 生成AIは、個々のユーザーの好みやニーズに合わせたコンテンツを生成することができます。これにより、ユーザーエクスペリエンスが向上し、例えばカスタマイズされたニュースフィードや推薦システムなどが実現します。
> 3. **自然言語処理の進化**: 生成AIは、自然言語処理（NLP）の分野で大きな進歩を遂げています。これにより、より自然で人間らしい対話が可能となり、カスタマーサポートや教育、医療などの分野での応用が広がっています。
>
> これらのポイントが、生成AIの画期的な特徴として挙げられます。興味深いですよね！他にも知りたいことがあれば教えてください。

　単に3つのポイントを挙げるだけでなく、具体的な説明までしてくれています。どこまで説明すれば良いかを指示したりすれば、生成してもらえる文章の内容や分量などを調整することもできます（24ページ参照）。

　画像生成AIも同様に、AIに対して指示を出すことで、画像を生成してくれます。実は、本書の巻頭（2ページ）の2人の若い男女のイラストは、Copilotに指示を出して生成したものなのです。おそらく多くの方は、言われなければそれがAIが生成したものだとは気づくことはないのではないでしょうか。

しかし、AIが生成する画像にも、注意すべき点があります。例えば「日本の典型的な観光都市の風景を描いてください。」と指示をすると、次のような画像を生成してくれます。

　伝統的な建築様式の建物と近代的なビルが混在している様子や、桜が街路樹として植えられている様子など、確かに日本の典型的な観光都市の風景といえるでしょう。ただし、こうした画像の内容は、実際に存在する風景ではなく、AIが作り出した想像上のものなのです。

　ではなぜ、そのような注意が必要なのでしょうか。生成AIの仕組みを知ることで、その必要性を理解することができます。

AIの学習と推論

　生成AIが動作する仕組みは、生成AIが「学習」と「推論」というプロセスによって動作していることを理解する必要があります。その中で中核となるのは**モデル**です。モデルは大量のデータを集めて**学習**させることでできあがります。例えば文章生成AIで有名なChatGPTでは、**GPT（Generative Pretrained Transformer）**という名前のモデルが使用されています。このGPTモデルは書籍データ

からWeb上のデータまで、非常に大量のデータを使って学習し、作成されました。画像生成AIや動画生成AIなども、基本的にはこのように大量のデータを学習することで作成されています。

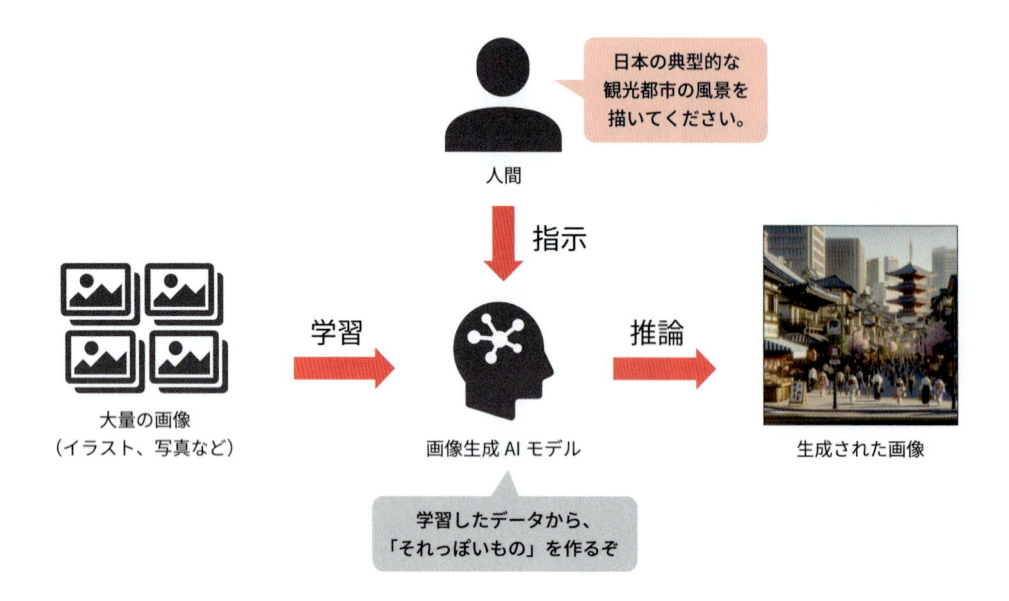

このように学習したデータに対して、人間が指示を出してコンテンツを作成させることを、**推論**といいます。推論では、学習したデータに基づいて生成AIが「もっともらしい」ものを作成しようとします。例えば文章であれば、「8月は1年の中で最も」という書きかけの文章が入力されたら、その続きとしてもっともらしそうな「暑い」という単語を補って、文章を生成してくれます。また、画像であれば、「日本の典型的な観光都市の風景を描いてください。」という入力に対して、学習した画像データから「もっともらしい」風景として、先ほどのような画像を作り出すことができるのです。

AIは嘘をつく？

生成AIが、「大量のデータを学習して、もっともらしいものを推論する」という仕組みで動作していることが理解できると、実際に生成AIを使用していくうえでの注意点も理解できるようになります。

例えば学習データが作成された以降にできた情報は、モデルの中に組み込まれていません。そのため、2024年までのデータに基づいて作成されたモデルに対して、2025年の情報について尋ねてみても正解を答えることはできません。しかし、生成AIは「もっともらしい」ものを答えようとするため、それまでに学習したデータに基づいて、それらしい答えを出してしまうのです。

画像についても同様です。次の図は、先ほどの画像の1枚を拡大したものです。

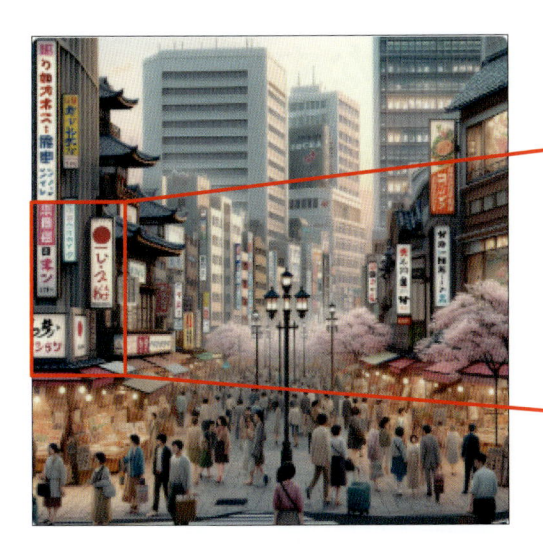

　一見すると日本の町並みのようですが、お店に掲げられている看板の文字は、見たこともないような形をしています。生成AIは文字を理解しているのではなく、学習したデータに描かれた文字の形をそれっぽく記憶しているということなのです。このように、生成AIが現実とは異なるものを生み出してしまう現象のことを、専門用語で**ハルシネーション（幻覚）**といいます。

　画像生成AIでのハルシネーションは、実際には起こり得ない状況を簡単に描写することができるため、例えば有名人を模したフェイク画像や、災害の画像が面白半分で生成され拡散されると、社会的な問題となることがあります。こうした現象は、文章の生成でも起こることがあります。全く事実に反することを、いかにもそれらしい文章として生成してしまうこともあり、それを事実と誤認して情報発信してしまえば、大きな問題となってしまう可能性もあるのです。こうした問題を起こさないためにも、取り扱いには十分な注意が必要です。

入力した情報が学習に使われる？

　生成AIのモデルは学習データが多ければ多いほど、生成されるコンテンツのバリエーションが豊かになるという特徴があります。そのため、利用者の中には「入力したデータが学習に使用されてしまうのでは？」といった不安を覚える方もいるかもしれません。

　入力データが学習に使用されるかどうかは、各生成AIサービスの利用規約により異なります。業務で使用する場合は、外部に漏れてはいけない情報を扱っている場合もあります。利用するサービスの規約を十分に確認するようにしましょう。

Section

03

文章生成AIを使いこなす
プロンプトのテクニック

#LLM（大規模言語モデル）　#プロンプトエンジニアリング

AIに出す指示のことをプロンプトといいます。文章生成AIから意図した答えを出してもらうには、どのような表現のプロンプトを使って指示を出したり質問したりすれば良いのかという研究が進み、テクニックとして多くの論文にまとめられています。ここでは、文章生成AIであるMicrosoft 365 Copilotをうまく活用するための知識として、そうしたテクニックのうち有用なものを紹介します。

プロンプトエンジニアリングとは？

　前のSectionで解説したように、生成AIとは大量のデータを学習した機械学習のモデルのことで、Microsof 365 Copilotの大本の部分は文章生成AIに分類されます。文章生成AIのうち、大量のテキスト（文章）データを学習したモデルのことを **LLM（Large Language Model）** といい、日本語では**大規模言語モデル**と呼ばれます。大量のデータを学習しているため非常に広い分野に対応でき、即座に文章として応答してくれることが特徴ですが、時に嘘をつくこと（**ハルシネーション**）があるというのはLLMも他のAIと同様です。そのため、出力された内容が正しいかどうか、必ず人の目で確認する必要がありますが、そうした点を踏まえて使用すれば、人間にとって有用であることは間違いありません。

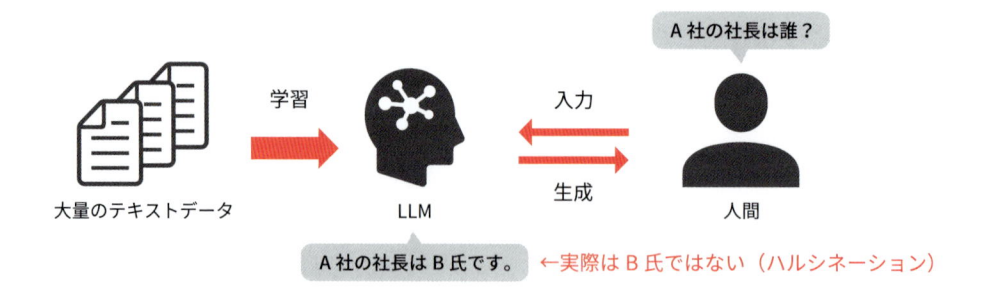

LLMは、学習したデータに基づいて、入力された文章の答えとしてもっともらしい文章を生成しますが、質問自体を深く理解しているわけではありません。もっともらしい文章を生成することに優れているため、間違った内容や意図しない内容を答えてしまうことがあるのです。そうした問題を減らし、なるべく正しく意図通りの答えを出すためのプロンプトを研究するのが、**プロンプトエンジニアリング**なのです。

Microsoft 365 Copilotで使用するプロンプトは、アプリ特有のコマンドや留意事項があります。しかし、まず一般的なLLMでのプロンプトのテクニックを知ることが、今後Copilotを活用していくためのヒントになるでしょう。

プロンプトの26原則

LLMに対してどのようなプロンプトを使用すると、意図した応答を得られるのかを研究した論文は数多くあります。その中で、「Principled Instructions Are All You Need for Questioning LLaMA-1/2, GPT-3.5/4（原則に基づいた指示、LLaMA-1/2やGPT-3.5/4に問いかけるにはそれがすべて）」(https://arxiv.org/abs/2312.16171) という論文で、AIにうまく問いかけるための26の原則が発表されました。

26項目と聞くと、非常に多く感じるかもしれません。この論文では、これらの項目を大きな枠組みで捉え、次の5つのカテゴリに分類しています。

- プロンプトの構造と明確さに配慮する
- 具体性と情報を盛り込む
- ユーザーと相互にやり取りをする
- 内容や言葉に対する指示を明確にする
- 複雑なタスクは単純化・分解する

ここでは、これらのことをプロンプトに盛り込むとどのような効果が見られるのか、盛り込んでいない場合と比較しながら、Copilotを使用して見てみましょう（使い方は次のSectionで紹介）。

プロンプトの構造と明確さに配慮する

1つ目のカテゴリは、「プロンプトの構造と明確さ」です。例えば「###」といった記号や箇条書きを使って内容を整理したり、「文章が長くならないように」という否定形で曖昧に指示をするのではなく「100文字程度の短い文章で」と具体的に指示をしたりするということです。AIに実行してほしいことやその内容を明確にすることで、意図が確実に伝わり、より正確な結果を得ることにつながります。

では、具体的なプロンプトと出力の例として、日本国憲法の前文の一部を要約してもらう指示とその結果を見てみましょう。

まず単に「要約してください。　日本国民は、正当に選挙された国会における代表者を通じて行動し、…（以下略）」というプロンプトで指示を出してると、次のようになりました。

> この文章は、日本国憲法の前文の一部です。要約すると、以下のようになります：
>
> 日本国民は、正当に選ばれた代表者を通じて行動し、自由と平和を確保することを決意しています。国政は国民の信託に基づき、その権威と権力は国民に由来し、国民の福利を目的としています。日本は、恒久の平和を願い、国際社会で名誉ある地位を占めることを目指し、全世界の人々が平和のうちに生存する権利を確認しています。また、他国を無視せず、普遍的な政治道徳の法則に従うことが重要であると信じています。日本国民は、この理想と目的を達成することを誓っています。
>
> この要約でお役に立てれば幸いです。何か他にお手伝いできることはありますか？
>
> | 📄 Pages で編集 | 📋 コピー | 　　AI で生成されたコンテンツは誤りを含む可能性があります。 👍 👎 |

冒頭の「この文章は、日本国憲法の前文の一部です。要約すると、以下のようになります：」や「この要約でお役に立てれば幸いです。何か他にお手伝いできることはありますか？」といった、要約以外のテキストも出力されました。文章の長さについても、場合によってはこれでは思っていたより長い場合もあるでしょう。

これに対して、「プロンプトの構造と明確さに配慮する」を盛り込んで、次のようなプロンプトをCopilot に入力してみましょう。

Prompt

```
### 指示内容 ###
あなたのタスクは次の通りです。
1. 与えられたテキストについて要約を書いてください。
2. 要約は100文字以内にしてください。

以下が入力データです：
### テキスト ###
日本国民は、正当に選挙された国会における代表者を通じて行動し、…（以下略）
```

「### 指示内容 ###」以下に、Copilot が行うべきタスクを箇条書きで示しています。分量に関しても、「100文字以内」という具体的な数値で示すことによって、長すぎたり短くなりすぎたりしないようにしています。このプロンプトに対するCopilot の応答は、次のようになりました。

> 日本国民は、選挙で選ばれた代表者を通じて行動し、自由と平和を確保し、戦争を防ぐことを決意しています。国際社会と協力し、全世界の平和と平等を目指します。
>
> 📄 Pages で編集　　📋 コピー　　　　　AI で生成されたコンテンツは誤りを含む可能性があります。　👍 👎

100文字以内に要約され、余計な文章もついていません。「プロンプトの構造と明確さに配慮する」を盛り込むことによって、Copilot の出力が大きく改善されたことがわかります。

具体性と情報を盛り込む

2つ目のカテゴリは「具体性と情報を盛り込む」です。出力する内容や表現などを、より具体的に指示するプロンプトです。

例えば「〇〇分野の専門用語を使って説明してください」として、どのような用語で説明してもらうかを具体的に指定したり、「小学生でもわかるように説明してください」として、読む人の理解の助けになる情報を加えたりします。

まずは単に「ブラックホールについて説明してください」というプロンプトで指示を出してみましょう。すると、次のようになりました。

> ブラックホールは、非常に強い重力を持つ天体で、光さえも脱出できないほどの引力を持っています。以下に、ブラックホールの主な特徴と仕組みを簡単に説明します。
>
> **特徴と仕組み**
>
> 1. **重力の強さ**: ブラックホールの重力は非常に強く、光の速度でも脱出できないため、光がブラックホールから出てくることはありません。このため、ブラックホールは「黒い穴」と呼ばれます[1][2]。
> 2. **事象の地平面**: ブラックホールの周囲には「事象の地平面」と呼ばれる境界があります。この境界を越えると、物質や光は二度と外に出ることができません[2]。
> 3. **特異点**: ブラックホールの中心には「特異点」と呼ばれる点があり、ここでは密度と重力が無限大になります[2]。

上の画像はCopilot から出力された文章の冒頭部分です。画像の下以降も長い説明が続けて出力されました。確かに詳しい説明ではありますが、専門用語や難しい漢字なども含まれるため、読む人によっては難しく感じるかもしれません。

これに対して、「具体性と情報を盛り込む」を心がけた次のプロンプトを実行してみましょう。

> **Prompt**
>
> 次のトピックについて、10歳の子供に説明するように、専門用語を使わず簡単な言葉で説明してください。
> トピック：ブラックホール

　読まれる対象を年齢や「子供」といった具体的な情報で提供し、文章内に使用する単語などについても「専門用語を使わず簡単な言葉で」と指定しています。このプロンプトに対するCopilotの応答は、次のようになりました。

> ブラックホールは、宇宙にあるとても不思議な場所です。とても強い引力を持っていて、光さえも逃げられないほどです。想像してみてください。とても大きな掃除機があって、何でも吸い込んでしまうような感じです。
>
> ブラックホールは、星が寿命を迎えて爆発した後にできることがあります。このとき、星の中心がとても小さく、でもとても重くなります。これがブラックホールです。
>
> もし何かがブラックホールに近づくと、その強い引力に引っ張られて中に吸い込まれてしまいます。でも、心配しないでください。ブラックホールはとても遠いところにあるので、私たちが吸い込まれることはありません。
>
> 何か他に知りたいことがあれば、教えてくださいね！
>
> 📄 Pages で編集　　📋 コピー　　　　AI で生成されたコンテンツは誤りを含む可能性があります。　　👍　👎

　難しい用語は含まれず、表現も易しく、10歳でも理解できるような配慮がされていることがわかります。このように、AIが誰に対して説明するのかといった視点でプロンプトを作成すると、内容の難しさや表現方法などを調整できることがわかります。

ユーザーと相互にやり取りをする

　3つ目のカテゴリは「ユーザーと相互にやり取りをする」です。ユーザーとは、Copilotを使用している私たちのことです。

　プロンプトに対して、いまここで紹介しているテクニックを駆使しても、AIに正しく意図を伝えきれない場合があります。AIにとって必要な情報がないか、AI自身に考えてもらうこともできます。まずは単に「Microsoft 365 Copilotに関する本のタイトルを考えてください。」というプロンプトで指示を出してみましょう。ここではあえて情報不足なプロンプトにしてみました。これに対するAIの応答は、次のようになりました。

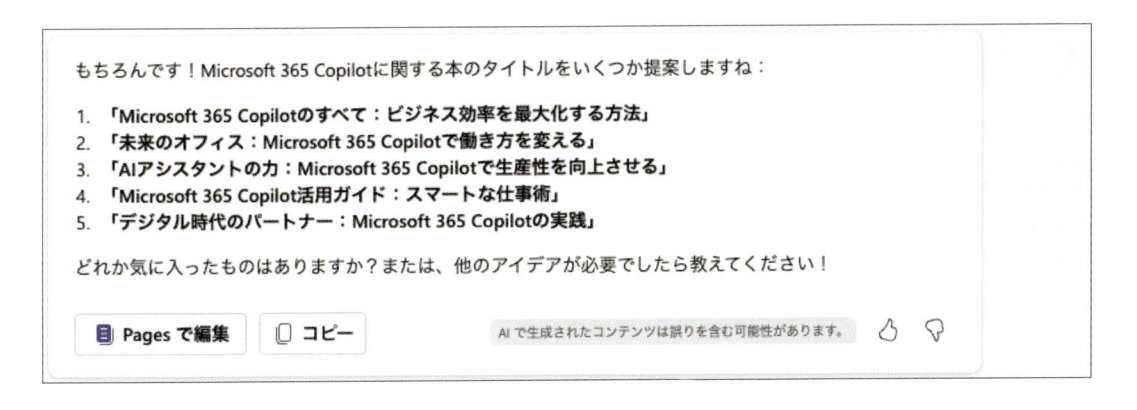

　一見良さそうにも見えますが、働き方、効率、仕事術などといったさまざまな観点のタイトルとなっており、想定した本の内容とタイトルが合致する可能性はかなり低そうです。

　これに対して、次のようなプロンプトで指示を出してみましょう。

Prompt

Microsoft 365 Copilot に関する本のタイトルを考えてください。あなたが十分な情報を得るために必要なら、追加の質問をしてください。

このプロンプトに対する Copilot の応答は、次のようになりました。

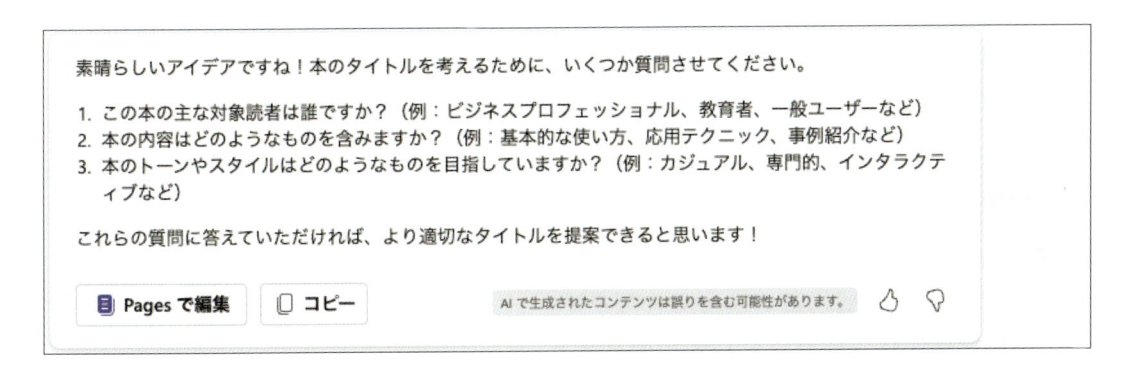

　対象読者や内容、トーンやスタイルなど、タイトルを決めるに当たって重要な情報を聞いてくれました。こうした質問に答えるプロンプトを作成して実行すると、具体的に本のタイトル候補をいくつか出してくれます。

内容や言葉に対する指示を明確にする

　4つ目のカテゴリは「内容や言葉に対する指示を明確にする」です。社内の文書なのか対外的な書類なのかによって、文章の表現方法が変わることがあるでしょう。そのようなときに使えるプロンプトです。

　例えば、「あなたは学会で発表する研究者です」として発表者になりきってもらったり、「友人同士の砕けた会話調で答えること」のようにしたりすることで、文章のスタイルを指定することができます。また、文章を修正してもらいたいときに「文法と語彙を改善してください。ただし、です・ます調の文体は維持すること」のように具体的に指示を出すこともできます。こうすることで、望んだ文体にしてもらえたり、説明すべき内容を適切に調整してもらえたりします。

　まずは単に「次の文を、適切に言い換えてください。『この薬は症状を和らげる効果があります。』」というプロンプトで指示を出してみると、Copilot は次のように答えました。

もちろんです！以下のように言い換えることができます：

「この薬は症状を軽減する効果があります。」

他にも何かお手伝いできることがあれば教えてくださいね。

📄 Pages で編集　　📋 コピー　　　　AI で生成されたコンテンツは誤りを含む可能性があります。　　👍　👎

　「和らげる」が「軽減する」に変わりましたが、プロンプトの「適切に」の意味が曖昧なため、あまり意味のある言い換えにはなっていません。

　これに対して、次のようなプロンプトを実行してみましょう。

Prompt

> あなたは薬剤師で、他の薬剤師にフォーマルな場で説明をしています。
> 以下の文を、適切に言い換えてください。
> 「この薬は症状を和らげる効果があります。」

　薬剤師同士の会話で、しかもフォーマルな場なので、一般的には使われない言葉を使って言い換えてもらえることが期待できます。

　このプロンプトに対する Copilot の応答は、次のようになりました。

> 「この薬剤は、症状の緩和に効果的です。」と説明するのはいかがでしょうか。これにより、フォーマルな場でも適切に伝わると思います。
>
> 📄 Pages で編集　　📋 コピー　　　　AIで生成されたコンテンツは誤りを含む可能性があります。　　👍　👎

「薬剤」「緩和」など、表現が少し硬くなりました。「効果的」という言葉遣いも、よりかしこまった表現といえるでしょう。

複雑なタスクは単純化・分解する

5つ目のカテゴリは「複雑なタスクは単純化・分解する」です。プロンプトの内容が長く複雑な場合、AIは指示した通りに出力してくれない場合や、不正確な内容を出力してしまう場合があります。そのような場合は一度に望んだ内容を得ようとするのではなく、単純化した複数の指示に分解し、AIとのやり取りを通じて進めることができます。

例えば、比較的長めのレポートを書いてもらうことを考えてみましょう。文章が長くなるほど、章やそこで扱うトピックなど、レポートの構成に関する指示が増えていき、プロンプトを書くだけでも膨大になってしまいます。そのような場合は、いくつかのステップに分けて指示を出すことが有効になります。

具体的には、まず大きなテーマとしてタイトルを示し、次にそれに見合った章構成をAIに考えてもらいます。そして各章で扱うトピックを小見出しとして生成してもらい、小見出しごとに文章を考えてもらうという手順です。

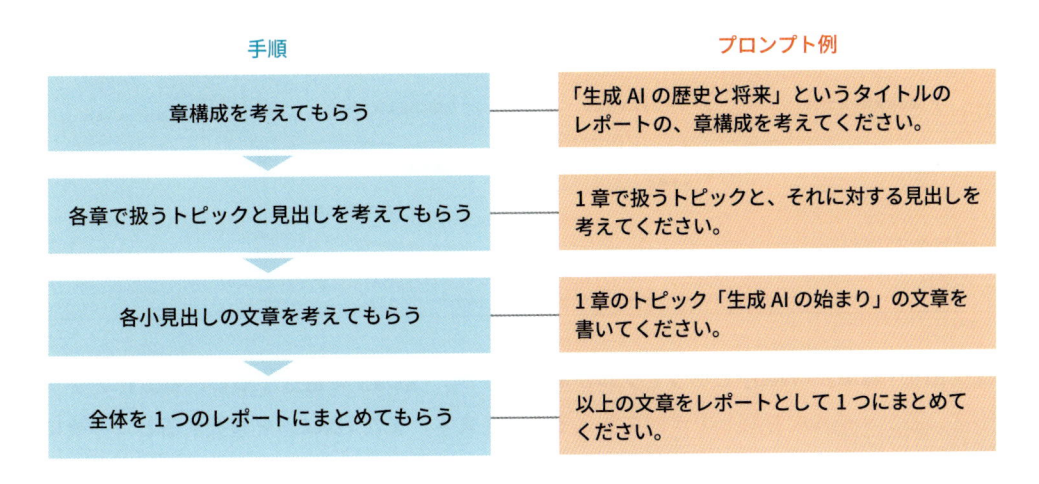

手順	プロンプト例
章構成を考えてもらう	「生成AIの歴史と将来」というタイトルのレポートの、章構成を考えてください。
各章で扱うトピックと見出しを考えてもらう	1章で扱うトピックと、それに対する見出しを考えてください。
各小見出しの文章を考えてもらう	1章のトピック「生成AIの始まり」の文章を書いてください。
全体を1つのレポートにまとめてもらう	以上の文章をレポートとして1つにまとめてください。

このようにすることで、全体を一度に書いてもらうために複雑なプロンプトを作成するよりも、個々の内容の精度を向上させ、完成度を高めることができます。

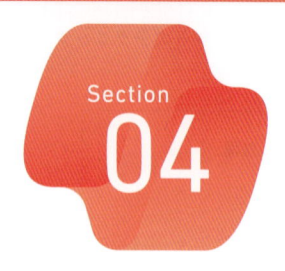

Section
04

Microsoft 365 Copilotの仕組み

文章生成AIとして有名なものにChatGPTがあります。ChatGPTやCopilotはLLM（大規模言語モデル）をベースに作られたサービスですが、ここでは両者の共通点について見ていきましょう。また、Microsoft 365 Copilotを使用すると、AIを通してOfficeアプリ上で操作ができます。文章生成AIによってそれが可能となっている仕組みについても解説します。

Copilot と ChatGPT との関係は？

ChatGPTは、文章生成AIの中で最も有名といっても過言ではありません。ChatGPTは、GPT（Generative Pretrained Transformer）モデルというLLMを使用して構築されたチャットシステムです。実は、CopilotもGPTモデルを使用しているため、基本的な仕組みは共通しているのです。

ChatGPTと同じように、単にチャット形式でCopilotを使用したいときは、Microsoft 365のページ左にある［Copilot］をクリックして開いてください。

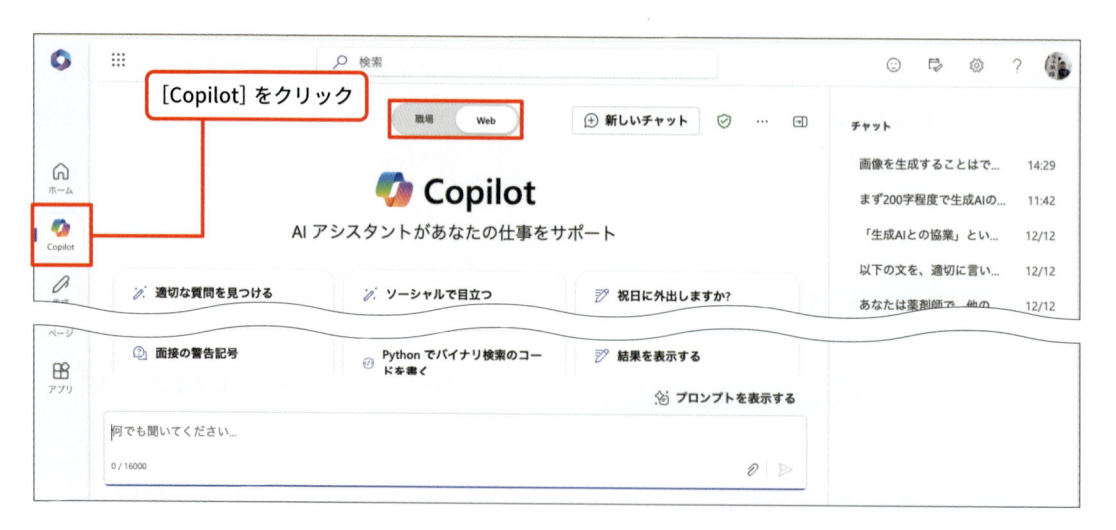

画面上部に「職場」「Web」というトグルがありますが、**「職場」を選択すると、自分がアクセス権を持っているファイルを参照して質問に答えてもらえます**。また「Web」を選択すると、必要に応じてWeb上の情報を検索して質問に答えてもらえます。前のSectionで見てきたプロンプトの応答は、「Web」を選択した状態で実行しましたが、職場よりもWebのほうが回答がていねいな印象です。ぜひ、実際に使って比べてみてください。

Microsoft 365 Copilot と RAG

　前にも述べたように、LLMは学習した膨大なテキストデータを元に文章を生成しています。そのため、学習完了後に起きた出来事や、ある会社の社内情報などのように、学習していないことについては答えることができません。そうした欠点を補うために、外部の情報を検索して取り入れる**RAG (Retrieval Augmented Generation)** という方法が考案されました。先ほど述べたような、Webの情報やファイルなどを参照して回答するというのは、まさにRAGの仕組みなのです。

　Microsoft 365 Copilotは、このRAGという方法を取り入れて、ユーザーとAIがテキストでやり取りした結果をOfficeの各アプリに反映させる仕組みを備えています。次の図は、そうした仕組みを図で表現したものです。

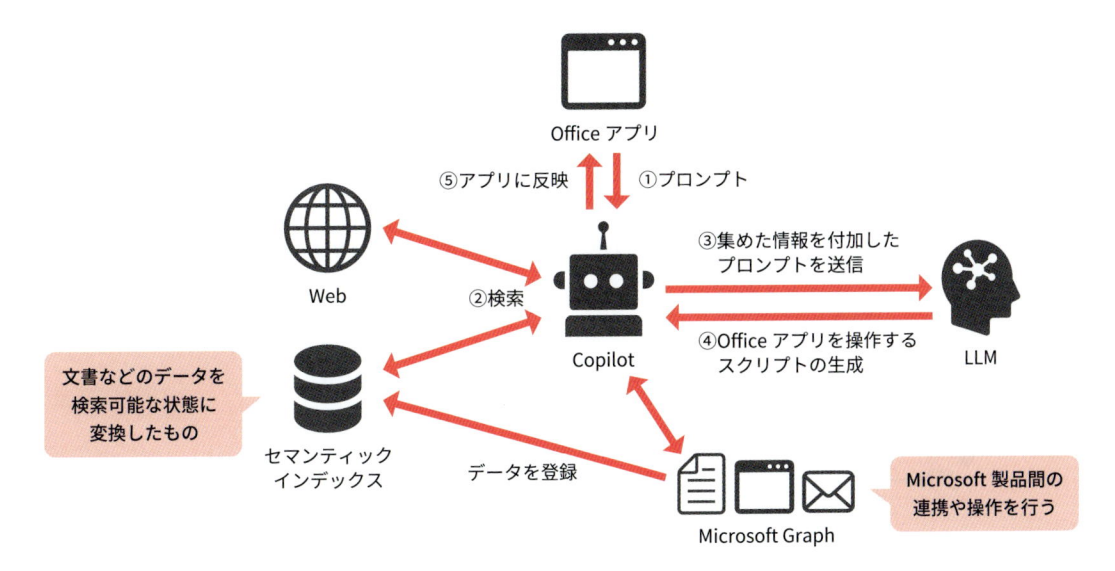

　①まず、各Officeアプリのプロンプトウィンドウなどから、プロンプトがCopilotに送られます。②Copilotは、送られたプロンプトを元に関連する情報などをWebや保存されている文書データなどから検索します。③Copilotは、検索した結果に基づいてLLMに回答してもらうために、検索結果を付加したプロンプトをLLMに入力します。④LLMはプロンプトに基づいて、Officeアプリを操作するためのスクリプトを生成します。⑤Copilotは、送られたスクリプトをユーザーのOfficeアプリに反映させます。

　図の中の**セマンティックインデックス**や**Microsoft Graph**と呼ばれるものが、Copilotの中で大きな役割を果たします。セマンティックインデックスは、ユーザーが会社などで作成し保存したデータなどをCopilotで検索可能にしたもの、そしてMicrosoft Graphは、さまざまなMicrosoft製品間の連携や操作をつかさどる部分です。これらの組み合わせにより、RAGの仕組みを強力にしています。

#プロンプトのコツ　#GOLDEN PROMPTS

Microsoft 365 Copilotの プロンプトのコツ

Section 3の解説で触れたように、生成AIで良い結果を出力するためには、良いプロンプトを作る必要があります。ここではMicrosoftが紹介するプロンプトの作り方「THE GOLDEN PROMPTS」をベースに、Copilotに対してどのようなプロンプトを作れば良いのかを見ていきます。

「目的」「コンテキスト」「ソース」「期待値」を盛り込もう

　Microsoftから、Copilotを使いこなすためのコツと、各製品で有用なプロンプトをアプリごとに具体的に紹介した **GOLDEN PROMPTS** という資料が公開されています（https://www.microsoft.com/ja-jp/biz/smb/copilot-prompts）。ここではその中で触れられているコツについて紹介します。プロンプトエンジニアリングの解説で紹介したテクニックを思い起こしながら、どのようなことがポイントになるのかも考えてみましょう。

　GOLDEN PROMPTSで紹介されているコツはズバリ、「目的」「コンテキスト」「期待値」「ソース」を盛り込むことです。次のようなプロンプトで、どのようなことなのか、見てみましょう。

目的　　　　　　　　　　　　　　　　　　　　　　　　　**ソース**

グループ会議で使用するための報告書を、第1四半期と第2四半期の
営業成績フォルダーのデータを使用して作成してください。来期の経
営方針の指標となるように、第1，第2四半期の比較を盛り込み、項
目ごとの数値を表にまとめてください。

期待値　　　　　　　　　　　　　　　　　　　　　　　**コンテキスト**

　グループ会議で使用する資料の作成を依頼するプロンプトです。どんな**目的**で使用する資料であるかを伝えることで、内容の方向性が定まります。これは、Section 3で紹介した「具体性と情報を盛り込む」に対応します。**コンテキスト**も同様です。背景を伝えることで、読み手にとって重要な情報をAIが盛り込みやすくなります。Section 3の「内容や言葉に対する指示を明確にする」にも通ずるところがあります。

　さらに、**期待値**を明確にすることも重要です。内容や表現方法を指定することで、より正確に欲しい情報を得ることができるようになるのです。これはSection 3の「プロンプトの構造と明確さに配慮する」に対応する項目といえるでしょう。

　最後に**ソース**ですが、これは特にRAGにおいて重要な項目でしょう。AIが学習していない情報に基づいて文章を生成してもらいたい場合、情報源を明確にすることが重要です。もちろんRAGという仕組み上、検索によってある程度は関連する文書やデータを参照してもらえますが、確実に含めてほしいデータがある場合は、プロンプトで指定したほうが良いでしょう。

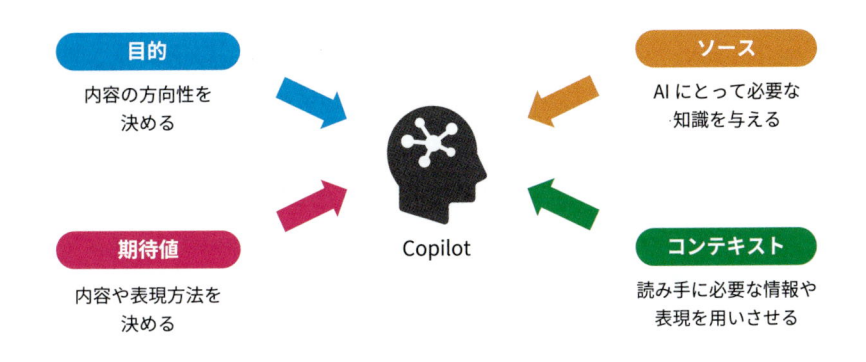

本書で使用するプロンプトの表示方法

　本書で紹介するプロンプトは、ここで紹介した4つのポイントのどれに当てはまるかを色で視覚化して表示しています。例えば先ほどのプロンプトは次のように表示します。

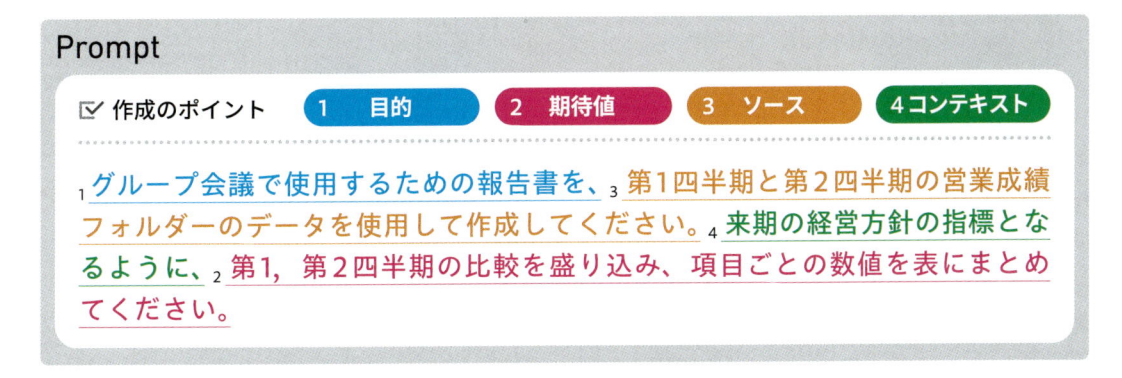

　ここで紹介した4つのポイントをすべて盛り込むのは、内容によっては難しい場合もあるでしょう。無理に盛り込もうとする必要はありません。プロンプトを実行してみて、思ったような結果が得られなくても、Section 3で紹介した「ユーザーと相互にやり取りをする」によってより良い結果を得られるように試行錯誤してみましょう。

#セマンティックインデックス　#秘密度ラベル

参照情報の共有範囲

Copilotの最大のメリットの1つとして社内の情報にアクセスできることが挙げられますが、すべてのデータやファイルを参照できるわけではありません。ここではCopilotが社内の情報をどのように参照しているのかについて説明します。職場用のCopilotを利用して社内の情報を検索する方法についてもあわせて見ていきましょう。

社内の情報が参照される範囲を知ろう

　社内の情報がCopilotに参照される範囲について確認しておきましょう。Section 4で説明したように、Microsoft Graphによって文章などのデータを検索可能な状態に変換したセマンティックインデックスへ社内のデータが登録されます。プロンプトが実行されると、Copilotは必要に応じてこのセマンティックインデックスを使って情報を検索し参照します。

　次の表は、セマンティックインデックスにより参照可能なデータの共有範囲の一例です。

ファイルの種類	ユーザーレベル	テナントレベル
ユーザーのメールボックス	参照可能	参照不可
Wordファイル	参照可能	参照可能
PowerPointファイル	参照可能	参照可能
PDFファイル	参照可能	参照可能
OneNoteファイル	参照可能	参照可能

　作成されるセマンティックインデックスは、ファイルの種類によってユーザーレベルとテナント（組織）レベルで別々に設定されています。そのため、例えばCopilotを通じて自分のメールボックス内の情報を利用することはできますが、**同じ組織内であっても別のユーザーのメールボックスにはアクセスできない**といった違いがある場合があります。また、Excelファイルなどはセマンティックインデックスに登録されないため、Excelデータを参照してもらうことはできません。PDFなどの別のファイル形式に書き出すといったひと工夫が必要です。

　なお、セマンティックインデックスの作成・更新はほぼリアルタイムに行われていますが、場合によって更新が遅れることもあります。保存したばかりのファイルに関するプロンプトが正常に実行できない場合、少し時間を置いてから実行し直してみてください。

秘密度ラベルをうまく使おう

　社内の書類でも、共有範囲をファイルごとに変えたい場合があるでしょう。ファイルごとに「関係社外秘」などの秘密度ラベルを設定しておくことで、Copilotによる参照も、秘密度に応じた共有範囲に制限することができます。

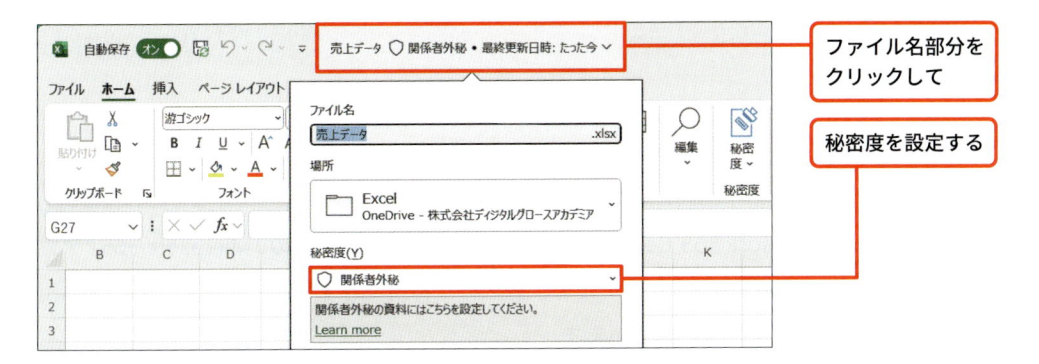

ファイル名部分をクリックして

秘密度を設定する

職場内の情報についてCopilotに聞いてみよう

　以上のようなファイルの参照範囲について理解しておくと、Copilotを社内専用のチャットボットのように使うことも可能です。例えば社内のマニュアルなどをSharePointなどに集めて保存しておけば、Copilotのチャット画面で「会議室の予約方法を教えてください。」と尋ねることで、それが記載されているマニュアルを参照して情報を教えてもらうことができます。

　なお、このように使うためには、画面上部の［職場］トグルを選択しておく必要があります。

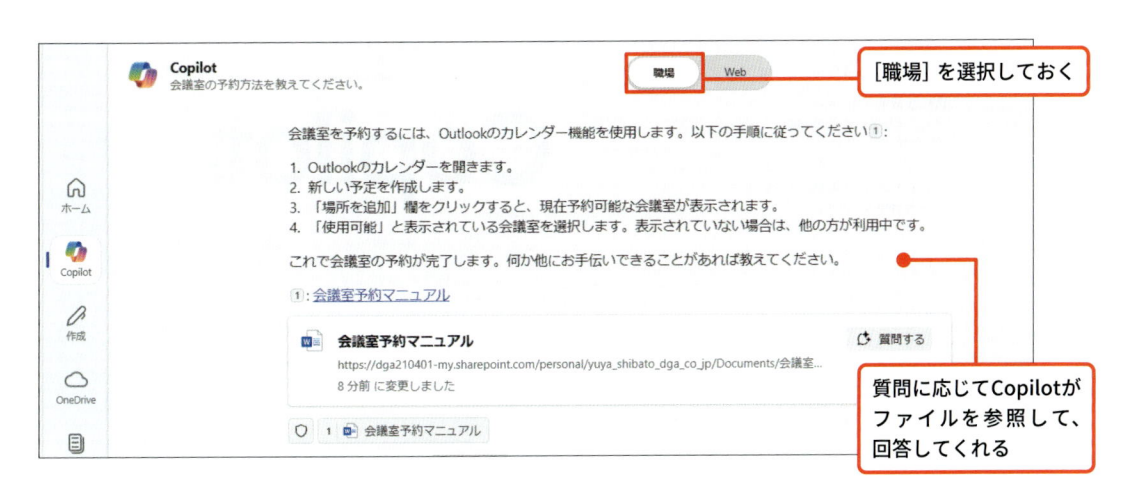

［職場］を選択しておく

質問に応じてCopilotがファイルを参照して、回答してくれる

　参照したファイルは生成結果の中に表示されます。記載されたファイル名をクリックすることで、回答の元になったドキュメントを確認することもできます。

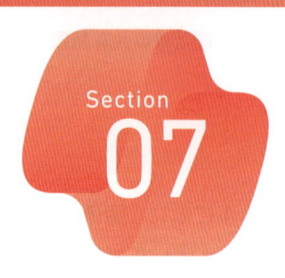
#Copilot Pro　#Copilot（無償版）

個人で使用するには？

本書で説明している「Microsoft 365 Copilot」は基本的に法人向けに提供されているサービスですが、個人で利用できるCopilotも存在します。ここでは、個人向けのCopilotである「Copilot Pro」について見ていきます。

Copilot Pro と Microsoft 365 Copilot

　本書で説明している「Microsoft 365 Copilot」は、一般法人や大企業向けの「Microsoft 365」アカウントを保持していることが前提のサービスのため、個人では利用できません。その代わり、個人用のプランとして「Copilot Pro」が用意されています。

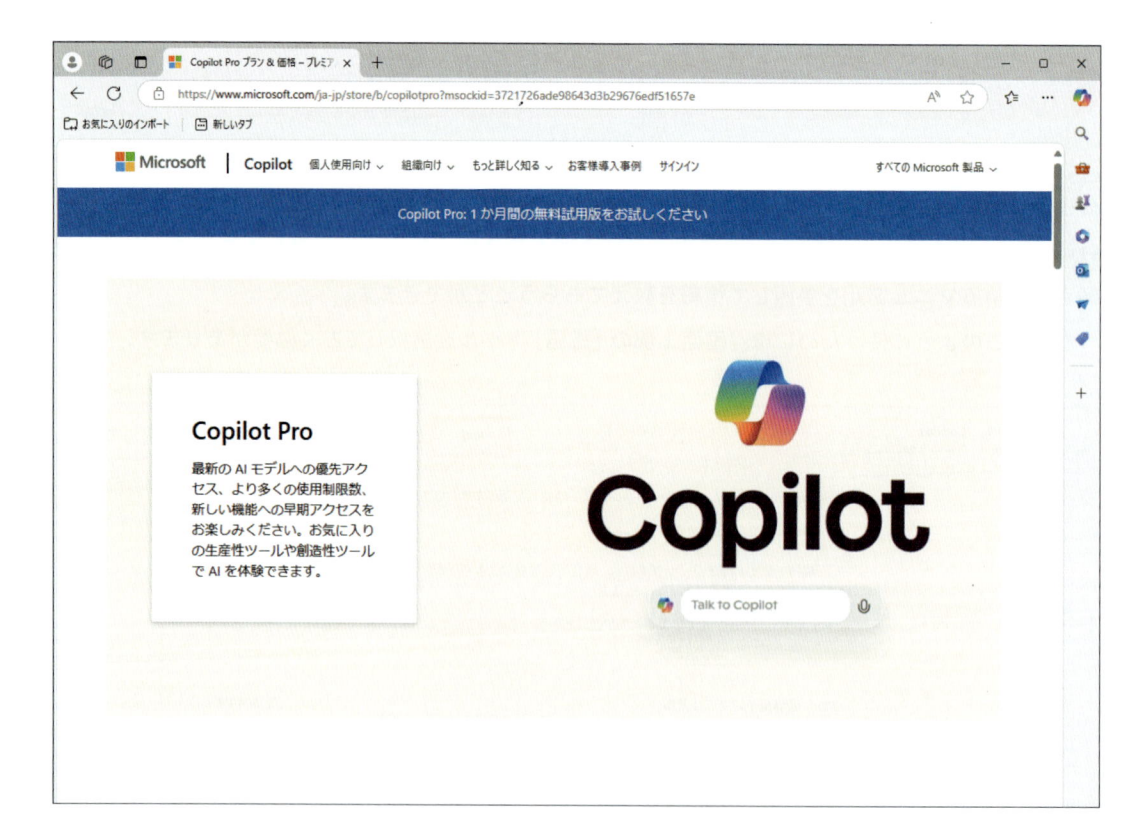

Copilot Pro の特徴

　Copilot Pro は、月額料金制のサブスクリプションサービスです。加入することで、Word、PowerPoint、Outlook、OneNote、Excel のアプリ上で Copilot が利用できるようになります。また、混雑しているできる時間でも優先的に Copilot との対話が利用できるようになります。

　ただし、Copilot Pro は Microsoft 365 Copilot に比べて利用できる機能にいくつかの制限があります。例えば、Microsoft 365 Copilot の目玉機能の1つである組織内のデータ参照機能は、Copilot Pro にはありません。また、Teams 上で Copilot を利用することもできません。

　以下に、プランごとの利用できる機能の違いをまとめています。Copilot（無償版）については、41ページのコラムを参照してください。

	Microsoft 365 Copilot	Copilot Pro	Copilot（無償版）
Copilot とのチャット	○	○	○
混雑時の優先アクセス	○	○	×
組織のデータにアクセス	○	×	×
Excel での Copilot	○	○	×
Word での Copilot	○	○	×
PowerPoint での Copilot	○	○	×
Outlook での Copilot	○	○	×
Teams での Copilot	○	×	×

その他の注意点

　デスクトップ版の Office で Copilot を利用したい場合、Copilot Pro の契約に加えて Microsoft 365 の契約も必要になります。Copilot Pro だけではデスクトップ版の Office は使えないので注意してください。ただし、Copilot Pro の契約者は Web 版の Office 上で Copilot が利用できます。Copilot は利用したいが Microsoft 365 を契約してまでデスクトップ版を利用する必要はない場合は、Web 版の Office の利用を検討してみても良いかもしれません。

個人での利用開始方法

個人で Copilot Pro を利用する場合、以下の手順で契約を行ってください。

まず、以下のページにアクセスし「無料試用版をお試しください」をクリックします。

https://www.microsoft.com/ja-jp/store/b/copilotpro

　購入画面に遷移するので、画面の指示にしたがい支払い方法を追加してください。最初の1ヶ月は試用期間として、無料で利用できます。

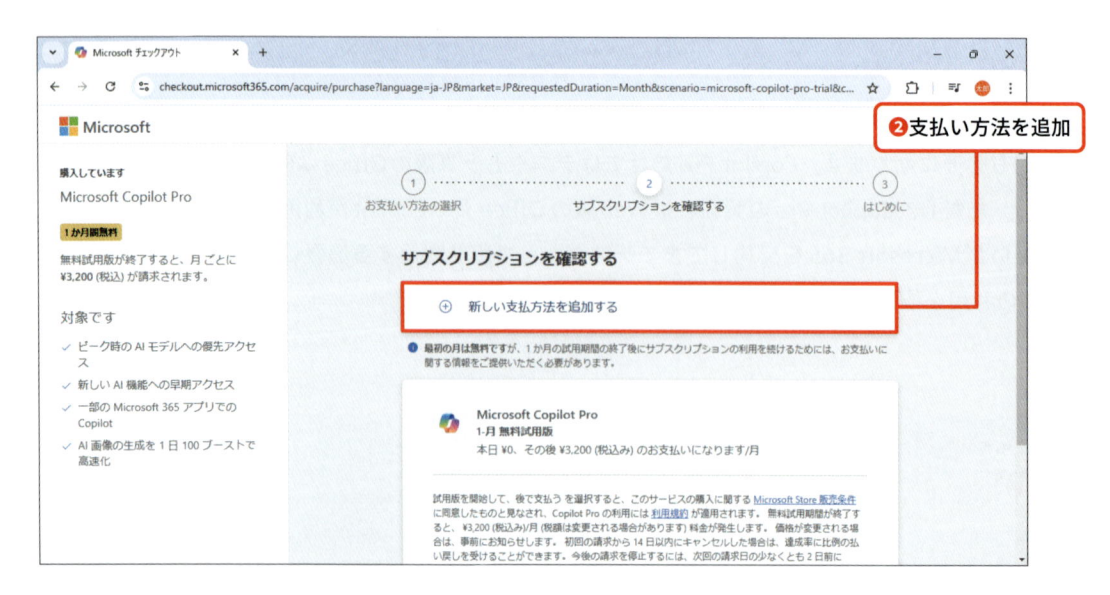

　なお、無料期間の経過後は自動的に更新が発生し、登録したクレジットカードに料金が請求されます。取りあえずお試しで登録して使い勝手を試す場合、注意してください。

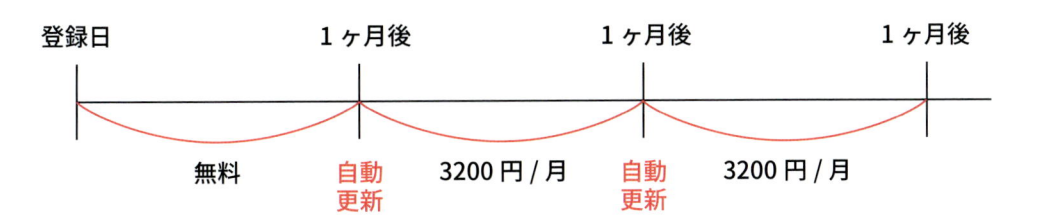

登録日	1 ヶ月後	1 ヶ月後	1 ヶ月後
無料	自動更新　3200 円 / 月	自動更新　3200 円 / 月	

Column 無料で使える Copilot との違い

本書で解説する Microsoft 365 Copilot やこの Section で説明した Copilot Pro は有料のサービスですが、その他に無料で使える「Copilot（無償版）」も提供されています。

無償版の Copilot は、Office のアプリ上では動作しません。そのため、ファイルやデータを直接編集する目的には使えません。画像の生成は可能ですが、速度などに制約があります。また、Copilot のサービス全体の利用状況によっては、応答速度が低下する可能性もあります。

このように、無償版の Copilot では利用できる機能が大きく制限されています。Excel の数式を考えてもらうようなことはできますので、Copilot を知る第一歩として利用してみるのはアリかもしれません。

#保存場所　#情報源の確認

Copilotを実行する際の注意

Section 6で解説したように、Copilotはセマンティックインデックスに登録されたデータを元に生成を行っています。そのためCopilotを利用する際は、ファイルの保存場所が重要になります。また、生成AIであるCopilotの生成結果をうのみにせず、確認を行うことも重要です。ここではそうしたCopilotを利用する際の注意点について見ていきます。

ファイルの保存場所に気をつけよう

　Copilotを利用する際の注意事項として、ファイルを保存する場所によってはCopilotが正常に動作しないという点があります。Copilotに情報源としてファイルを利用してもらうためには、基本的にOneDriveまたはSharePoint（企業向けファイル共有サービス）にそのファイルが保存されている必要があります。また、ExcelでCopilotを使用する場合、操作するファイル自体がOneDriveに保存されていなくてはなりません。ただし、WordやPowerPointでCopilotを利用する場合は、操作するファイルをパソコンのストレージ（ハードディスクなど）に保存していても問題ありません。

　参照可能なファイルを確認するには、Microsoft 365のページ左にある［OneDrive］をクリックします。この画面で表示されているファイルは、Copilotから参照できます。

　Copilotが動作しない場合、まずはファイルの格納場所を確認してみましょう。

情報源を確認しよう

　WordやTeamsのCopilotで要約などを行った際には、情報源を確認することも怠らないようにしましょう。Section 3で説明したハルシネーション含め、生成AIの生み出すものは100%正しいとは限らないからです。

　とはいえ、ファイルや会議の録画の中から探したい情報源を見つけ出すには手間がかかります。Copilotの生成結果の中に小さな数字が表示されていることがあるので、これを利用してみましょう。これは生成結果の根拠となったデータへのリンクで、クリックすることで元の情報へアクセスできます。例えば、TeamsのCopilotで数字をクリックすると、録画の中で根拠となる発言があったタイミングに遷移します。

数字をクリックすると、根拠となる発言のあった箇所へ遷移する

　Copilotはあくまでも「副操縦士」であり、実際に仕事の舵を握るのは人間です。提出した報告書や資料に間違いがあれば、それは人間の責任となります。非常に便利なCopilotですが、任せきりにはならないように心がけて利用しましょう。

Section

09

#本書の読み進め方　#コツの掴み方

本書を効果的に活用するためのコツ

本書では、Microsoft 365 Copilotをじっくりと学びたい方にも、要点だけをピックアップして手早くコツを掴んでいきたい方にも、使いやすく読み進められるように構成しています。より効率よく読み進められるように、本書がどのように構成されているかを把握しましょう。また、Copilotを使いこなすためのコツを身につけるために意識すると良いことについても確認しましょう。

流れを意識して読む

　本書はOfficeアプリでCopilotを使用する方法を紹介するために、実際の業務に即した流れを意識した構成となっています。具体的には次の図のように、とある通販事業者が、Officeアプリを使って売上分析から分析結果の発表までを行っていくという流れです。

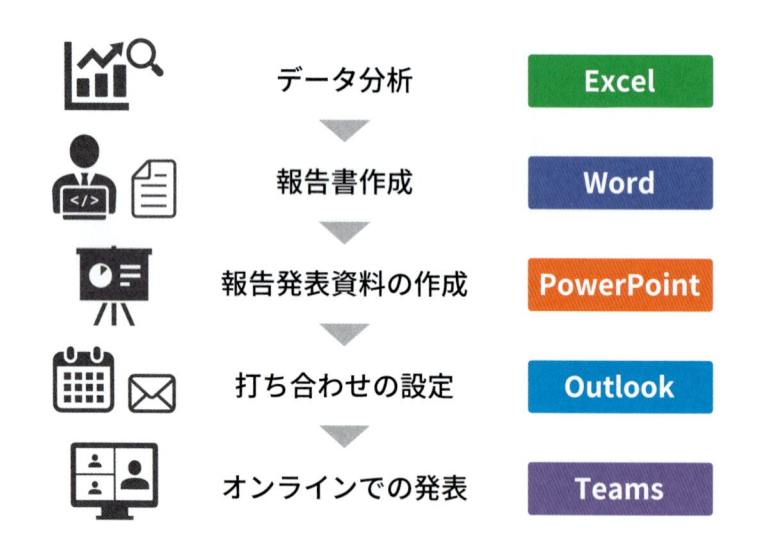

データ分析	Excel	
報告書作成	Word	
報告発表資料の作成	PowerPoint	
打ち合わせの設定	Outlook	
オンラインでの発表	Teams	

　この流れに沿って読み進めていくことで、実際の利用用途や利用シーンを想像しやすく、実際に自分がCopilotを使って業務を進めるイメージを持ちやすくなります。「一通りどんな使い方ができるのか知りたい」「実際の業務にどのように活かすか想像しながら読み進めたい」といった場合には、本書を初めから順に読み進めていくことをおすすめします。

　なお、本書にはサンプルファイルは収録しておりません。ぜひ、業務で使用しているお手持ちのファイルなどを使用して、実際の業務に合わせながら実践してみてください。

読みたい項目を拾い読みする

　本書の流れとは関係なく、「どんな使い方があったかな」「あの操作を指示するにはどんなプロンプトを送信すればいいのだっけ」といった場合、逆引き的に読みたい項目だけを読むこともできます。「本書の使い方」でも説明した通り、各Sectionの上部にはハッシュタグで簡潔に解説内容を記述しています。

Sectionの紹介内容を簡潔に記述したハッシュタグ

#複雑な条件を含む数式　#複雑なタスクを分解して依頼する

Section
04
複雑な数式を生成してもらおう

　Sectionのタイトルだけでは内容がわかりにくい場合もありますが、このハッシュタグを見ればCopilotに依頼する内容を手早く把握することができます。

コツを掴むための実践方法

　Copilotのような生成AIは、同じプロンプトに対して必ず同じ答えを生成するとは限りません。例えば「Copilotの特徴を3つ挙げてください。」という質問をCopilotに投げかけてみます。すると、次のように回答を生成してくれました。

> もちろんです！Copilotの特徴を3つ挙げるとすれば、以下のようになります：
>
> 1. **多機能性**: Copilotは、情報検索、サポート提供、生産性向上のためのタスク完了など、さまざまな機能を持っています。ユーザーのニーズに応じて柔軟に対応できます。
> 2. **対話型AI**: Copilotは、自然な会話を通じてユーザーとコミュニケーションを取ります。質問に答えたり、アドバイスを提供したり、ユーザーの意図を理解して適切な対応をします。
> 3. **継続的な学習**: Copilotは常に学習を続けており、最新の情報や知識を取り入れています。これにより、ユーザーに対して正確で最新の情報を提供することができます。
>
> 他にも知りたいことがあれば、ぜひ教えてください！

　しかし、これに続けて同じ質問を投げかけてみると、次のように回答を生成してくれました。

もちろんです！Copilotの特徴を3つ挙げるとすれば、以下のようになります：

1. **多機能性**: Copilotは、情報検索、サポート提供、生産性向上のためのタスク完了など、さまざまな機能を持っています。ユーザーのニーズに応じて柔軟に対応できます。
2. **対話型AI**: Copilotは、自然な会話を通じてユーザーとコミュニケーションを取ることができます。質問に答えるだけでなく、新しいトピックを提案したり、ユーザーの興味に基づいて会話を進めたりします。
3. **知識の広さ**: 最新の情報や知識を持っており、ユーザーに正確で有益な情報を提供します。常に学び続け、知識を更新しています。

他にも何か知りたいことがあれば、気軽に聞いてくださいね！

1つ目の「多機能性」については全く同じ文ですが、2つ目の「対話型AI」の途中から文章が変わっていますし、3つ目については見出しが「継続的な学習」と「知識の広さ」と全く異なっています。このような違いはOfficeアプリで使用するCopilotにも起こり得ることなのです。

例えばExcelで数式を作成してもらう場合に、計算結果が同じでも式の表現が異なる場合があります。つまり、本書で示した結果が必ずしも同じように読者の皆さんの手元で再現できるわけではないということです。結果が同じであればまだ良いほうで、場合によっては同じプロンプトでも想定した正しい結果が得られないことがあります。

このように、**AIは必ずしもいつも同じ答えを出してくれるわけではない**ということを、よく意識しておきましょう。そのうえで、もしうまくいかなかった場合は、同じプロンプトを何度か送信してみたり、表現を変えてみたりと、試行錯誤をしてみましょう。そのうちに、どのような伝え方だと伝わりやすいのか、どのような表現だと意図した通りに動いてくれるのかといったことがわかってくるようになるでしょう。

 ## Copilotにイラストを生成してもらう方法

巻頭の2ページの男女のイラストは、Copilotに指示を出して生成してもらいました。32ページの画面で「Web」を選択して「次の画像を生成します：正面を向いているスーツ姿の会社員の男女二人組。二人とも日本人。二人とも楽しそうに考えている様子で、顎に右手をあてている。イラストは漫画風の柔らかいイメージで、背景は白のみ。上半身は画像の中に収める」というプロンプトを送信して生成してもらったものです。

Chapter

2

Excelでの
処理やデータ分析を
依頼しよう

数式を打ち込んだりグラフを作成したりする作業では、普段からExcelを使い慣れていても、思いのほか時間がかかってしまうこともあります。そうした普段のちょっとした作業をCopilotに依頼して、業務の効率化を促進しましょう。

Section
01

ExcelでCopilotを利用する準備をしよう

ExcelでCopilotを利用するには、Copilotに作業を行ってもらいたいデータの作り方にちょっとしたコツが必要です。ここではまずCopilotにとって苦手・得意とするデータの形式を紹介します。また、その準備方法についても解説します。

Copilotが対応しているExcelのデータ形式を知ろう

　ExcelでCopilotを使用して、その性能を十分に発揮させるためには、データを**データベース形式**にすることが望ましいです。では、データベース形式とは一体どのような形式のことでしょうか。

　Excelは非常に自由度が高いアプリであるため、組織や人によって使い方がかなり異なります。そのため、表のレイアウトやデータの配置方法などもさまざまです。人の目でデータを見る分にはそれでも十分なことがほとんどですが、AIに作業を依頼するためには、**ある程度データが整っている必要があります。**

　次のようなデータの場合、どうでしょう。一見何の変哲もない、営業成績のデータに見えますが、「第1四半期」「第2四半期」などの見出しとなる行が途中に入っています。また、「備考」という行が最後に付け加えられていたり、営業所の「東京」がセル結合でまとめられたりしています。

	A	B	C	D	E	F
1						
2		営業成績				
3		担当者	売上	営業所		
4		第1四半期				
5		佐藤誠	529188	東京		
6		鈴木太郎	325412			
7		第2四半期				
8		高橋華子	731259	名古屋		
9		山田二郎	408840	福岡		
10		備考	単位：円			
11						

表の途中や最後に見出しが挿入されている

セル結合されている

人間の目にはほどよく整理された状態に見えますが、コンピューター、とりわけCopilotではこのようなデータを取り扱うのは難しいのです。では、一体どのようなデータが良いのでしょうか。それが**データベース形式**なのです。

難しく聞こえるかもしれませんが、実際は非常にシンプルです。**1行に1つのデータを保存する**というのが原則となります。先ほどのデータをデータベース形式にすると、次のようになります。

1行に1データの原則に則ることで、Copilotをはじめとするコンピューターによるデータ整理や解析が行いやすくなります。なお、同じデータが続いていても、**セルを結合しない**ようにしてください。

Copilotを使用するには、このようにデータベース形式に整えられたデータに対して、**テーブル**を設定することが望ましいです。本Chapterでは、次のような架空の通販の売上データを使用します。

	商品名	サイズ	重量	発送先	カテゴリ	税抜価格	注文日	発送日	性別	評価	感想
1	商品名	サイズ	重量	発送先	カテゴリ	税抜価格	注文日	発送日	性別	評価	感想
2	キャンプチェア	200	2.5	東京都	アウトドア	9800	2024/1/1	2024/1/5	男性	5	持ち運びが楽
3	サングラス	40	0.3	三重県	ファッション	12800	2024/1/1	2024/1/4	女性	5	デザインが良い
4	折りたたみ傘	60	0.4	東京都	ファッション	2800	2024/1/1	2024/1/4	女性	4	軽くて使いやすい
5	フィットネスマット	400	2.5	岡山県	スポーツ用品	5200	2024/1/2	2024/1/6	男性	3	期待外れ
6	ブックライト	40	0.3	千葉県	文房具	2800	2024/1/2	2024/1/5	女性	5	便利なサイズ
7	電動歯ブラシ	60	0.3	大阪府	家電	12400	2024/1/3	2024/1/7	男性	2	期待外れ
8	スマート体重計	80	2.3	愛知県	家電	7800	2024/1/3	2024/1/6	女性	5	健康管理に便利
9	ワイヤレスキーボード	100	1.1	宮崎県	文房具	12800	2024/1/3	2024/1/6	男性	2	性能が微妙
10	ヨガブロック	60	0.6	岡山県	スポーツ用品	1800	2024/1/4	2024/1/7	女性	4	初心者向け
11	アウトドアチェア	240	3.8	群馬県	スポーツ用品	12000	2024/1/4	2024/1/8	男性	3	機能性が良い
12	電動自転車	500	25	滋賀県	スポーツ用品	128000	2024/1/5	2024/1/8	女性	5	とても便利
13	ビジネスバッグ	160	1.8	大阪府	ファッション	15800	2024/1/5	2024/1/8	男性	3	収納力が微妙
14	サイクロン掃除機	300	4.5	兵庫県	家電	22800	2024/1/5	2024/1/8	男性	5	機能性が良い
15	コードレス掃除機	300	3.8	兵庫県	家電	24800	2024/1/6	2024/1/9	男性	3	コスパが悪い
16	コーヒーメーカー	200	2	新潟県	キッチン用品	13200	2024/1/7	2024/1/10	女性	5	リピート購入したい
17	電気ケトル	60	1.5	福岡県	キッチン用品	4800	2024/1/8	2024/1/12	女性	4	使い勝手が良い
18	ランニングシューズ	60	0.9	神奈川県	スポーツ用品	9800	2024/1/8	2024/1/11	男性	5	リピート購入したい
19	キッチンスケール	50	0.7	宮城県	キッチン用品	3600	2024/1/9	2024/1/12	男性	4	正確で便利

データの内容に注意しよう

　Excelでデータを扱う際、予期せぬことが原因で、うまくデータ整理や分析ができないことがあります。先ほどの説明にもあった「セルを結合しない」はその典型的な例の1つです。ここではその他の、エラーを生みやすいデータの例を紹介します。

　まず、**データの型が揃っていないデータ**です。ありがちなのは、次の図のような、赤字を示す意味で「▲30,000円」のような記載や、単位と一緒に「50,000円」のような記載をしたデータです。これらは「▲」や「円」という文字を含んでいるため、数式を用いて処理することはできません。

	A	B	C	D	E	F
1						
2		担当者名	売上額	利益	営業所	
3		佐藤誠	500,000円	50,000円	東京	
4		鈴木太郎	400,000円	▲20,000円	大阪	
5		高橋華子	600000	▲30,000円	名古屋	
6		山田二郎	700,000円	80000	福岡	
7		木村陽子	500000	10,000円	東京	
8						

　次のように「-30000」と記入したり、単位を見出しに記載したりするようにしましょう。

	A	B	C	D	E	F
1						
2		担当者名	売上額（円）	利益（円）	営業所	
3		佐藤誠	500000	50000	東京	
4		鈴木太郎	400000	-20000	大阪	
5		高橋華子	600000	-30000	名古屋	
6		山田二郎	700000	80000	福岡	
7		木村陽子	500000	10000	東京	
8						

　これによく似た例としては、**日付データが日付型になっていない**場合があります。本Chapterでは、Copilotにデータ分析などを行ってもらう際に、日付が正しく日付データになっていない場合、正しく結果が表示されなかったり分析できなかったりする場合があります。

　日付のデータは、一見すると間違っていないように見えるため、注意が必要です。次の図は、日付データの中に文字列で日付が入力されているものが混ざっている例です。

	A	B	C	D	E	F	G
1							
2		日付	品名	単価	個数		
3		2025/3/2	りんご	300	5		
4		2025/3/5	みかん	150	8		
5		2025/3/10	バナナ	120	3		
6		2025/3/12	ぶどう	400	2		
7		2025/6/15	いちご	500	1		
8							

「2025/3/10」のみ左揃えになっている

　Excelで日付データを表示した場合、通常の設定ではセル内の右端に揃えるように表示されます。しかし、もし外部から取り込んだデータなどで、文字列として扱われている場合、セルの左端に揃えるように表示されます。

　日付を扱ったデータで、意図したように処理されない場合は、日付が正しく日付データとして扱われているかを確かめましょう。

テーブルを設定しよう

　データベース形式のデータを開いた状態で、データが入力されているセルにカーソルを移動させます。その状態で [ホーム] タブの [テーブルとして書式設定] をクリックします。テーブルのスタイルを選択するパネルが表示されるので、お好みのスタイルを選択してください。どのスタイルを選択しても、動作に違いはありません。

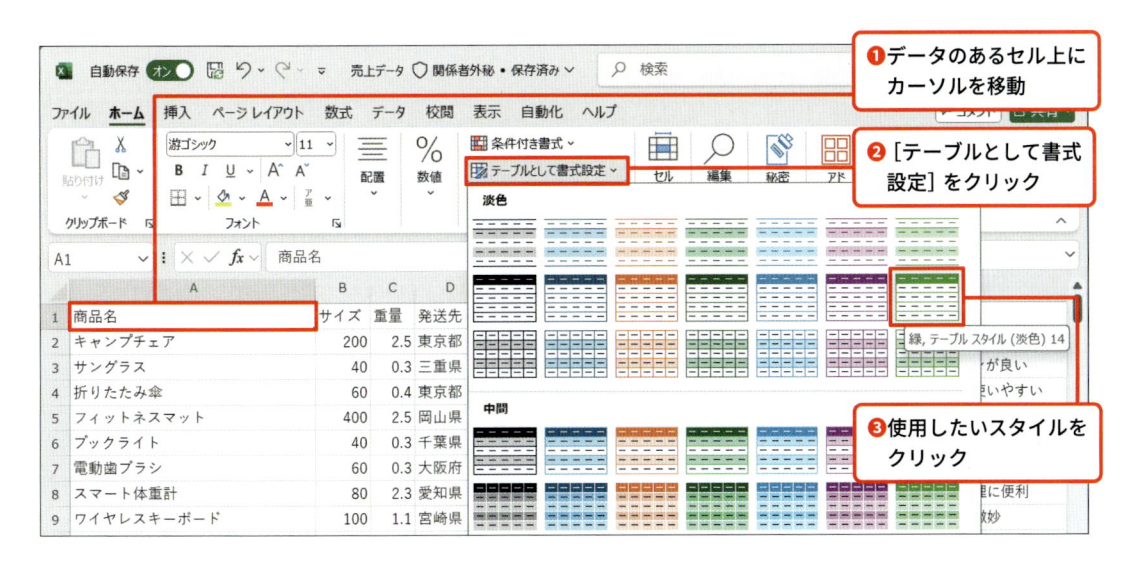

❶データのあるセル上にカーソルを移動

❷[テーブルとして書式設定] をクリック

❸使用したいスタイルをクリック

「テーブルとして書式設定」というダイアログが表示され、テーブルに変換する範囲の候補が点線で表示されます。範囲に間違いがないかを確認し、[OK] をクリックします。ここでは1行目に項目の見出しを入れているので、[先頭行をテーブルの見出しとして設定する] チェックボックスにチェックを入れています。

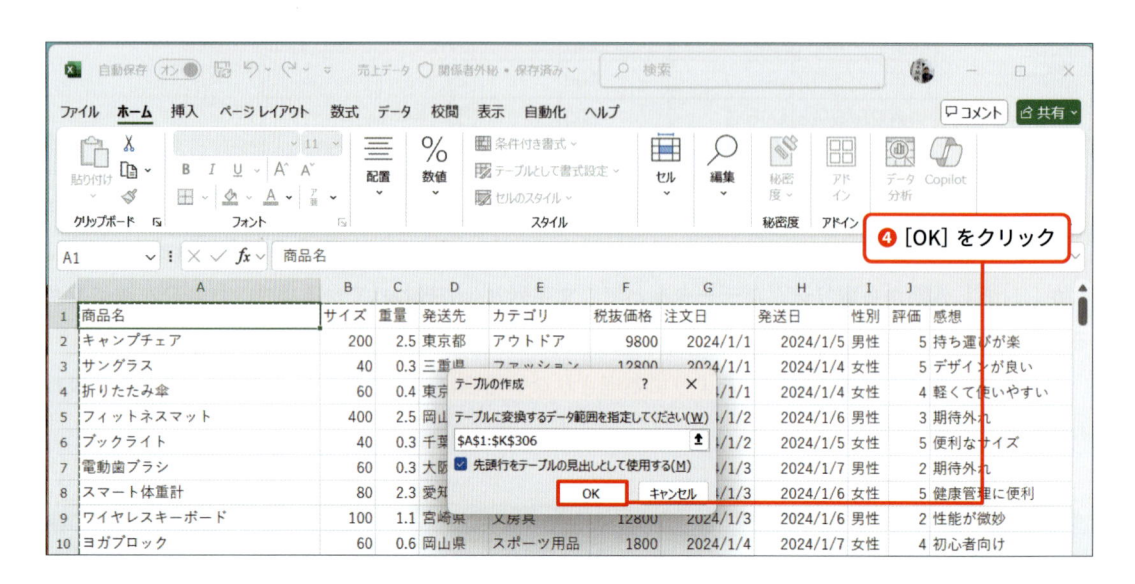

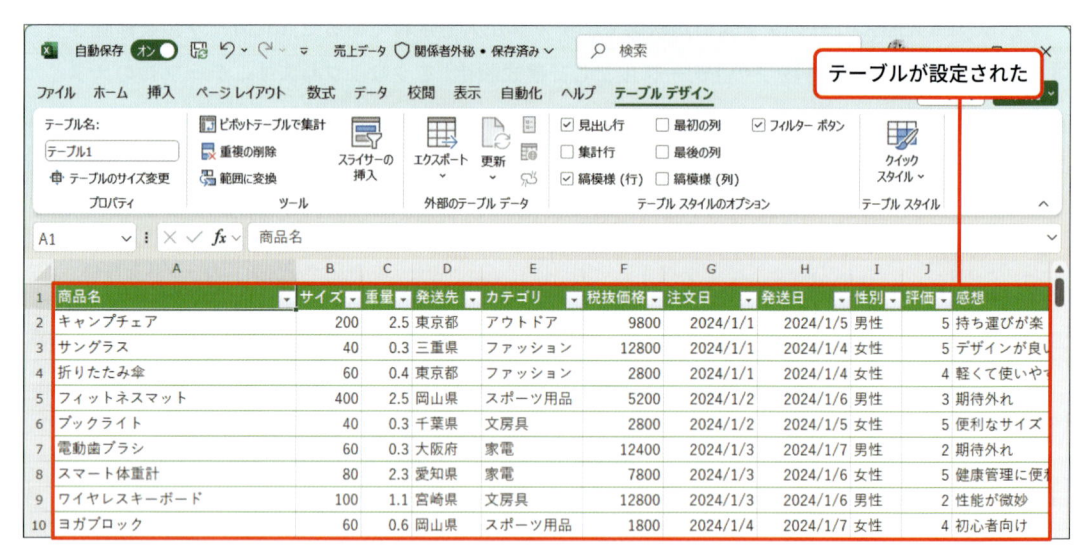

　このようにすることで、Copilot をはじめ、Excel のさまざまな機能を使用することができるようになります。次の Section 以降は、このテーブルを設定したデータを使用して、Copilot の操作方法を紹介していきます。

見出しがないデータにテーブルを設定すると？

先ほどの手順では、1行目に項目の見出しを入れたデータを使用しました。では、1行目からデータが始まるデータをテーブルに変換するとどうなるでしょうか？　次の図は、1行目からデータが始まるデータに対して、[先頭行をテーブルの見出しとして設定する]にチェックを入れずにテーブルに変換したときの例です。

	A	B	C	D	E	F	G	H	I	J
1	列1	列2	列3	列4	列5	列6	列7	列8	列9	列10
2	キャンプチェア	200	2.5	東京都	アウトドア	9800	2024/1/1	2024/1/5	男性	5
3	サングラス	40	0.3	三重県	ファッション	12800	2024/1/1	2024/1/4	女性	5
4	折りたたみ傘	60	0.4	東京都	ファッション	2800	2024/1/1	2024/1/4	女性	4
5	フィットネスマット	400	2.5	岡山県	スポーツ用品	5200	2024/1/2	2024/1/6	男性	3
6	ブックライト	40	0.3	千葉県	文房具	2800	2024/1/2	2024/1/5	女性	5
7	電動歯ブラシ	60	0.3	大阪府	家電	12400	2024/1/3	2024/1/7	男性	2
8	スマート体重計	80	2.3	愛知県	家電	7800	2024/1/3	2024/1/6	女性	5
9	ワイヤレスキーボード	100	1.1	宮崎県	文房具	12800	2024/1/3	2024/1/6	男性	2
10	ヨガブロック	60	0.6	岡山県	スポーツ用品	1800	2024/1/4	2024/1/7	女性	4
11	アウトドアチェア	240	3.8	群馬県	スポーツ用品	12000	2024/1/4	2024/1/8	男性	3
12	電動自転車	500	25	滋賀県	スポーツ用品	128000	2024/1/5	2024/1/8	女性	5
13	ビジネスバッグ	160	1.8	大阪府	ファッション	15800	2024/1/5	2024/1/8	男性	3

1行目に「列1」「列2」……という連番の名前で見出しが挿入されています。このように、テーブルは必ず見出しを設定する必要があります。しかし、Copilotでは列名を使用してプロンプトを作成することにもなりますので、このような連番の列名のままだと非常に不便です。必ず列名を設定するようにしましょう。

2

Excelでの処理やデータ分析を依頼しよう

Section
02

#OneDriveにファイルを格納する

OneDriveにデータを保存しよう

ExcelでCopilotを使用するためには、OneDriveやSharePointなどの中の、自分がアクセスできる場所にファイルを置く必要があります。ここではOneDriveの「マイファイル」に「Excel」というフォルダーを作成して、その中にデータを格納します。WordやPowerPointについても同様に、OneDriveやSharePointにデータを格納するようにしましょう。

Copilotが使えるようにOneDriveにデータを保存する

OneDriveへは、**パソコンのエクスプローラ**や**Teams**、**Webブラウザ**などからからアクセスすることができます。どの方法でも基本的な操作に変わりはありませんが、ここではWebブラウザからOneDriveを開き、ファイルをアップロードする方法を紹介します。

まずOneDriveのページを開き、[Copilot]をクリックして[マイファイル]を開きます。

フォルダーの作成は、左上の[+]ボタンから行います。[+]ボタンをクリックして、[フォルダー]をクリックします。

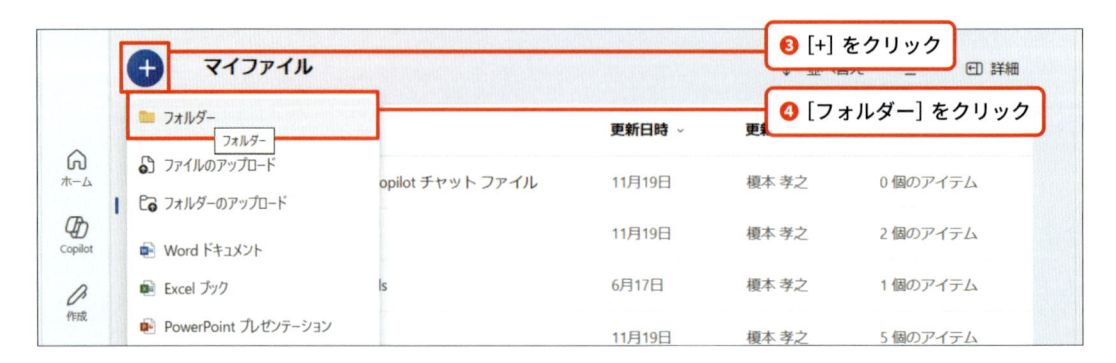

[フォルダーの作成] ダイアログが表示されるので、「Excel」と入力して [作成] をクリックします。

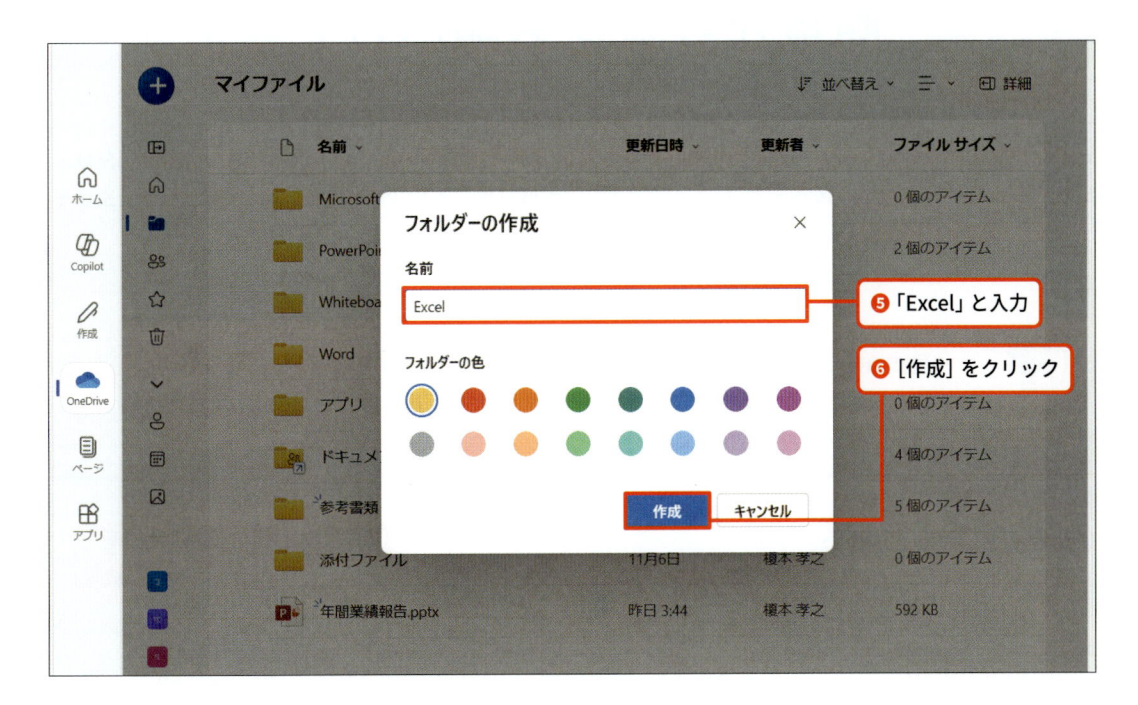

作成されたフォルダーに、Excelファイルを格納します。パソコン内にあるフォルダーからアップロードするには、格納したいフォルダーを開いた状態でWebブラウザにドラッグアンドドロップするか、左上の [+] ボタンをクリックして「ファイルのアップロード」からアップロードしてください。

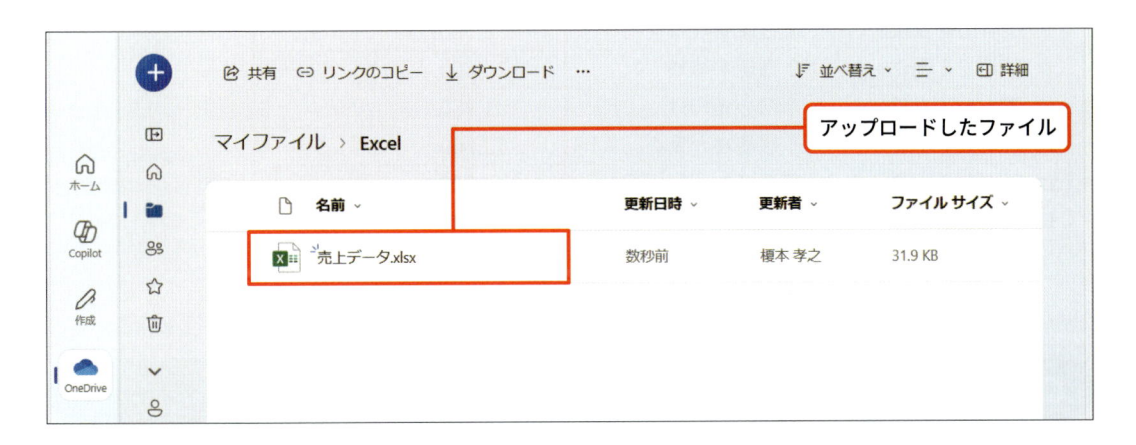

#数式の生成

簡単な計算をお願いしてみよう

簡単な数式を生成してもらい、Copilotの基本的な使い方を確認してみましょう。ここでCopilotに生成してもらう数式は、自分の手で数式を入力したほうが手っ取り早いものですが、まずはプロンプトで指示を出して、数式を自動生成してもらう手順について理解しましょう。

こう頼む！

- 税抜価格に消費税率10%をかけた、税抜価格を計算してもらう
- 注文日から発送日までの期間を発送準備期間とし、日付の差として計算してもらう

Copilotにヘルプを頼むと……

> 「税込価格」と「発送準備期間」の列が追加される

	H 日	I 性別	J 評価	K 感想	L 税込価格	発送準備期間
1	日	性別	評価	感想	税込価格	発送準備期間
2	024/1/5	男性	5	持ち運びが楽	10,780	4
3	024/1/4	女性	5	デザインが良い	14,080	3
4	024/1/4	女性	4	軽くて使いやすい	3,080	3
5	024/1/6	男性	3	期待外れ	5,720	4
6	024/1/5	女性	5	便利なサイズ	3,080	3
7	024/1/7	男性	2	期待外れ	13,640	4
8	024/1/6	女性	5	健康管理に便利	8,580	3
9	024/1/6	男性	2	性能が微妙	14,080	3
10	024/1/7	女性	4	初心者向け	1,980	3
11	024/1/8	男性	3	機能性が良い	13,200	4
12	024/1/8	女性	5	とても便利	140,800	3
13	024/1/8	男性	3	収納力が微妙	17,380	3

Copilotを起動しよう

Excel で Copilot を使用するために、まず Copilot のパネルを開きましょう。［ホーム］タブから［Copilot］をクリックすると、Copilot のパネルが画面右側に開きます。

2

Excelでの処理やデータ分析を依頼しよう

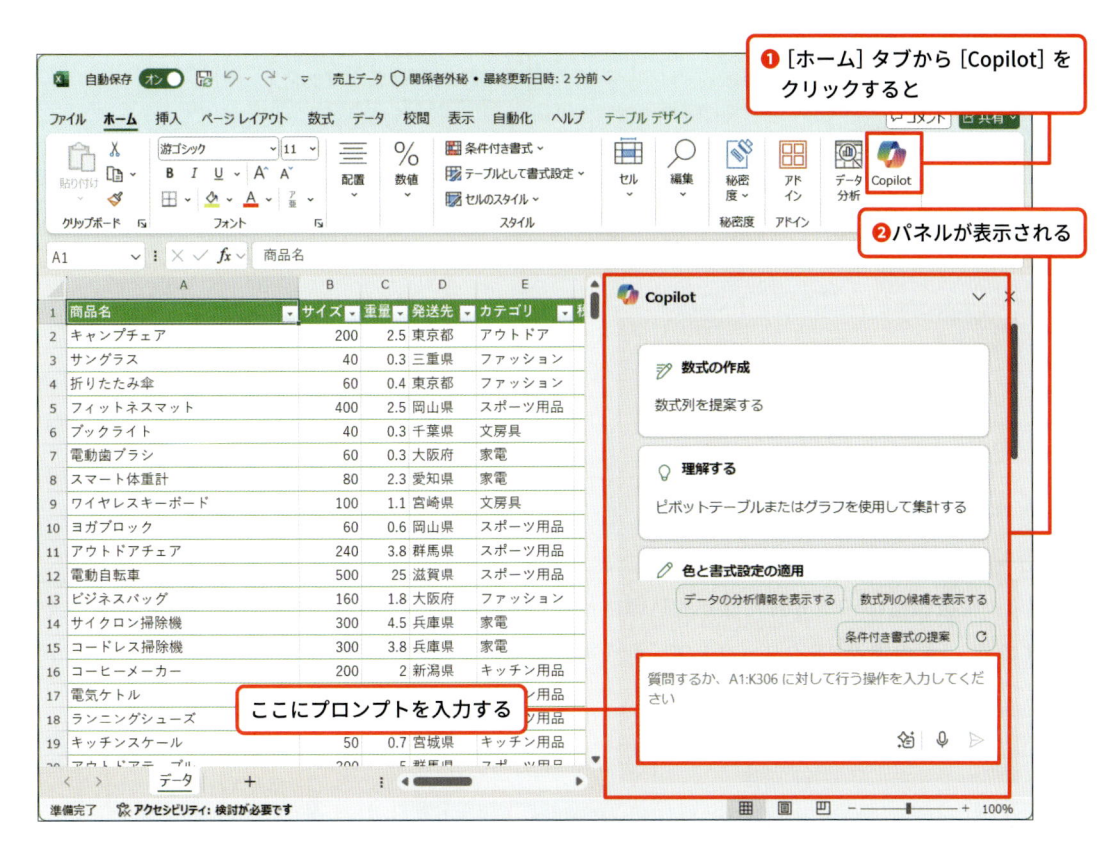

❶ [ホーム] タブから [Copilot] を
クリックすると

❷ パネルが表示される

ここにプロンプトを入力する

パネルの下部の入力欄にプロンプトを入力して、Copilotにさまざまな操作を行ってもらいます。

税込価格を計算してもらおう

まずはこのテーブルにある「税抜価格」を元に、「税込価格」を計算してもらいましょう。次のプロンプトを入力してください。

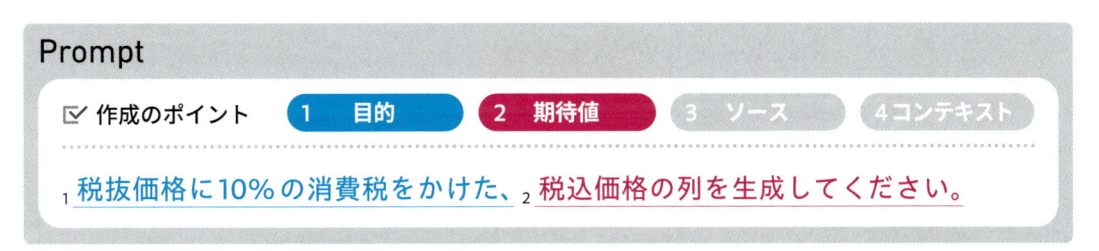

Prompt

☑ 作成のポイント　（1　目的）　（2　期待値）　（3　ソース）　（4 コンテキスト）

₁税抜価格に10%の消費税をかけた、₂税込価格の列を生成してください。

このプロンプトでは、「税抜価格に10%の消費税をかけた」が「目的」に、そして「税込価格の列」が「期待値」に、それぞれChapter 1で説明したGOLDEN PROMPTSのポイントに対応します。このプロンプトを実行すると、次のような結果が返ってきました。

❶ [列の挿入] をクリック

　L列に、税抜価格に1.1をかけた値が税込価格として生成されることが示されています。問題なさそうですので、[列の挿入] をクリックして、列を挿入してもらいましょう。

「税込価格」の列が挿入された

　なおここで計算結果を見ると、小数点以下2桁まで表示されています。ここでは [ホーム] タブの [小数点表示桁下げ] を2回クリックして、小数点以下を表示させないようにしましょう。

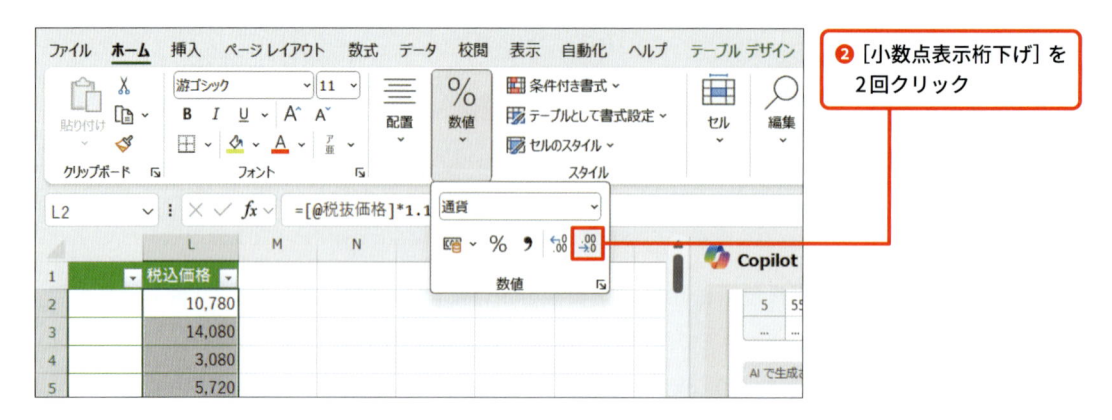

❷ [小数点表示桁下げ] を2回クリック

発送準備期間を計算してもらおう

　同様の手順で、注文を受けてから発送するまでにかかった「発送準備期間」の列を生成してもらいましょう。次のプロンプトを入力して、実行してください。

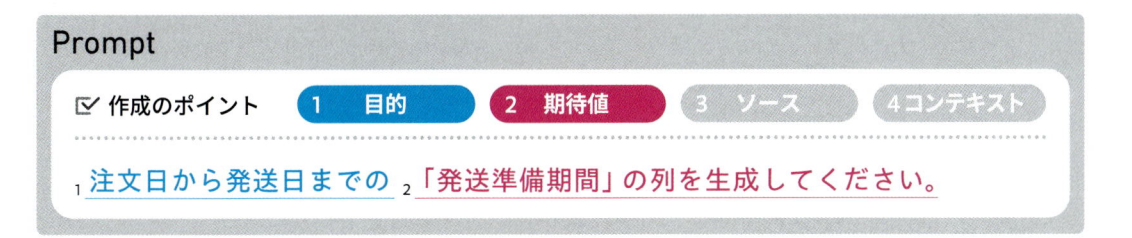

Prompt

☑ 作成のポイント　　1　目的　　2　期待値　　3　ソース　　4 コンテキスト

1 注文日から発送日までの 2「発送準備期間」の列を生成してください。

　この結果、Copilotからは「=[@発送日] - [@注文日]」という式の列を挿入する提案が返ってきました。Excelでは、日付データはシリアル値という数値で扱われているため、このように差を取るだけで日数を計算することができます。

　[列を挿入]をクリックして挿入してください。

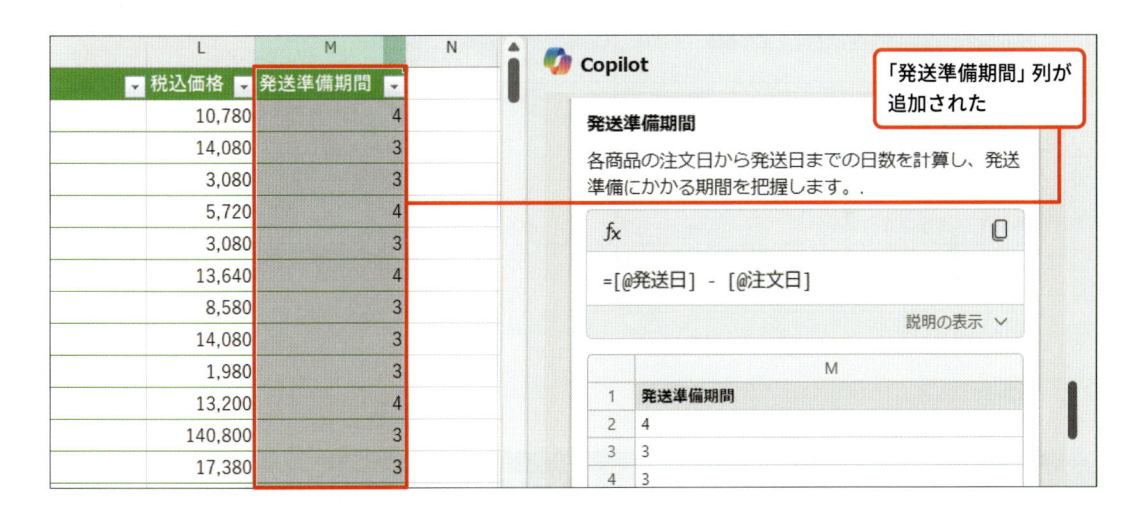

「発送準備期間」列が追加された

Column　構造化参照

Copilotが生成した数式には、セル番地ではなく「[@発送日]」という表記が使用されています。これは構造化参照と呼ばれるもので、Excelのテーブル機能で使用できる表記方法です。テーブルの列名を数式に使用できるため、直感的に理解しやすいというメリットがあります。なお「@」をつけない場合は、その列名のデータ全体を意味します。

#複雑な条件を含む数式　#複雑なタスクを分解して依頼する

複雑な数式を生成してもらおう

実際にExcelで業務を行う際は、IF関数を用いた条件式など、もう少し複雑な数式を扱うことがよくあります。条件式の入力は、手で入力するのはやや面倒ですが、Copilotであれば、日本語で条件を伝えるだけで生成してくれます。なお、条件が複雑になりすぎる場合は何段階かに分けて依頼すると、生成される数式の確認がしやすく、生成内容も確実になります。

こう頼む！

- 送料の条件を指定して、サイズ・重量に基づいて送料を計算してもらう
- 遠方地域用の送料を、都道府県名から判断して計算してもらう

Copilotにヘルプを頼むと……

	A	B	C	D	E	F
1	商品名	サイズ	重量	送料計算	送料	発送先
2	キャンプチェア	200	2.5	550	550	東京都
3	サングラス	40	0.3	350	350	三重県
4	折りたたみ傘	60	0.4	450	450	東京都
18	ランニングシューズ	60	0.9	450	450	神奈川県
19	キッチンスケール	50	0.7	450	450	宮城県
20	アウトドアテーブル	300	5	650	650	群馬県
21	ワッフルメーカー	100	3	550	605	北海道

サイズ・重量別の送料を計算してもらえる

発送先に応じた割増料金を考慮して、最終的な送料を計算してもらえる

送料をサイズや重量を元に計算してもらおう

宅配物のサイズ（縦・横・高さの合計）や重量に応じて、送料を設定してもらいましょう。ここで、送料の設定を次のようにします。

サイズ階級	料金
50未満	350円
50以上100未満	450円
100以上	550円

サイズに応じて、100円ずつ値段が変化します。またここで、重量が3kgを超える場合は、1つ上のサイズ階級として計算することにします。さらに、発送先が北海道や沖縄などの遠方になる場合、料金が割増になる場合も想定しましょう。

このような送料設定では、条件分岐が多くなり、数式で表現するのも複雑になります。ここでは31ページで紹介した**複雑なタスクは単純化・分解する**を思い出し、タスクを分割して、実行してもらうことにしましょう。

そこで、まずはサイズと重量によって送料を計算する列をCopilotに生成してもらい、さらに発送先に応じた送料計算を行う列を追加してもらうという2段構えで進めることにしましょう。

次のようなプロンプトを実行します。

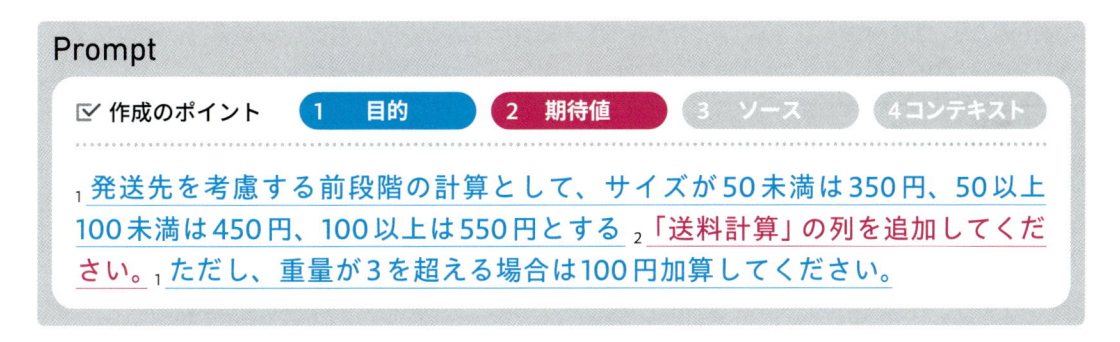

これを実行した結果、次のような提案が返ってきました。

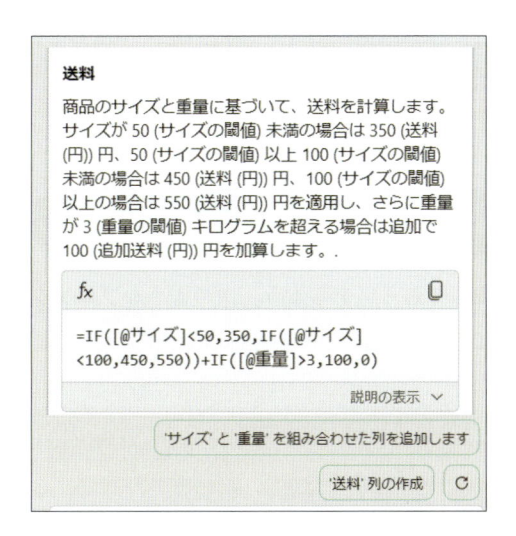

IF関数が入れ子になっていますが、サイズの条件によって基本の送料を計算するようにし、重量が3を超える場合のみ100を加算するという計算式を生成してくれました。問題がなさそうなので、[列の挿入]をクリックして、列を挿入しましょう。

なお、何度か生成してみたところ「=IF([@重量]>3,IF([@サイズ]<50,450,IF([@サイズ]<100,550,650)),IF([@サイズ]<50,350,IF([@サイズ]<100,450,550)))」という数式を生成してくれた場合もありました。先ほどの提案に比べるととても複雑ですが、結果としては同じです。このように、ランダムに異なる結果を生成する場合もあるため、もし数式がわかりにくく確認しづらいときは、再度同じプロンプトを実行してみてもよいでしょう。

 列やセルの移動

Copilotによって生成される列は、基本的にテーブルの右端に追加されます。今回のように、サイズと重量によって決まる数値の場合、そのそばにあったほうが確認がしやすくなります。列の位置を移動したい場合は、列を選択し、Shift キーを押しながら選択枠をクリックしてドラッグすると、選択した列を別の列の間に移動させることができます。列以外にも、行やセルでも同様です。

なお、Shift キーを押さないでドラッグすると、移動ではなく置き換えとなり、データが上書きされてしまうので注意してください。

Shift キーを押したまま列の選択枠をドラッグすると、挿入先の位置が線で表示される

発送先に応じた送料の設定をしてもらおう

2段階目では、発送先に応じた料金計算を行う列を生成してもらいましょう。次のようなプロンプトを実行します。

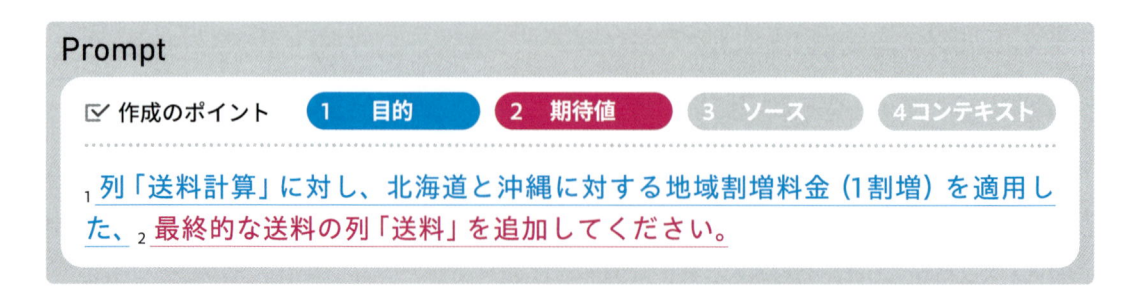

Prompt

☑ 作成のポイント　　1 目的　　2 期待値　　3 ソース　　4 コンテキスト

1 列「送料計算」に対し、北海道と沖縄に対する地域割増料金（1割増）を適用した、2 最終的な送料の列「送料」を追加してください。

2

これを実行した結果、次のような提案が返ってきました。

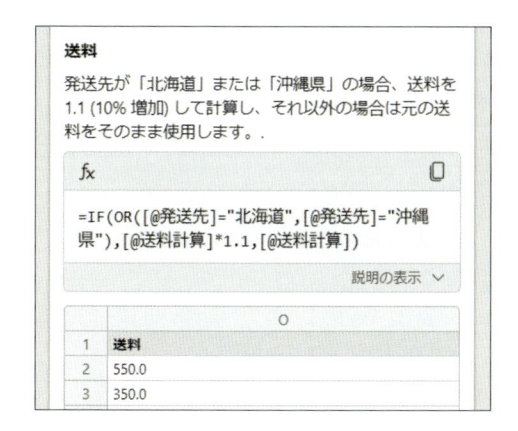

列「発送先」が、北海道または沖縄の場合、列「送料計算」に1.1をかけるという数式になっています。意図した計算式が生成されているようです。問題はないので、[列の挿入]をクリックして、列を追加しましょう。

最後に「サイズ」「重量」「発送先」「最終的な送料」の順に並べ替えて、送料が計算されるまでの経過を確認しやすくします (62ページコラム参照)。

	A	B	C	D	E	F
1	商品名	サイズ	重量	送料計算	送料	発送先
2	キャンプチェア	200	2.5	550	550	東京都
3	サングラス	40	0.3	350	350	三重県
4	折りたたみ傘	60	0.4	450	450	東京都
5	フィットネスマット	400	2.5	550	550	岡山県
6	ブックライト	40	0.3	350	350	千葉県
7	電動歯ブラシ	60	0.3	450	450	大阪府
18	ランニングシューズ	60	0.9	450	450	神奈川県
19	キッチンスケール	50	0.7	450	450	宮城県
20	アウトドアテーブル	300	5	650	650	群馬県
21	ワッフルメーカー	100	3	550	605	北海道
22	電動スケートボード	180	9.5	650	650	滋賀県
23	ボールペンセット	40	0.1	350	385	北海道
24	スープメーカー	160	3.2	650	650	熊本県
25	ネックピロー	60	0.5	450	450	新潟県

北海道の送料も含め、正しく計算できている

このようにして、最終的に必要な送料の計算結果を出すことができました。

プロンプトを分割しないとどうなる？

　以上、「サイズ」「重量」を元にした送料の計算を求める段階と、それに対してさらに発送先に応じた割増料金を考慮した送料を求める段階に分けて、本来求めたかった送料を Copilot に求めてもらいました。もし仮にプロンプトを分割せずに、一度にこれらの条件を Copilot に伝えた場合、どのようになるでしょうか。

　同じ条件の送料計算を行ってもらうプロンプトとして、次のような文を考えてみましょう。

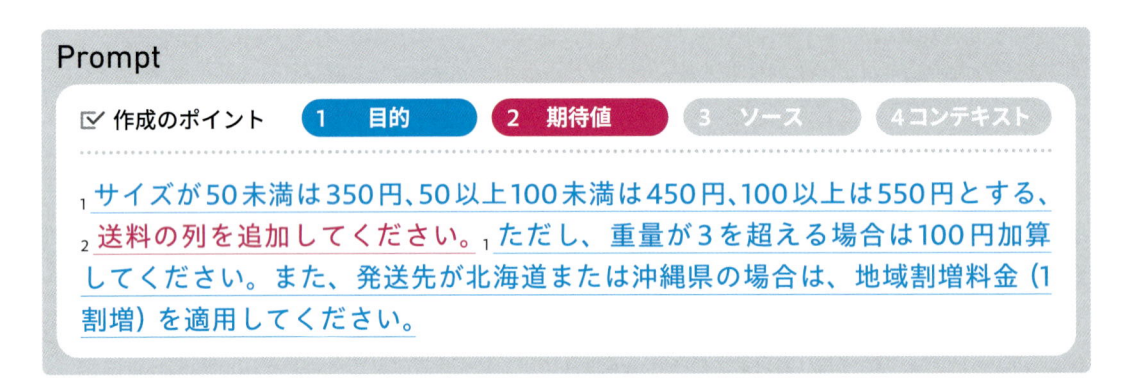

Prompt

☑ 作成のポイント　　**1　目的**　　**2　期待値**　　3　ソース　　4コンテキスト

₁サイズが50未満は350円、50以上100未満は450円、100以上は550円とする、₂送料の列を追加してください。₁ただし、重量が3を超える場合は100円加算してください。また、発送先が北海道または沖縄県の場合は、地域割増料金（1割増）を適用してください。

　まず、人間が読んでみても、一度で理解するのは難しそうです。また捉えようによっては、発送先による割増が、重量によって値上げする前なのか後なのかも誤解しそうです。なにより、これだけの条件を組み立ててプロンプトとして書き出すのも大変です。

　このプロンプトを実行してみた結果、次のような提案が返ってきました。

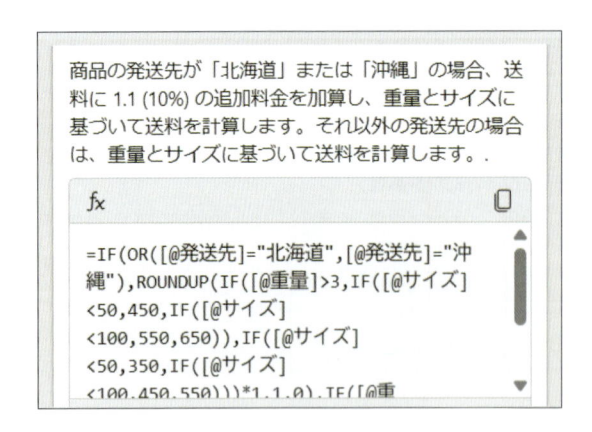

商品の発送先が「北海道」または「沖縄」の場合、送料に 1.1 (10%) の追加料金を加算し、重量とサイズに基づいて送料を計算します。それ以外の発送先の場合は、重量とサイズに基づいて送料を計算します。

```
fx

=IF(OR([@発送先]="北海道",[@発送先]="沖
縄"),ROUNDUP(IF([@重量]>3,IF([@サイズ]
<50,450,IF([@サイズ]
<100,550,650)),IF([@サイズ]
<50,350,IF([@サイズ]
<100,450,550)))*1.1,0),IF([@重
```

　生成された式が長いため、一部が表示されていません。提案された数式の右下に［説明の表示］というリンクがあるので、これをクリックして全体を表示しましょう。

2

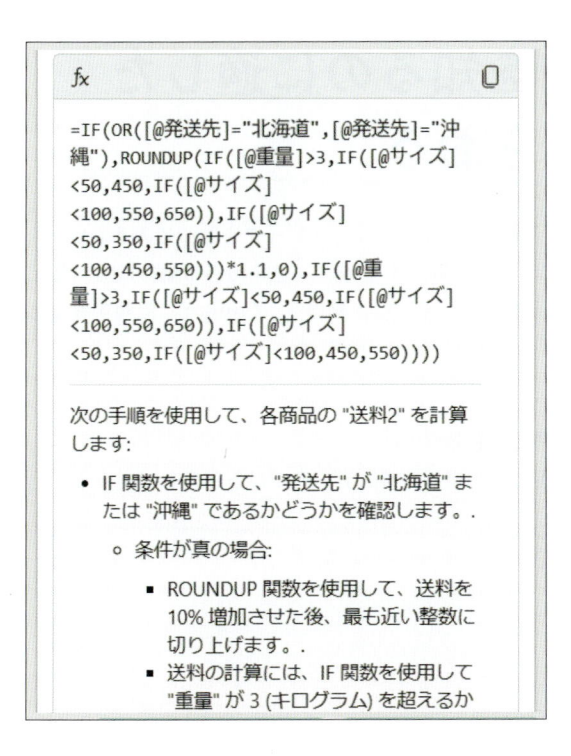

非常に長く、人間でも
読み解くのが大変

生成された数式に続いて、その解説も出力されています。これだけ長い数式だと、読み解くのも
ひと苦労ですし、解説を読んでも条件分岐の構造が複雑で、理解するのが大変です。

このように、複雑な条件を含む依頼をしたい場合は、**プロンプトを考える効率**や**生成される数式
のわかりやすさ**などを考慮して、プロンプトを分割して構築していくこともCopilotを使いこなすコ
ツなのです。

Column　**テーブルの見出しを変更する**

Copilotに生成してもらった列は、依頼内容に基づいて自動的に命名されます。そのまま使える場合も
ありますが、できれば変更したい場合もあります。
テーブルの見出しは、通常のセルと同じように変更できるので、必要に応じて編集してください。ただ
し、テーブル内に同じ名前の見出しを作ることはできませんので、注意してください。

	D	E	F
	送料計算	最終送料	発送先
	550	550	東京都
	350	350	三重県
	450	450	東京都

	D	E	F
	送料計算	送料	発送先
	550	550	東京都
	350	350	三重県
	450	450	東京都

#ソート　#フィルター

データの傾向を知るのに適した表示にしてもらおう

データの分析を行う際は、まずはどのような傾向があるのかを知るために、「データを眺めてみる」という作業が必要です。またデータ分析に限らず、人の目でデータを確認する際は、意味のある順番に並べ替えたり、確認したいデータだけに絞ったりすることが効果的です。そうした操作を、Copilotに依頼することができます。

こう頼む！

- 商品のジャンルごとにデータを並べ替えてもらう
- 表示したい都道府県名を指定して、指定した都道府県のデータだけを表示してもらう

Copilotにヘルプを頼むと……

カテゴリごとに並べ替えられている

E	F	G	H	I
送料	発送先	カテゴリ	税抜価格	税込価格
550	東京都	アウトドア	9800	10,780
550	広島県	アウトドア	7800	8,580
605	北海道	アウトドア	9800	10,780
550	鹿児島県	アウトドア	7800	8,580
450	広島県	アウトドア	5800	6,380
450	滋賀県	アウトドア	5800	6,380
650	広島県	アウトドア	62800	69,080
650	新潟県	アウトドア	62800	69,080
605	北海道	アウトドア	9800	10,780
350	鹿児島県	アウトドア	12800	14,080
650	千葉県	アウトドア	12000	13,200
650	京都府	アウトドア	12000	13,200

東京都のデータだけが表示されている

C	D	E	F	G
重量	送料計算	送料	発送先	カテゴリ
2.5	550	550	東京都	アウトドア
0.3	350	350	東京都	おもちゃ
1.2	450	450	東京都	キッチン用品
1.2	450	450	東京都	キッチン用品
0.4	450	450	東京都	ファッション
1.25	550	550	東京都	ファッション
0.4	450	450	東京都	ファッション
1.25	550	550	東京都	ファッション
3.5	450	450	東京都	家電
3.5	650	650	東京都	家電
0.5	450	450	東京都	家電
1.2	450	450	東京都	家電

データを並べ替えて商品カテゴリ別にまとめてもらおう

データ全体を眺めていると、カテゴリごとにどれぐらい売れているのかといったように、分類して表示したいことがあります。そのようなときは、Copilotに並べ替え、つまりソートをしてもらいましょう。

次のようなプロンプトを実行してみましょう。

Prompt

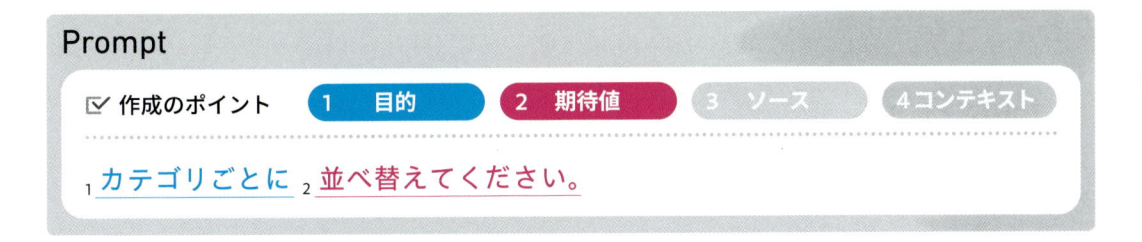

これを実行した結果、次のような提案が返ってきました。

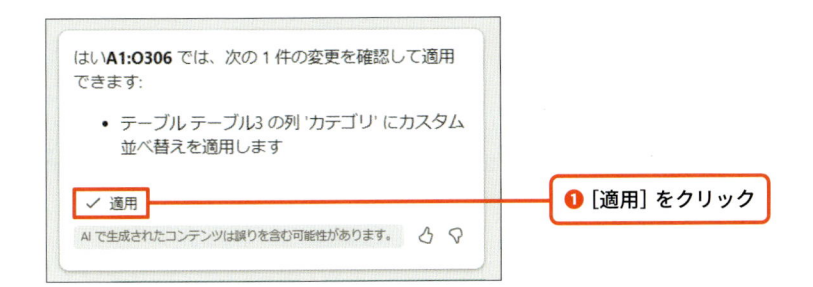

❶ [適用] をクリック

　メッセージ下の [適用] をクリックすると、依頼した通り、カテゴリごとの並べ替えが実行されました。

カテゴリごとに並べ替えられている

	A	B	C	D	E		
1	商品名	サイズ	重量	送料計算	送料	発送先	カテゴリ
2	キャンプチェア	200	2.5	550	550	東京都	アウトドア
3	ハンモック	400	3	550	550	広島県	アウトドア
4	キャンプチェア	200	2.5	550	605	北海道	アウトドア
5	ハンモック	400	3	550	550	鹿児島県	アウトドア
6	LEDランタン	60	1.2	450	450	広島県	アウトドア
41	キャンプ用ナイフ	50	0.7	450	495	北海道	アウトドア
42	防水アウトドアバッグ	160	2	550	550	京都府	アウトドア
43	折りたたみ自転車	400	15.8	650	650	福岡県	アウトドア
44	ラジコンカー	40	0.1	350	350	愛知県	おもちゃ
45	ビジュアルノベルゲーム	40	0.3	350	350	千葉県	おもちゃ
46	ぬいぐるみ	100	1.1	550	550	千葉県	おもちゃ
61	ブロックセット	60	0.4	450	450	愛知県	おもちゃ
62	知育玩具	100	1.1	550	550	広島県	おもちゃ
63	ドールハウス	40	0.1	350	350	広島県	おもちゃ
64	コーヒーメーカー	200	2	550	550	新潟県	キッチン用品
65	電気ケトル	60	1.5	450	450	福岡県	キッチン用品

2

Excelでの処理やデータ分析を依頼しよう

「カテゴリごと」→「注文日の昇順」の優先順位で並べ替えてもらおう

　カテゴリごとに並べ替えた後に、それぞれのカテゴリ内で注文日順に並べ替えたいことがあります。そのような場合に、「カテゴリごとにまとめて、カテゴリ内で注文日の昇順になるように並べ替えてください。」のように依頼すると、うまくいきません。少し工夫が必要になります。

　次のようなプロンプトを実行してください。

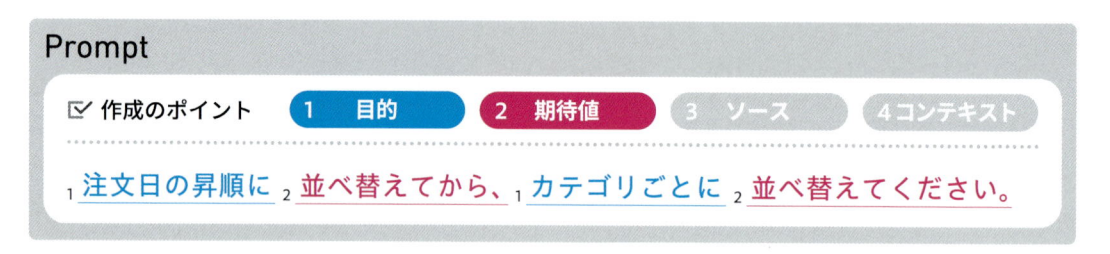

Prompt

☑ 作成のポイント　　1　目的　　2　期待値　　3　ソース　　4コンテキスト

₁注文日の昇順に　₂並べ替えてから、　₁カテゴリごとに　₂並べ替えてください。

　これを実行した結果、次のような提案が返ってきました。

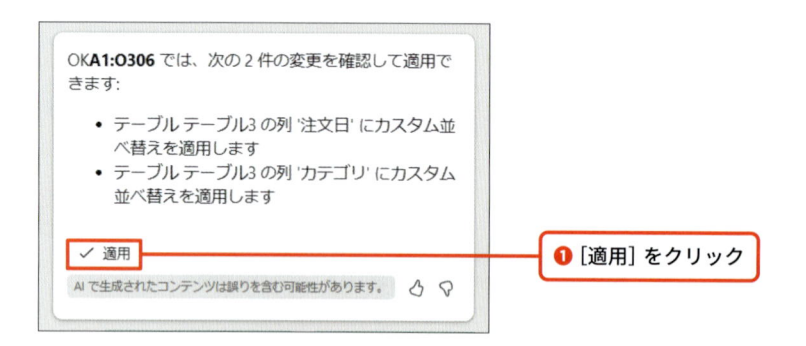

OK**A1:O306** では、次の 2 件の変更を確認して適用できます:

- テーブル テーブル3 の列 '注文日' にカスタム並べ替えを適用します
- テーブル テーブル3 の列 'カテゴリ' にカスタム並べ替えを適用します

✓ 適用

AI で生成されたコンテンツは誤りを含む可能性があります。　　❶ [適用] をクリック

　メッセージ下の［適用］をクリックすると、依頼した通り、「カテゴリごと」→「注文日の昇順」の優先順位で並べ替えられています。

「カテゴリごと」→「注文日の昇順」の優先順位で並べ替えられている

E	F	G	H	I	J	K
送料	発送先	カテゴリ	税抜価格	税込価格	注文日	発送日
550	東京都	アウトドア	9800	10,780	2024/1/1	2024/1,
550	広島県	アウトドア	7800	8,580	2024/1/12	2024/1/
605	北海道	アウトドア	9800	10,780	2024/2/1	2024/2,
550	鹿児島県	アウトドア	7800	8,580	2024/2/12	2024/2/
450	広島県	アウトドア	5800	6,380	2024/2/22	2024/2/
450	滋賀県	アウトドア	5800	6,380	2024/2/22	2024/2/

　このプロンプトは、**Copilot に実際に操作してもらう順に指示をしている**のがポイントです。そのため、分割してカテゴリごとに並べ替えるプロンプトを実行してから、注文日の昇順に並べ変えるプロンプトを実行しても構いません。

表示したいデータだけを表示してもらおう

　例えば東京都のデータだけを取り出したいときのように、特定の条件のデータだけを表示したいことがあります。データの絞り込み、つまりフィルターをかける操作を、Copilot に依頼してみましょう。

　次のようなプロンプトを実行してみましょう。

これを実行した結果、次のような提案が返ってきました。

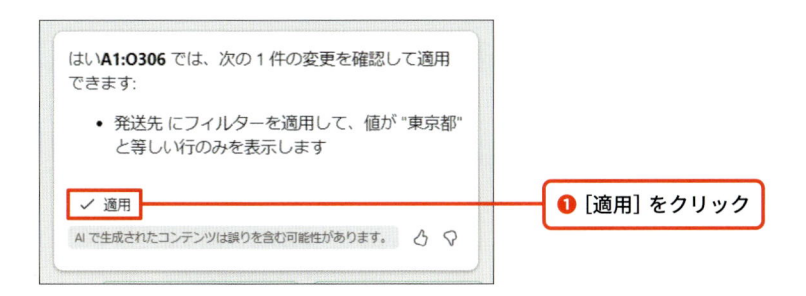

❶［適用］をクリック

　メッセージ下の［適用］をクリックすると、依頼した通り、発送先が東京都のデータだけが表示されました。

東京都のデータだけが
表示されている

	A	B	C	D	E	F	カラ
1	商品名	サイズ	重量	送料計算	送料	発送先	
2	キャンプチェア	200	2.5	550	550	東京都	アウトドア
59	アクションフィギュア	40	0.3	350	350	東京都	おもちゃ
79	ハンドブレンダー	60	1.2	450	450	東京都	キッチン用品
101	ハンドブレンダー	60	1.2	450	450	東京都	キッチン用品
147	折りたたみ傘	60	0.4	450	450	東京都	ファッション
158	ビジネスリュック	160	1.25	550	550	東京都	ファッション
163	折りたたみ傘	60	0.4	450	450	東京都	ファッション
171	ビジネスリュック	160	1.25	550	550	東京都	ファッション
193	Bluetoothヘッドフォン	40	3.5	450	450	東京都	家電
194	スマートロボット掃除機	100	3.5	650	650	東京都	家電
197	スマートウォッチ	60	0.5	450	450	東京都	家電
199	ワイヤレス充電スタンド	60	1.2	450	450	東京都	家電

2

Excelでの処理やデータ分析を依頼しよう

#ピボットテーブル　#クロス集計

データの集計をしてもらおう

集積したデータの項目別の集計を、Copilotに行ってもらうことができます。その際に使用されるのがピボットテーブルです。手作業では複数ステップを踏んで考えながら設定する必要がありますが、Copilotに表示してほしい内容を伝えれば、初めから設定された状態で表示してもらえます。

こう頼む！

- 集計に必要な項目を追加してもらう
- カテゴリ別、月別の売上個数や金額を集計して表示してもらう

Copilotにヘルプを頼むと……

カテゴリ別・月別に集計してもらえる

合計 / 税込価格 年　月　日					10月	11月	12月	2024年 集計	総計
⊟2024年									
⊞1月	⊞2月	⊞3月	⊞4月	⊞					
カテゴリ									
アウトドア	19,360	32,120	138,160	56,540	13,200	45,100	96,800	937,200	937,200
おもちゃ	6,820	10,450	36,300	16,500	59,950	8,470	17,380	171,600	171,600
キッチン用品	67,100	35,640	3,520	40,260	43,120	67,100	24,200	526,240	526,240
スポーツ用品	275,440	91,080	86,130	2,750	8,580	66,110	31,790	1,083,500	1,083,500
ファッション	49,940	21,780	16,280	47,520	58,520	68,310	63,910	475,530	475,530
家電	471,020	135,960	231,660	47,960	68,200	65,120	16,500	1,566,400	1,566,400
文房具	52,910	51,480	76,450	59,730	21,890	86,020	3,080	585,310	585,310
総計	942,590	378,510	588,500	271,260	273,460	406,230	253,660	5,345,780	5,345,780

クロス集計表を作成してもらおう

　複数の項目をかけ合わせてデータを集計することを、**クロス集計**といいます。例えば商品のカテゴリ別に、各月にどれぐらいの金額を売り上げたのかを調べたい場合に、クロス集計表を作成するとデータの傾向をよく捉えることができます。そのクロス集計表を、Copilotに作成してもらいましょう。

　次のプロンプトを実行してください。

Prompt

☑ 作成のポイント　① 目的　② 期待値　③ ソース　④コンテキスト

₁カテゴリごと、注文日の月ごとの税込価格を集計した ₂クロス集計表を作成
してください。

このプロンプトを実行した結果、次のような提案が返ってきました。

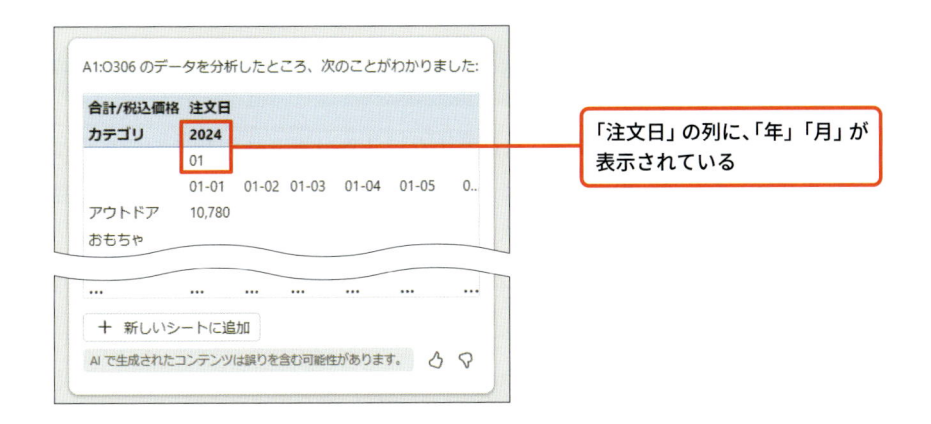

「注文日」の列に、「年」「月」が
表示されている

　横方向に日付が並んでいますが、その上に、「年」と「月」が表記されています。ここの提案のとこ
ろで「年」と「月」が表示されない場合は、72ページの説明に進んでください。上の図のような提案
であれば、[＋新しいシートに追加] をクリックしてください。すると、新しいシートに次のようなク
ロス集計表が生成されます。

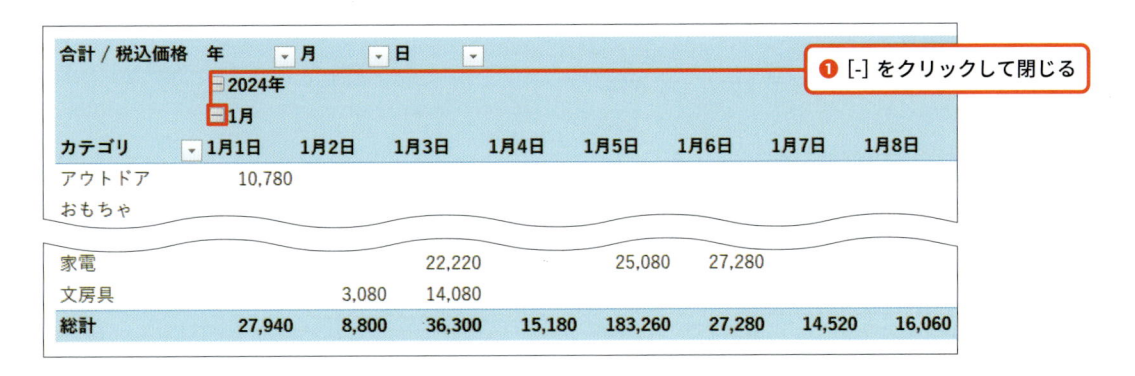

❶ [-] をクリックして閉じる

　日付ごとのデータが表示されていますが、「1月」の左の [-] をクリックすると閉じられて、1月のデー
タの集計結果が表示されます。すべての月のデータを閉じると、次のように注文月ごと、カテゴリご
とのクロス集計表ができます。

Excel での処理やデータ分析を依頼しよう

合計 / 税込価格	年 ▾ 月 ▾ 日 ▾							
	⊟2024年							
	⊞1月	⊞2月	⊞3月	⊞4月	⊞5月	⊞6月	⊞7月	⊞8月
カテゴリ ▾								
アウトドア	19,360	32,120	138,160	56,540	325,160	117,920	5,280	16,500
おもちゃ	6,820	10,450	36,300	16,500	1,650	1,320	7,480	2,200
家電	471,020	135,960	231,660	47,960	172,700	109,780	147,400	56,100
文房具	52,910	51,480	76,450	59,730	70,070	43,230	47,520	46,310
総計	942,590	378,510	588,500	271,260	682,220	384,670	494,780	182,490

月ごとの集計ができない場合は？

　Copilotに何度か同じように注文日の月ごと、カテゴリごとのクロス集計表を作成してもらおうとすると、日付ごとの集計結果だけとなってしまい、うまくいかないことがあります。そのような場合の対処として、次のような方法をご紹介します。

　まず、月別の売上を表示してもらうために、次のプロンプトで発送日の年月を抜き出したデータ列を生成してもらいましょう。

Prompt

☑ 作成のポイント　　1　目的　　2　期待値　　3　ソース　　4コンテキスト

1 注文日の年月を表示する 2 列を追加してください。

　Copilotから次のような提案が返ってきました。

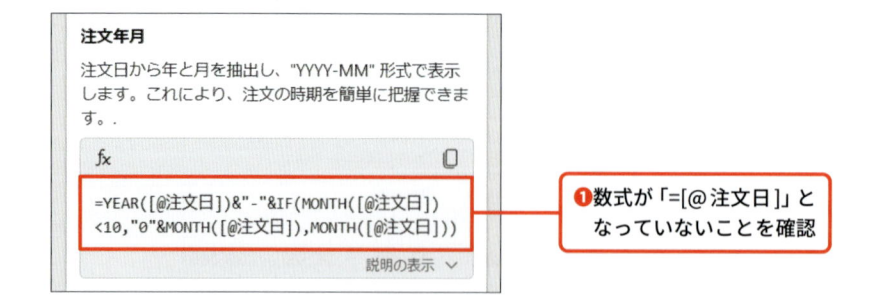

注文年月

注文日から年と月を抽出し、"YYYY-MM" 形式で表示します。これにより、注文の時期を簡単に把握できます。.

fx

```
=YEAR([@注文日])&"-"&IF(MONTH([@注文日])
<10,"0"&MONTH([@注文日]),MONTH([@注文日]))
```

説明の表示 ∨

❶数式が「=[@注文日]」となっていないことを確認

　ここで、提案されている数式が「=[@注文日]」となっている場合、列「注文日」と同じデータを書式設定で年月だけ表示しているだけとなります。その場合、この続きの操作がうまくいきません。詳しくは後述します。

[+列の挿入]をクリックし、列を挿入してください。次に、Copilotにカテゴリとクロス集計表を生成してもらいましょう。次のプロンプトを実行してください。

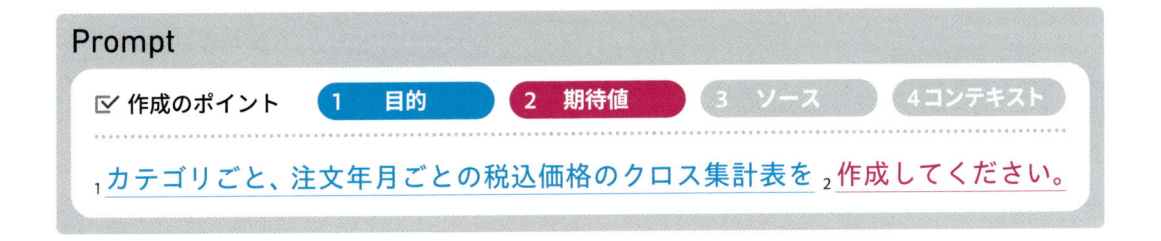

Prompt

☑ 作成のポイント　1　目的　2　期待値　3　ソース　4コンテキスト

1 カテゴリごと、注文年月ごとの税込価格のクロス集計表を 2 作成してください。

Copilotから次のような提案が返ってきました。

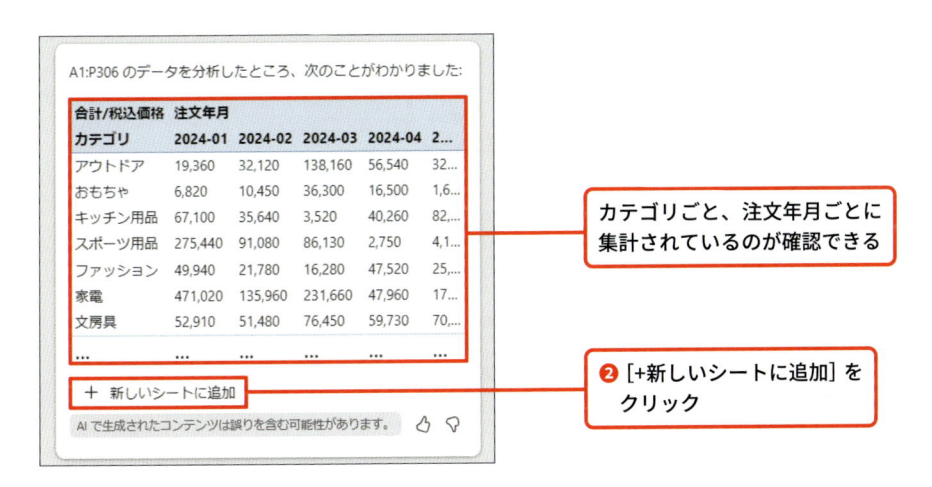

A1:P306 のデータを分析したところ、次のことがわかりました:

合計/税込価格	注文年月				
カテゴリ	2024-01	2024-02	2024-03	2024-04	2...
アウトドア	19,360	32,120	138,160	56,540	32...
おもちゃ	6,820	10,450	36,300	16,500	1,6...
キッチン用品	67,100	35,640	3,520	40,260	82,...
スポーツ用品	275,440	91,080	86,130	2,750	4,1...
ファッション	49,940	21,780	16,280	47,520	25,...
家電	471,020	135,960	231,660	47,960	17...
文房具	52,910	51,480	76,450	59,730	70,...
...	...	...	...	...	...

＋ 新しいシートに追加

AI で生成されたコンテンツは誤りを含む可能性があります。

カテゴリごと、注文年月ごとに集計されているのが確認できる

❷ [+新しいシートに追加] をクリック

結果の確認のために、クロス集計表の一部が表示されています。カテゴリごと、注文年月ごとに集計されていることが確認できたため、[+新しいシートに追加]をクリックしてください。新しいシートに、次のような表が追加されました。

カテゴリごと、注文年月ごとのクロス集計表が作成された

合計 / 税込価格	注文年月			2024-09	2024-10	2024-11	2024-12	総計
カテゴリ	2024-01	2024-02	2024-03					
アウトドア	19,360	32,120	138,160	71,060	13,200	45,100	96,800	937,200
おもちゃ	6,820	10,450	36,300	3,080	59,950	8,470	17,380	171,600
キッチン用品	67,100	35,640	3,520	60,500	43,120	67,100	24,200	526,240
スポーツ用品	275,440	91,080	86,130	244,090	8,580	66,110	31,790	1,083,500
ファッション	49,940	21,780	16,280	38,060	58,520	68,310	63,910	475,530
家電	471,020	135,960	231,660	44,000	68,200	65,120	16,500	1,566,400
文房具	52,910	51,480	76,450	26,620	21,890	86,020	3,080	585,310
総計	942,590	378,510	588,500	487,410	273,460	406,230	253,660	5,345,780

2

Excelでの処理やデータ分析を依頼しよう

#条件付き書式の設定　#アイコンセットによるデータの視覚化

売上の傾向を視覚化してもらおう

集計したデータを分析する際、データ数が多いと数字を眺めているだけでは傾向を掴みにくいことがよくあります。そこでExcelの条件付き書式機能のアイコンセットを使って、表示されているデータの傾向を視覚的に捉えることができるように、Copilotに依頼してみましょう。

こう頼む！

- 集計したデータの指定した項目列に、集計金額の傾向を示すアイコンセットを設定してもらう
- 項目列ごとにアイコンセットを設定してもらう

ここに注意！

- Copilotからピボットテーブルに直接適用することはできません

Copilotにヘルプを頼むと……

項目ごとの最大値のセルを赤くなるように設定してもらえる

総計の値に応じたアイコンを、値の横に表示してもらえる

月	アウトドア	おもちゃ	キッチン用品	スポーツ用品	ファッション	家電	文房具	総計	
1月	19,360	6,820	67,100	275,440	49,940	471,020	52,910	⬆	942,590
2月	32,120	10,450	35,640	91,080	21,780	135,960	51,480	⬇	378,510
3月	138,160	36,300	3,520	86,130	16,280	231,660	76,450	➡	588,500
4月	56,540	16,500	40,260	2,750	47,520	47,960	59,730	⬇	271,260
5月	325,160	1,650	82,720	4,180	25,740	172,700	70,070	➡	582,220
6月	117,920	1,320	35,200	70,840	6,380	109,780	43,230	⬇	384,670
7月	5,280	7,480	50,380	199,760	36,960	147,400	47,520	➡	494,780
8月	16,500	2,200	16,500	2,750	42,130	56,100	46,310	⬇	182,490
9月	71,060	3,080	60,500	244,090	38,060	44,000	26,620	➡	487,410
10月	13,200	59,950	43,120	8,580	58,520	68,200	21,890	⬇	273,460
11月	45,100	8,470	67,100	66,110	68,310	65,120	86,020	⬇	406,230
12月	96,800	17,380	24,200	31,790	63,910	16,500	3,080	⬇	253,660

ピボットテーブルをコピーして通常のテーブルを設定しよう

集計したデータをざっくりと視覚的に確認したいとき、Excelの条件付き書式やアイコンセットを利用すると便利です。Copilotに依頼すれば、手軽に設定してもらうことができます。

　ここでは前のSectionでピボットテーブルを使って作成した集計データに対してアイコンセットを適用します。ただし、ピボットテーブルに対してCopilotから直接アイコンセットを設定することができなかったため、今回は、ピボットテーブルをコピーして新しいシートに貼り付けて、通常のテーブルを設定して使用します。

　ここでは次の図の範囲を使用します。

合計 / 税込価格	年 ▼	月 ▼	日 ▼						2024年 集計	総計
⊟2024年										
	⊞1月	⊞2月	⊞3月	⊞4月	…	⊞10月	⊞11月	⊞12月		
カテゴリ ▼										
アウトドア	19,360	32,120	138,160	56,540	1,060	13,200	45,100	96,800	937,200	937,200
おもちゃ	6,820	10,450	36,300	16,500	3,080	59,950	8,470	17,380	171,600	171,600
家電	471,020	135,960	231,660	47,960	44,000	68,200	65,120	16,500	1,566,400	1,566,400
文房具	52,910	51,480	76,450	59,730	26,620	21,890	86,020	3,080	585,310	585,310
総計	942,590	378,510	588,500	271,260	7,410	273,460	406,230	253,660	5,345,780	5,345,780

　この範囲をコピーして、新しいシートに貼り付けます。ただし、テーブルを設定するため、［形式を選択してペースト］→［行/列の入れ替え］をクリックして、行と列を入れ替えます。

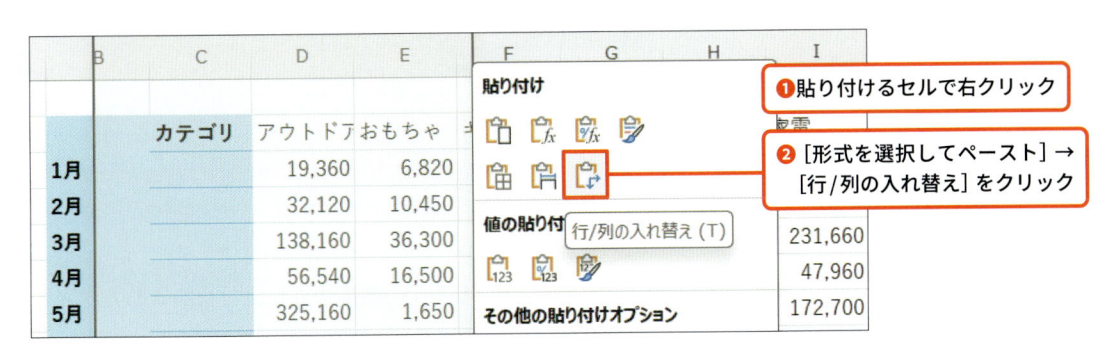

　ペーストした表にテーブルを設定し、セルの背景色を「塗りつぶしなし」にします。そして、列「カテゴリ」を削除し、「列1」の列名を「月」に変更すると、次のようになります。

月 ▼	アウトドア ▼	おもちゃ ▼	キッチン用品 ▼	スポーツ…	ファッション ▼	家電 ▼	文房具 ▼	総計 ▼
1月	19,360	6,820	67,100	27…	49,940	471,020	52,910	942,590
2月	32,120	10,450	35,640	91…	21,780	135,960	51,480	378,510
3月	138,160	36,300	3,520	86…	16,280	231,660	76,450	588,500
4月	56,540	16,500	40,260		47,520	47,960	59,730	271,260
5月	325,160	1,650	82,720	0	25,740	172,700	70,070	682,220
6月	117,920	1,320	35,200	0	6,380	109,780	43,230	384,670
7月	5,280	7,480	50,380	19…0	36,960	147,400	47,520	494,780
8月	16,500	2,200	16,500		42,130	56,100	46,310	182,490

総計にアイコンセットを設定してもらおう

まずは月ごとの総計にアイコンセットを設定してもらい、全体で月々の売上がどのように推移しているかを視覚化しましょう。次のプロンプトを実行します。

Prompt

☑ 作成のポイント　　1　目的　　2　期待値　　3　ソース　　4コンテキスト

₁列「総計」に対して、₂アイコンセットを設定してください。

Copilotから次のような提案が返ってきました。

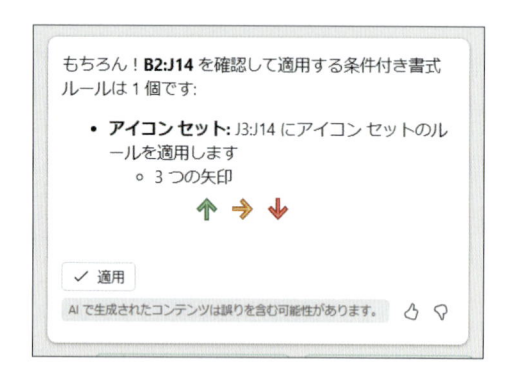

もちろん！**B2:J14** を確認して適用する条件付き書式ルールは1個です：

- **アイコン セット:** J3:J14 にアイコン セットのルールを適用します
  - 3つの矢印

✓ 適用

AI で生成されたコンテンツは誤りを含む可能性があります。

[適用] をクリックして適用してください。すると、列「総計」の数値の左に、いま設定したアイコンセットが表示されます。

用品	スポーツ用品	ファッション	家電	文房具	総計	
67,100	275,440	49,940	471,020	52,910	⬆ 942,590	
35,640	91,080	21,780	135,960	51,480	⬇ 378,510	
3,520	86,130	16,280	231,660	76,450	➡ 588,500	
40,260	2,750	47,520	47,960	59,730	⬇ 271,260	
82,720	4,180	25,740	172,700	70,070	➡ 682,220	
35,200	70,840	6,380	109,780	43,230	⬇ 384,670	
50,380	199,760	36,960	147,400	47,520	➡ 494,780	
16,500	2,750	42,130	56,100	46,310	⬇ 182,490	
60,500	244,090	38,060	44,000	26,620	➡ 487,410	
43,120	8,580	58,520	68,200	21,890	⬇ 273,460	

列「総計」にアイコンセットが設定された

このアイコンセットがどのように色分けされているかを確認・変更するには、まず［ホーム］タブの［条件付き書式］→［ルールの管理］をクリックして「条件付き書式ルールの管理」ダイアログを開き、「書式ルールの表示」から［このワークシート］を選択します。下の［ルールの編集］をクリックすると、設定が表示されるのでここから確認・変更が可能です。

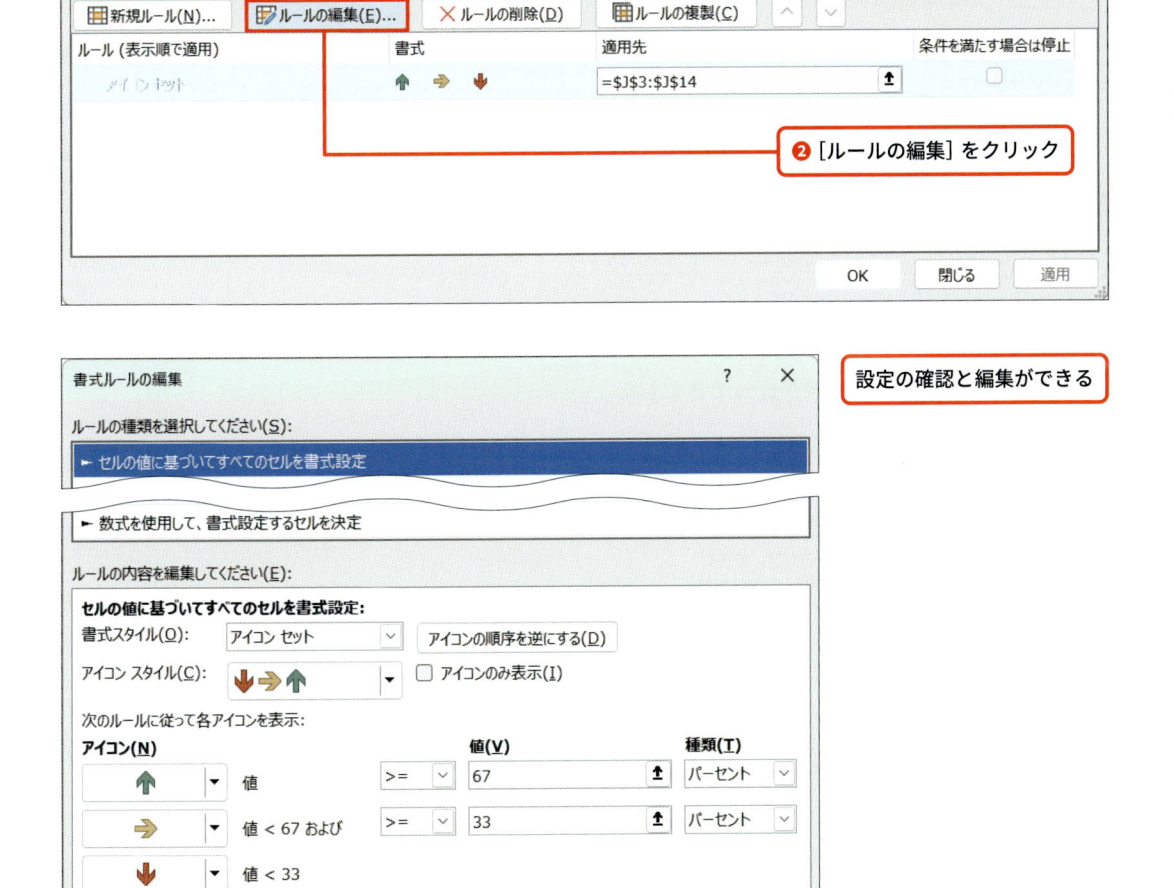

❶「このワークシート」を選択

❷［ルールの編集］をクリック

設定の確認と編集ができる

上の設定では、適用範囲内の最大から最小値までの値の範囲で、セルの値に応じて33％と66％区切りでアイコンを表示していることがわかります。

複数項目に対して条件付き書式を設定する

　項目ごとにデータの推移を確認していると、どのデータが最大（最小）なのかを確認したくなることがあります。そのようなときは、条件付き書式で最大値のセルに色をつけることができますが、手作業で各項目に設定するのはかなり面倒です。そのようなときにCopilotに依頼すると、1回のプロンプトでそれが実現できます。

　次のプロンプトを実行します。

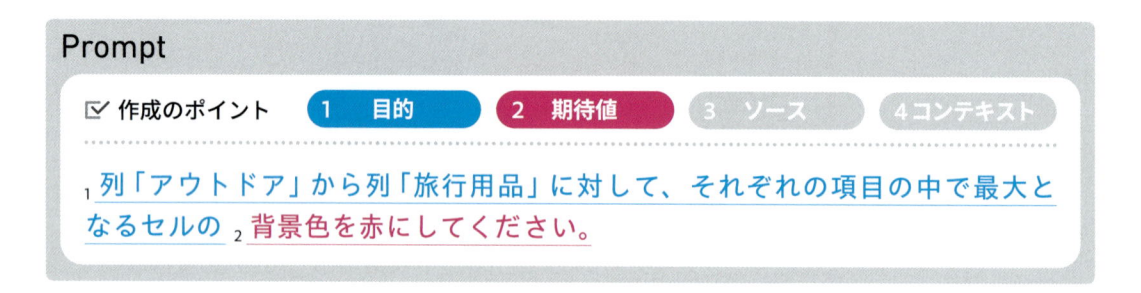

Prompt

☑ 作成のポイント　〔1　目的〕　〔2　期待値〕　〔3　ソース〕　〔4コンテキスト〕

₁列「アウトドア」から列「旅行用品」に対して、それぞれの項目の中で最大となるセルの ₂背景色を赤にしてください。

　Copilotから次のような提案が返ってきました。

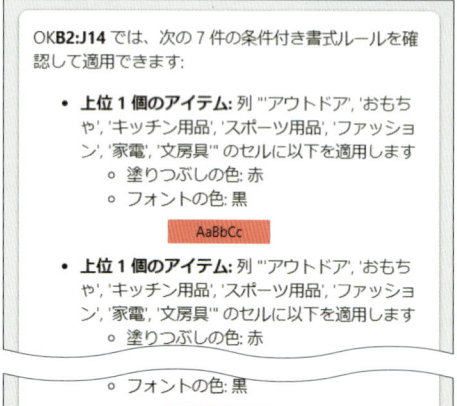

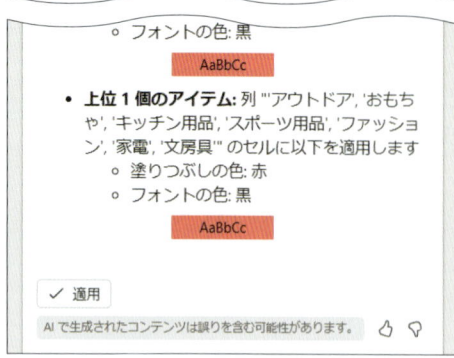

7カテゴリ分の条件付き書式の設定内容が表示される

全部で7カテゴリあり、そのすべてに対して同じ設定を行う提案です。最後まで確認すると、左下に［適用］ボタンが表示されるので、クリックして適用します。

項目ごとの最大値のセルが赤くなった

月	アウトドア	おもちゃ	キッチン用品	スポーツ用品	ファッション	家電	文房具	総計
1月	19,360	6,820	67,10	275,440	49,940	471,020	52,910	⬆ 942,590
2月	32,120	10,450	35,64	91,080	21,780	135,960	51,480	⬇ 378,510
3月	138,160	36,300	3,520	86,130	16,280	231,660	76,450	➡ 588,500
4月	56,540	16,500	40,260	2,750	47,520	47,960	59,730	⬇ 271,260
5月	325,160	1,650	82,720	4,180	25,740	172,700	70,070	➡ 682,220
6月	117,920	1,320	35,20	70,840	6,380	109,780	43,230	⬇ 384,670
7月	5,280	7,480	50,38	199,760	36,960	147,400	47,520	➡ 494,780
8月	16,500	2,200	16,50	2,750	42,130	56,100	46,310	⬇ 182,490
9月	71,060	3,080	60,50	244,090	38,060	44,000	26,620	➡ 487,410
10月	13,200	59,950	43,120	8,580	58,520	68,200	21,890	⬇ 273,460
11月	45,100	8,470	67,100	66,110	68,310	65,120	86,020	⬇ 406,230
12月	96,800	17,380	24,200	31,790	63,910	16,500	3,080	⬇ 253,660

このように、同じような設定を多数設定したい場合などにCopilotの力を借りると、大幅に手間を省くことができます。

Column　Copilotが依頼通りに動いてくれないときは

Section 6やSection 7のように、必ずしもCopilotで依頼が実現できるとは限りません。そのようなときは、1回でめげずに、別の方法を考えてみることが大切です。もしうまくいかないときは、次のような方法を考えてみましょう。

1. プロンプトの表現を変えながら、同じ依頼内容を何度か実行してみる
2. 依頼内容を複数段階に分けてみる
3. 思い当たる原因を避けるためにデータを別に用意して、再度依頼してみる

Section 6の後半の手順はこの中の2番目にあたります。いったん「年月」という列を作ることで、日付ごとにならないようにする工夫です。
またSection 7で紹介した方法は、この中の3番目の方法にあたります。Copilotでは直接ピボットテーブルに対してアイコンセットが設定できないのだと仮定して、普通のテーブルとして用意することでうまくいきました。
いずれもこの先Copilotが改善されて、このような回避策を取らなくても済む可能性はあります。しかし、もしうまくいかないときは、別の方法で切り抜けられないか考えてみるのが、AIとうまく付き合っていくコツになるでしょう。

#棒グラフ　#円グラフ　#折れ線グラフ

グラフでデータを可視化してもらおう

データの傾向などを把握して、分析した結果を確かめたりわかりやすく表現したりするためには、グラフによる可視化が欠かせません。数式やフィルターなどの生成に比べて少し詳しくプロンプトを作成する必要がありますが、慣れてしまえば手作業よりも手早く生成できるようになります。本 Section では、棒グラフ、円グラフ、折れ線グラフの3種類の生成方法を紹介します。

こう頼む！

- 使用するデータと作成したいグラフの種類や意図を伝えて、希望するグラフを生成してもらう
- 前段階に集計するなど、手順を明確に伝えて希望するグラフを生成してもらう

Copilotにヘルプを頼むと……

棒グラフなどの基本的なグラフを生成してくれる

さまざまな角度から分析した結果を表示してくれる

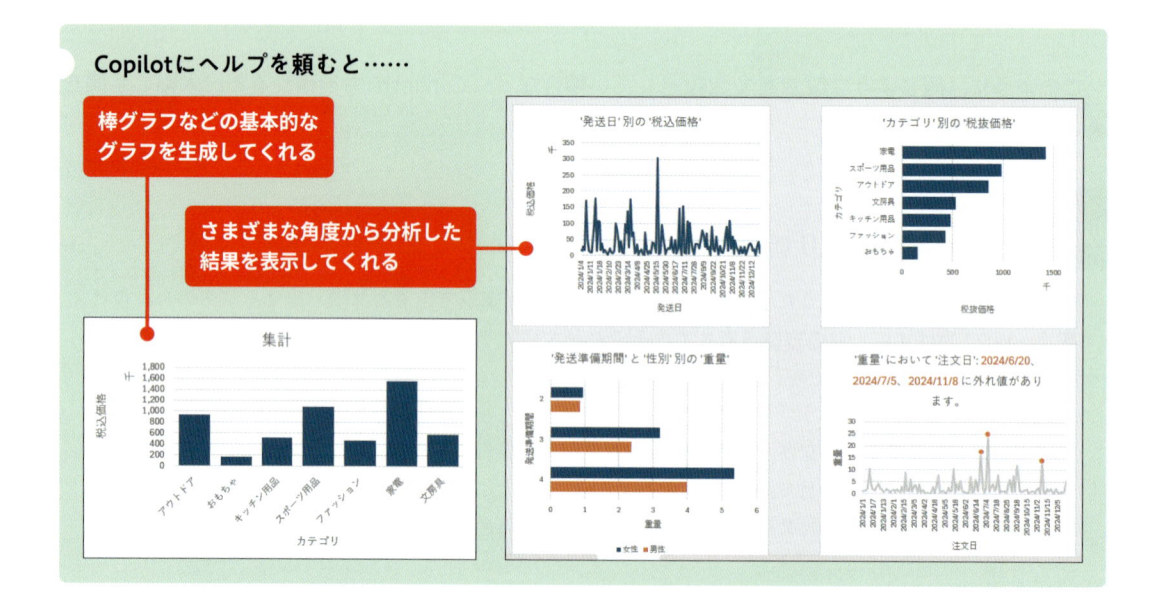

棒グラフを生成してもらおう

　カテゴリごとの売上額を比較するための棒グラフを、Copilot に生成してもらいましょう。ここでは、カテゴリごとに年間の売上額（税込価格の合計）をカテゴリごとに集計してもらい、縦棒グラフにしてもらいます。

次のプロンプトを実行してください。

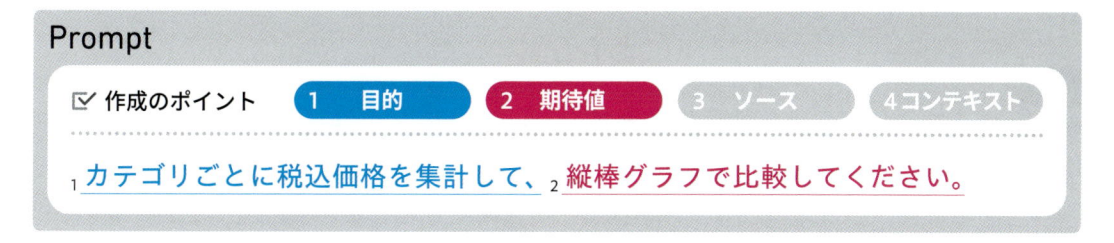

Prompt

☑ 作成のポイント　　1　目的　　2　期待値　　3　ソース　　4コンテキスト

1 カテゴリごとに税込価格を集計して、2 縦棒グラフで比較してください。

Copilotから次のような提案が返ってきました。

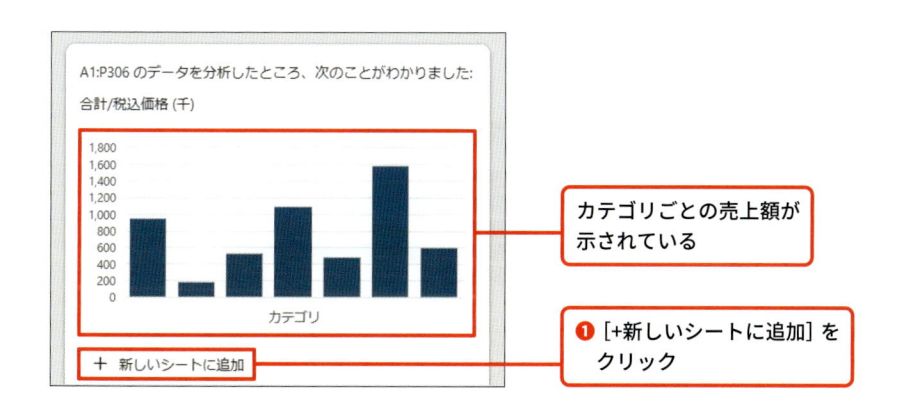

A1:P306 のデータを分析したところ、次のことがわかりました：
合計/税込価格（千）

カテゴリごとの売上額が示されている

❶[+新しいシートに追加] をクリック

横方向にカテゴリが並んだ棒グラフのイメージが表示されています。[+新しいシートに追加] をクリックすると、新しいシートにピボットテーブルで集計した結果と、棒グラフが表示されます。

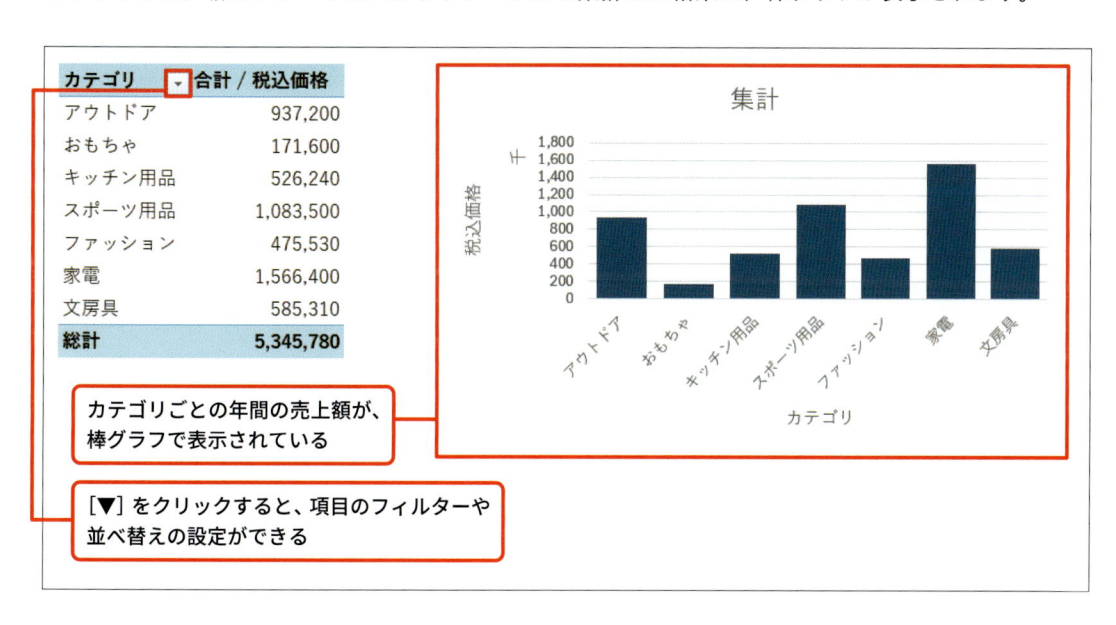

カテゴリ ▼	合計 / 税込価格
アウトドア	937,200
おもちゃ	171,600
キッチン用品	526,240
スポーツ用品	1,083,500
ファッション	475,530
家電	1,566,400
文房具	585,310
総計	5,345,780

カテゴリごとの年間の売上額が、棒グラフで表示されている

[▼] をクリックすると、項目のフィルターや並べ替えの設定ができる

これはピボットグラフの機能を利用して作成されたもので、手動で項目をフィルターしたり、並べ替えたりすることができます。

グラフの種類を具体的に指定する

ここで紹介したプロンプトでは「縦棒グラフで」と明示的にグラフの種類を指示しました。単に「棒グラフで」と指示したプロンプトでは、下の図のように、横棒グラフが生成されました。どちらの向きにするべきかはデータの種類によりますが、意図しないグラフの種類で生成された場合は、このようになるべく明確に伝えるとよいでしょう。

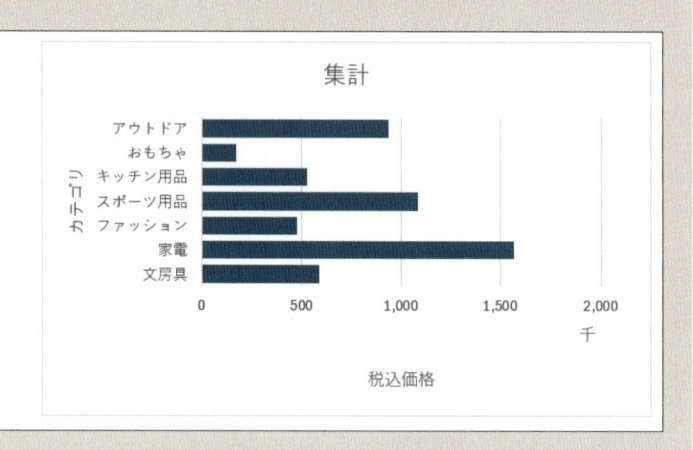

カテゴリ	合計 / 税込価格
アウトドア	937,200
おもちゃ	171,600
キッチン用品	526,240
スポーツ用品	1,083,500
ファッション	475,530
家電	1,566,400
文房具	585,310
総計	5,345,780

円グラフを生成してもらおう

先ほどの棒グラフは、売上金額そのものを比較するためのグラフでした。各項目が全体の何割を締めているのか比較するために、Copilot に円グラフを生成してもらいましょう。

次のプロンプトを実行します。

Prompt

☑ 作成のポイント　　1　目的　　2　期待値　　3　ソース　　4コンテキスト

1 年間のカテゴリごとの税込価格を集計して、2 円グラフで比較してください。

Copilot から次のような提案が返ってきました。

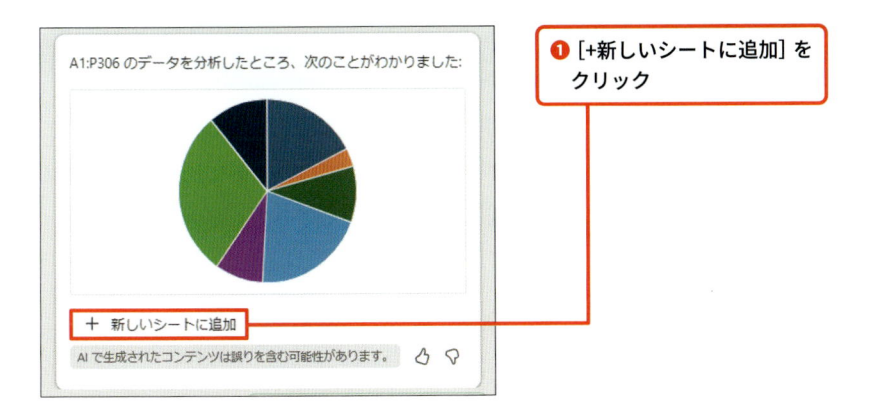

❶ [+新しいシートに追加] を
クリック

円グラフのイメージが確認できます。[+新しいシートに追加] をクリックすると、先ほどの棒グラフと同様に、新しいシートにピボットテーブルと円グラフが生成されました。

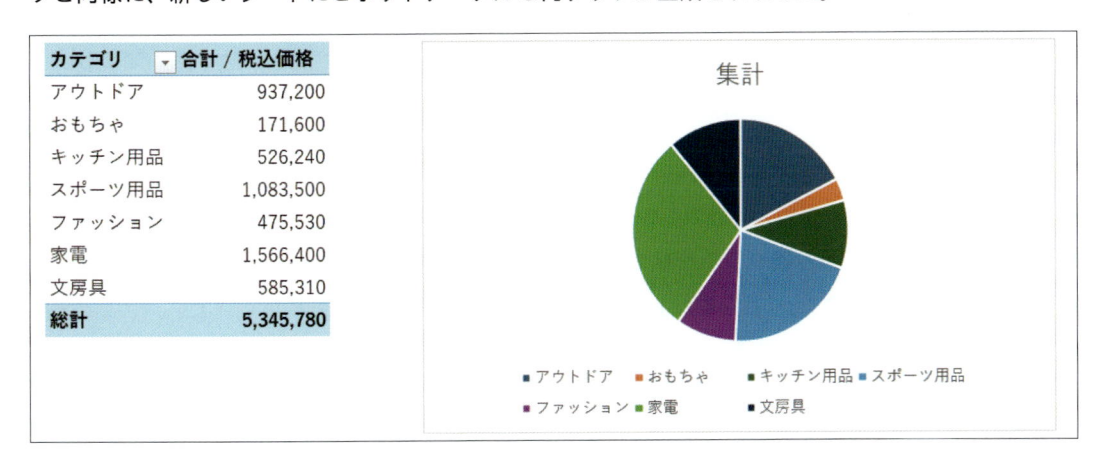

カテゴリ	合計 / 税込価格
アウトドア	937,200
おもちゃ	171,600
キッチン用品	526,240
スポーツ用品	1,083,500
ファッション	475,530
家電	1,566,400
文房具	585,310
総計	5,345,780

棒グラフと同様に、ピボットテーブルのフィルターや並べ替え機能を使って、項目の表示内容を変更することができます。

なお、グラフのデザインの指定は、Copilotに依頼するよりも手作業で調整したほうが早く、確実です。グラフを選択すると現れる [デザイン] タブをクリックし、[クイックレイアウト][色の変更][グラフスタイル] などから調整してみましょう。

[クイックレイアウト]　　[色の変更]　　[グラフスタイル]

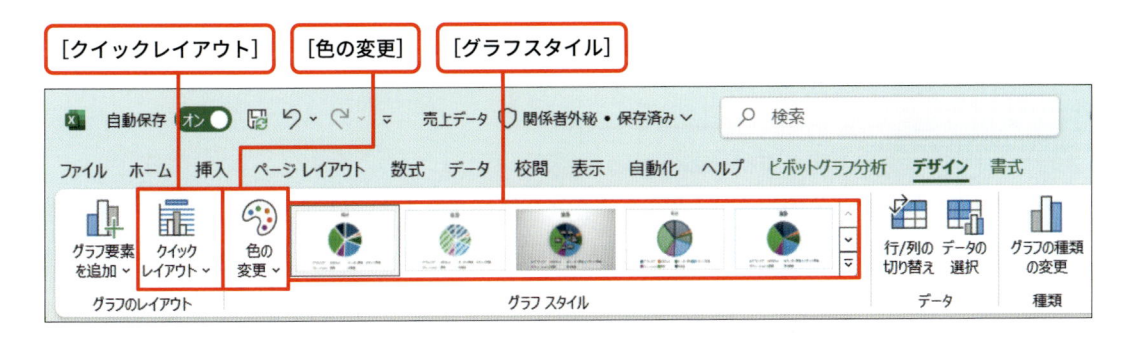

2　Excel での処理やデータ分析を依頼しよう

折れ線グラフを生成してもらおう

　各カテゴリの売上を月ごとに集計して、1年間の売上推移を示す折れ線グラフをCopilotに生成してもらいましょう。ここで紹介するプロンプトは、棒グラフや円グラフのプロンプトに比べてやや詳細です。どのような意図で作成されたプロンプトなのか意識しながら、読んでみてください。

　次のようなプロンプトを実行します。

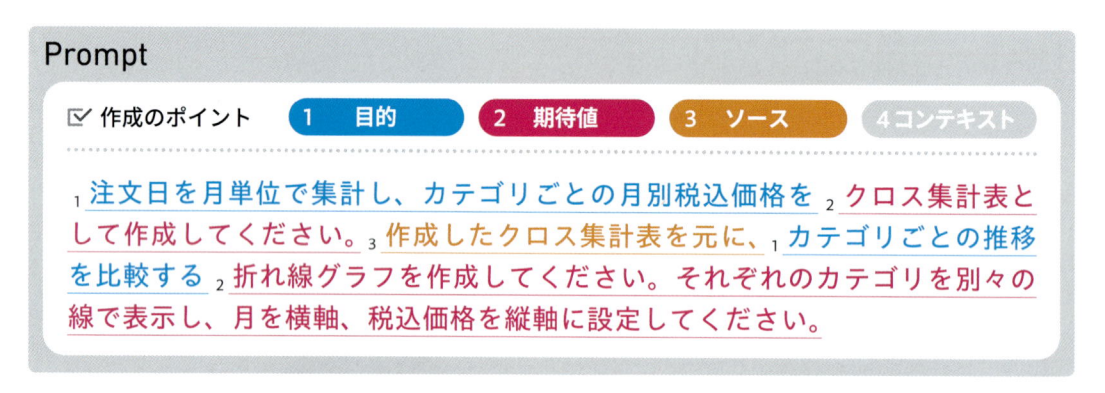

Prompt

☑ 作成のポイント　　1　目的　　2　期待値　　3　ソース　　4 コンテキスト

　1注文日を月単位で集計し、カテゴリごとの月別税込価格を 2クロス集計表として作成してください。3作成したクロス集計表を元に、1カテゴリごとの推移を比較する 2折れ線グラフを作成してください。それぞれのカテゴリを別々の線で表示し、月を横軸、税込価格を縦軸に設定してください。

　1文目は、Section 6のクロス集計表を作成するのに使用したプロンプトと内容は同じです。次の文では、それに基づいて折れ線グラフを作成するように依頼しています。3文目がポイントで、「カテゴリを別々の線で表示する」「月を横軸」「税込価格を縦軸」と具体的に指示しています。他の方法法も含めて何度か試してみたところ、この指示がないとカテゴリ別の線を正しく作成してもらえませんでした。

　上記のプロンプトを実行すると、Copilotから次のような提案が返ってきました。

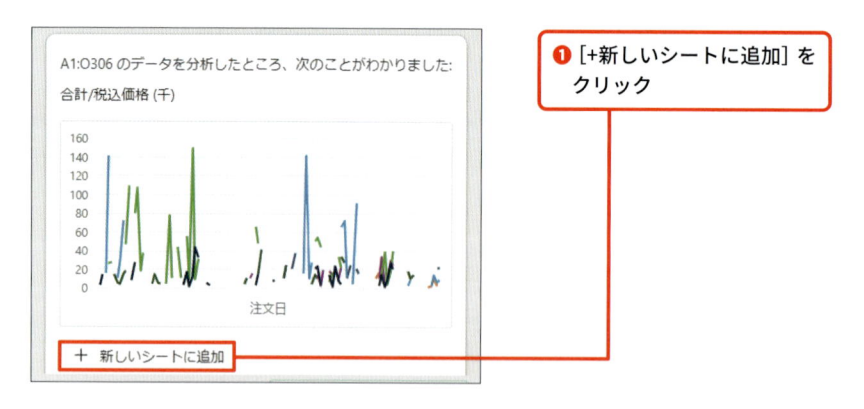

❶ [+新しいシートに追加] を
クリック

　何本かの折れ線グラフが描画されているイメージが確認できます。[+新しいシートに追加] をクリックすると、次のように新しいシートにピボットテーブルと折れ線グラフが生成されます。グラフはピボットテーブルの右側に配置されているので、スクロールして確認してください。

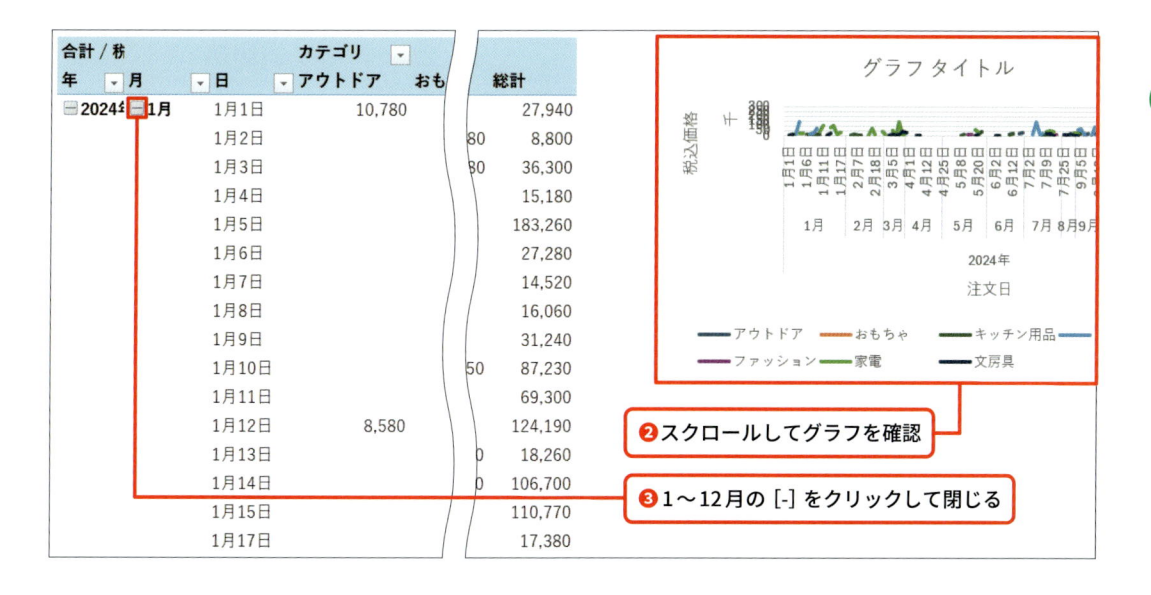

この状態だと日ごとの推移を示したグラフとなっているので、1～12月の [-] をクリックして閉じてください。ここで、表示するカテゴリが少し多いので、いくつかに絞り込みます。ピボットテーブルの「カテゴリ」横の [▼] をクリックして、表示する項目にチェックを入れましょう。

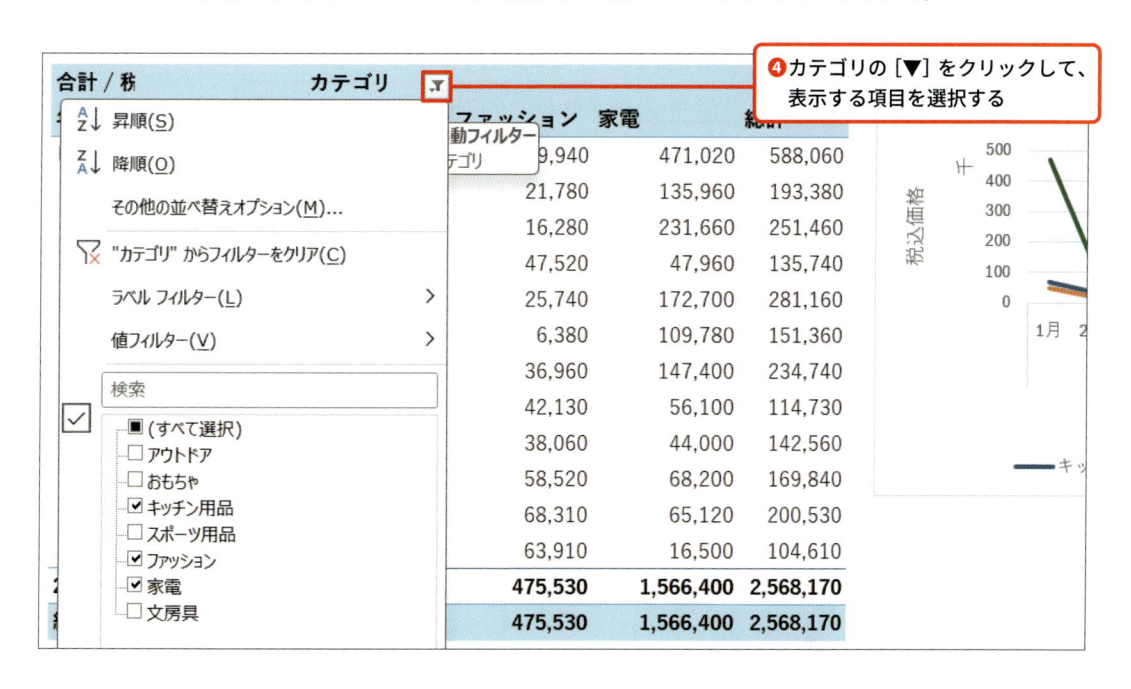

すると、次のように絞り込むことができました。

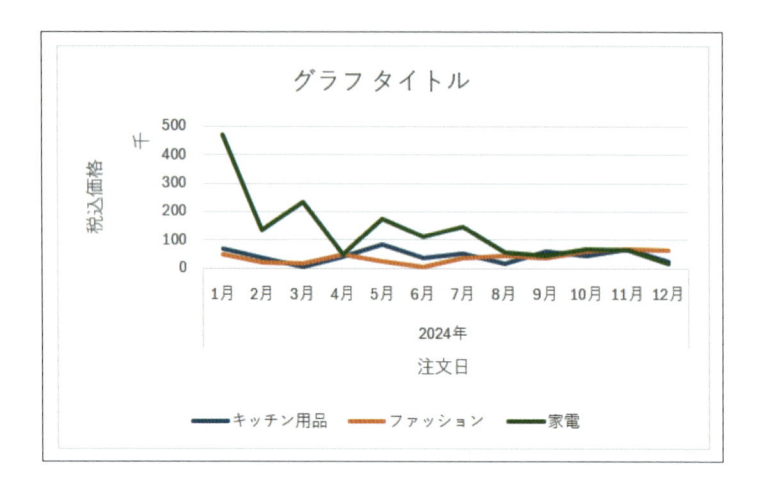

Copilot にさまざまな角度から分析してもらおう

　Copilot のパネルを開くと、プロンプト入力欄の上に、プロンプトの候補が表示されています。この中に [データの分析情報を表示する] と表示されている場合、これをクリックすると、Copilot がデータテーブルの内容を解析し、分析を行ってくれます。

❶ [データの分析情報を表示する] を
クリック

　分析内容はデータによりますが、ここでは次のような提案をしてもらいました。良さそうであれば [+新しいシートに追加] をクリックします。

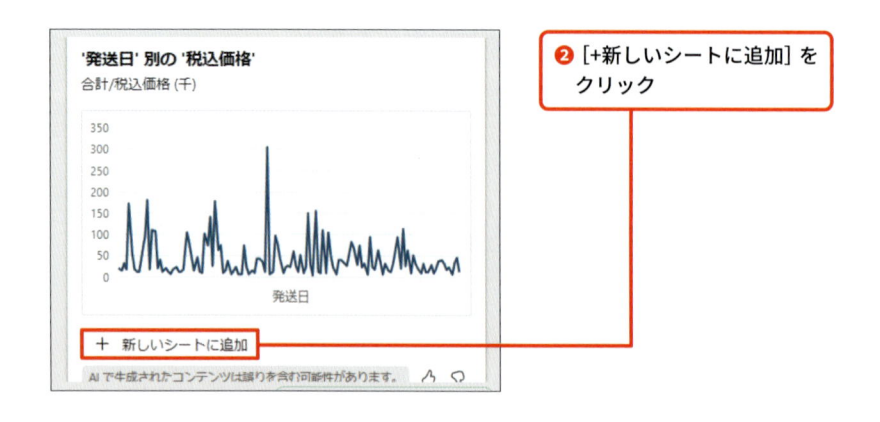

❷ [+新しいシートに追加] を
クリック

　さらに、[すべての分析情報をグリッドに追加する] という候補がある場合、これをクリックすると、Copilotがさまざまな角度からデータを分析した結果を、新しいシートに追加してくれます。

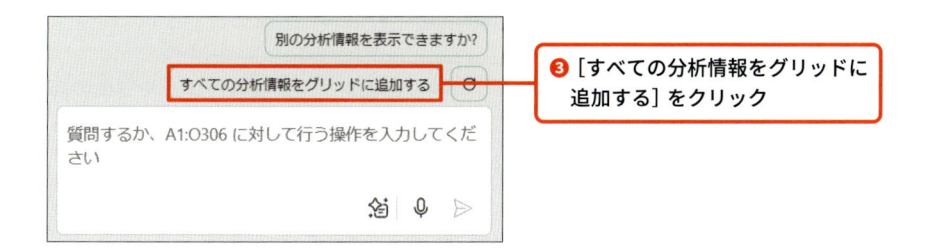

❸ [すべての分析情報をグリッドに追加する] をクリック

　こちらもデータにより分析内容は異なりますが、ここでは次のような結果が得られました。自分でデータを眺めているだけでは気づかなかった切り口から、データを分析してくれるかもしれません。

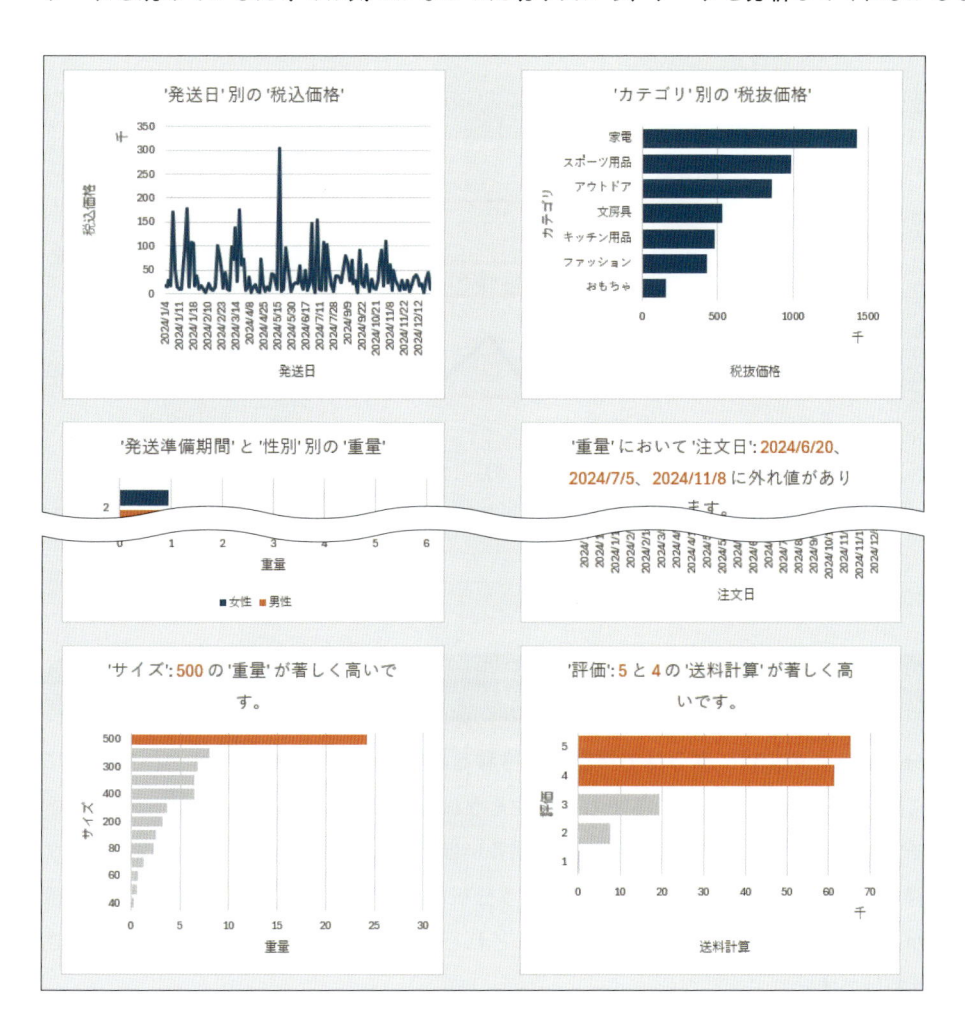

Section
09

#回帰分析

データの傾向を
詳しく解析してもらおう

データをグラフで表示すると確かに視覚的に傾向を把握することはできますが、業績の伸び方や今後の売上の予想を具体的に知るために、最終的には数値で把握したいものです。そこでCopilotに傾向を読み取ってもらい、組織の運営に必要な数値的な情報を取得してみましょう。

こう頼む！

- 月ごとに売上を集計してもらい、その推移に対する回帰直線を生成してもらう
- 回帰直線の数式を表示して、売上の傾向を数値で把握する

Copilotにヘルプを頼むと……

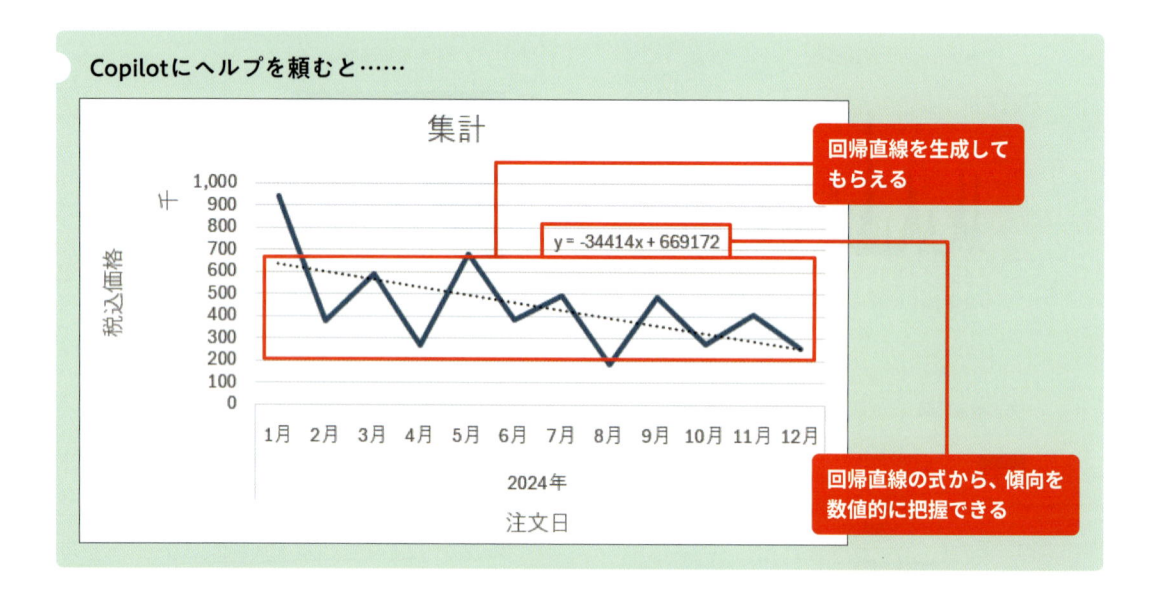

$$y = -34414x + 669172$$

回帰直線を生成してもらえる

回帰直線の式から、傾向を数値的に把握できる

データの傾向を読み取ってもらおう

　売上の傾向を分析するためには、グラフで視覚的に推移を確認することが重要ですが、最終的には数値で具体的に把握する必要性も出てくるでしょう。そうした場合によく使われるのが、**回帰分析**と呼ばれる手法です。回帰分析とは、例えば勉強時間が多いほどテストの点数が高いといったデータ間の関係を、直線などの数式で近似的に表すために行う分析のことです。回帰直線と呼ばれる直線の式で表すことができれば、「どれぐらい勉強すれば、どれぐらい点数が上がるのか」を推測することもできるというわけです。

この分析方法を売上と注文月との関係に利用すれば、時間の経過と売上高の関係を直線の式で近似できます。その直線の傾きから、「売上が1ヶ月あたりどれぐらいのペースで変化してきたのか」を数値で具体的に知ることができます。

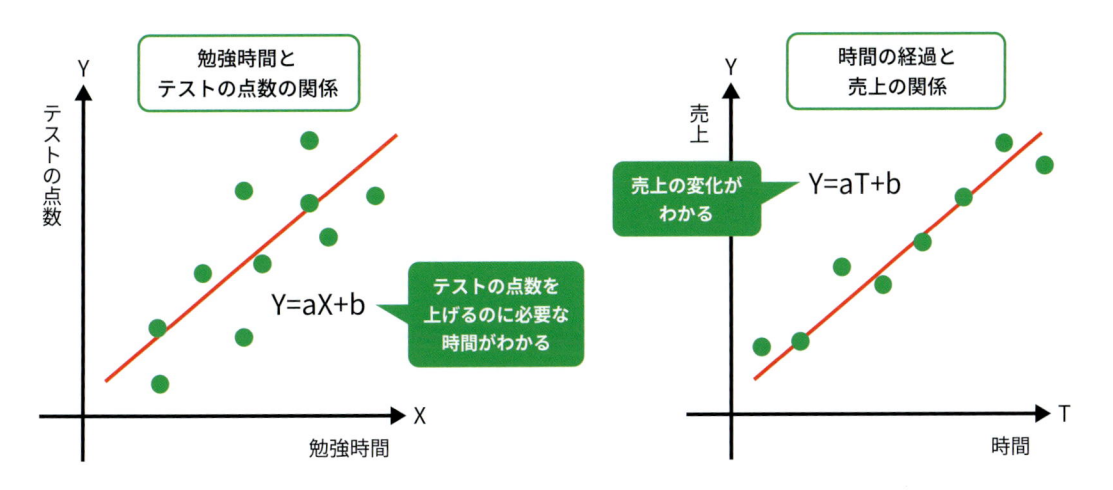

まずは以下のプロンプトを実行してください。

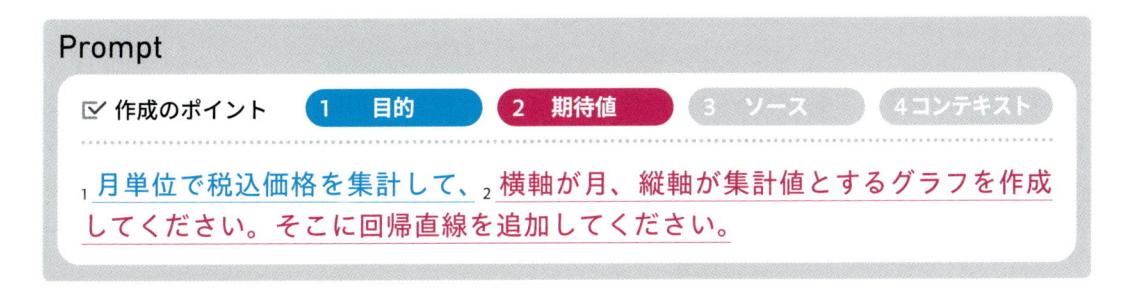

Copilotから次のような提案が返ってきました。

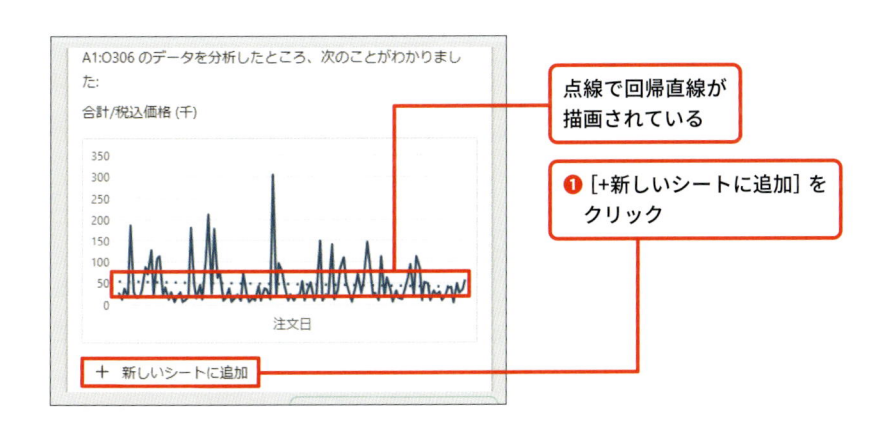

少し見えにくいですが、実線のグラフに加え、点線で直線が描かれているのが確認できます。[+新しいシートに追加] をクリックして追加されたシートを見ると、集計したピボットテーブルと、グラフが生成されています。85ページと同様に、「1月」から「12月」の左の [-] をクリックして、すべての月をひとまとめにしましょう。

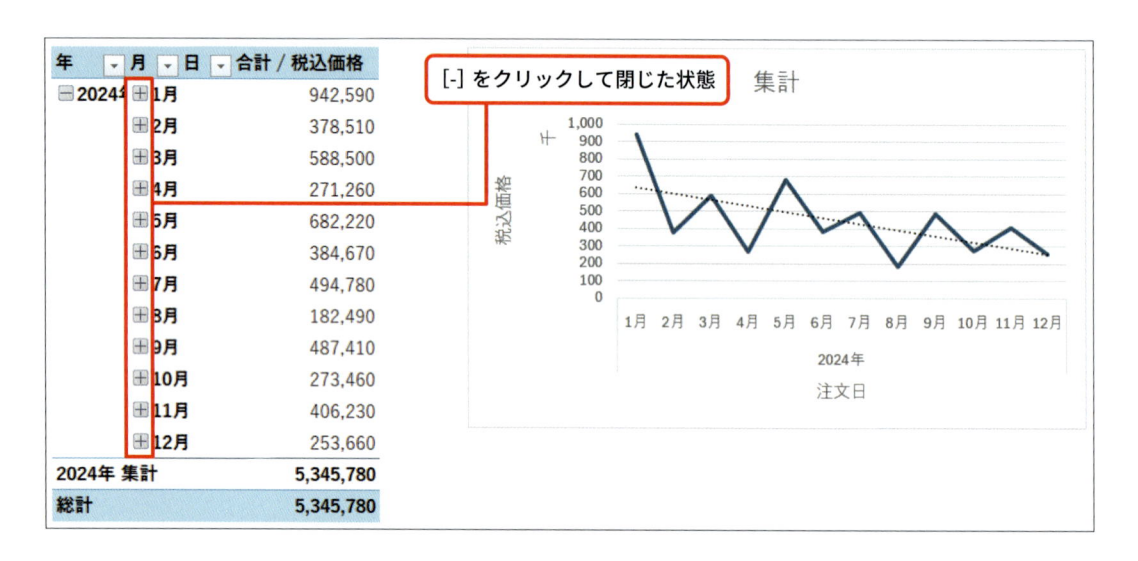

回帰直線の式を表示するために、まず回帰直線を右クリックし [近似曲線の書式設定] をクリックすると、右側に「近似曲線の書式設定」パネルが表示されます。[グラフに数式を表示する] にチェックを入れると、グラフ内に数式が表示されます。

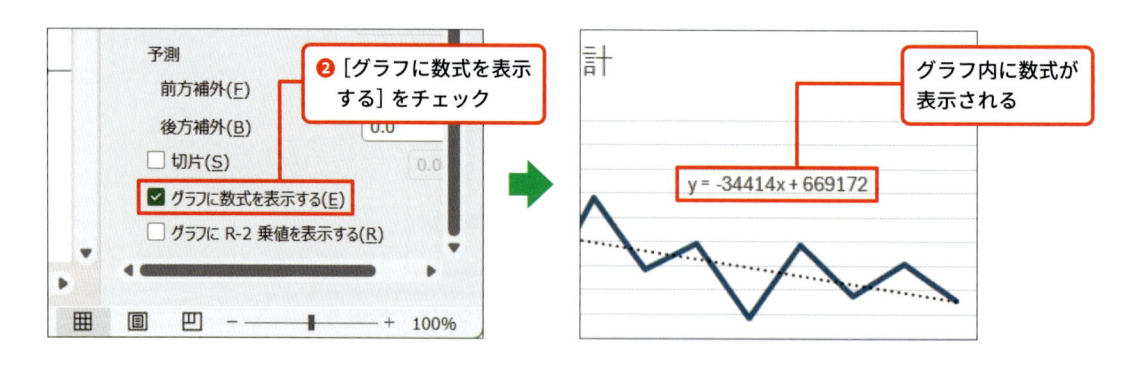

表示された数式は、「y = -34414x + 669172」でした。この「-34414」がグラフの傾きであり、1ヶ月あたりの売上の変化を表しています。つまり、1ヶ月あたり約3.4万円ずつ売上が落ちている傾向であることがわかりました。

 **Column**

Copilot が正常に動作してくれなくなったときは？

Copilotを使用していると、列を生成してもらったものの、期待していたものと違ったという場合があります。そのようなときに生成した列を削除して、続けてプロンプトを送信すると、次のように正常に動作しないときがあります。

> 現在、数式列の挿入で問題が発生しています。後でプロンプトを送信してみてください。
>
> 👍 👎

すぐに元に戻る場合がほとんどですが、しばらくこの状況が続く場合もしばしばあります。

このような場合は、少し時間を置いて再度試してみたり、一度ファイルを閉じて開き直したりすると、再び通常通りCopilotが応答してくれるようになります。

原因は定かではありませんが、33ページで紹介したセマンティックインデックスに登録された情報と、実際のファイルの状況が異なる場合に起きる状況であるかもしれません。

Excelでの処理やデータ分析を依頼しよう

2

Section
10

#テキストデータをまとめる

データ分析のレポート作成に
必要な情報を作ってもらおう

商品レビューのように数値では評価しづらい項目をまとめるには、人間が読んで全体の傾向を分析し、要約する必要があります。そのような作業はCopilotを使ってまとめることができます。評価項目ごとにどのような意見が見られるのかを、Copilotにまとめてもらいましょう。

こう頼む！

- カテゴリごとの評価別の感想を、要約してもらう
- データの分析結果を文章で表現してもらう

ここに注意！

- Excel内のCopilotパネルではなく、Copilotのチャット画面から実行する必要があります

Copilotにヘルプを頼むと……

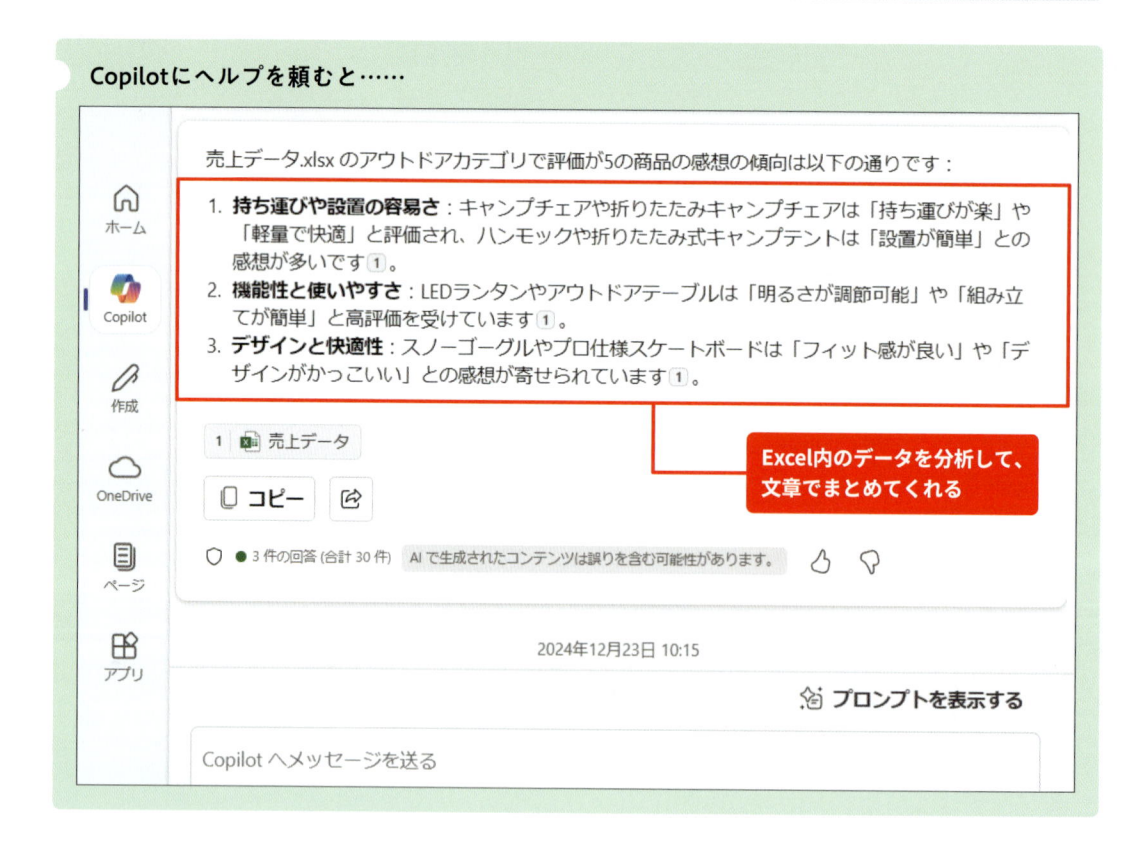

カテゴリごとの評価別の感想を要約してもらおう

　ここまでデータの傾向を分析するために、数値的なデータを集計したりグラフで表示したりすることで、データの視覚化・可視化を行ってきました。こうしたデータは客観的に分析するために必要不可欠ですが、商品レビューや感想などのように、数値では表現しきれないデータも存在します。そうしたデータの傾向を掴むには、1つずつ読んで考えて要約する必要があります。しかし、Copilotに依頼すれば、カテゴリごと、評価ごとの感想の傾向をまとめてもらうことができます。

　ここでの依頼は、Excel内のCopilotパネルではなく、Copilotのチャット画面から行います。まずWebブラウザでCopilotを開き、画面上部のトグルボタンで「職場」を選択してください。これにより、OneDriveやOutlook上のメールなどを参照できるようになります。

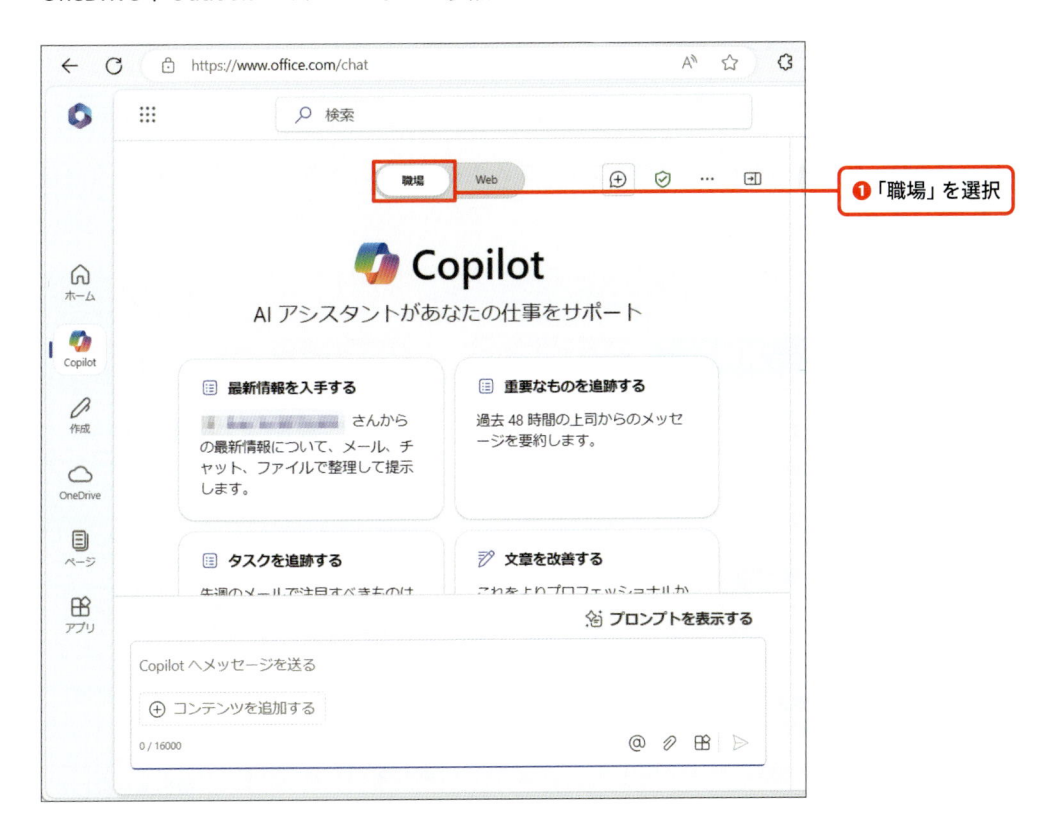

❶「職場」を選択

　プロンプトで、OneDriveに保存した「売上データ.xlsx」について質問することをCopilotに伝える必要があります。[コンテンツを追加する]をクリックすると、OneDriveに保存されているデータやユーザー、メールなどの候補が表示されます。[ファイル]タブをクリックし、「売上データ.xlsx」をクリックすると、プロンプト入力欄に追加されます。なお、[コンテンツを追加する]をクリックする他に、「/」と入力すると、ファイルなどの候補が同様に表示されます。

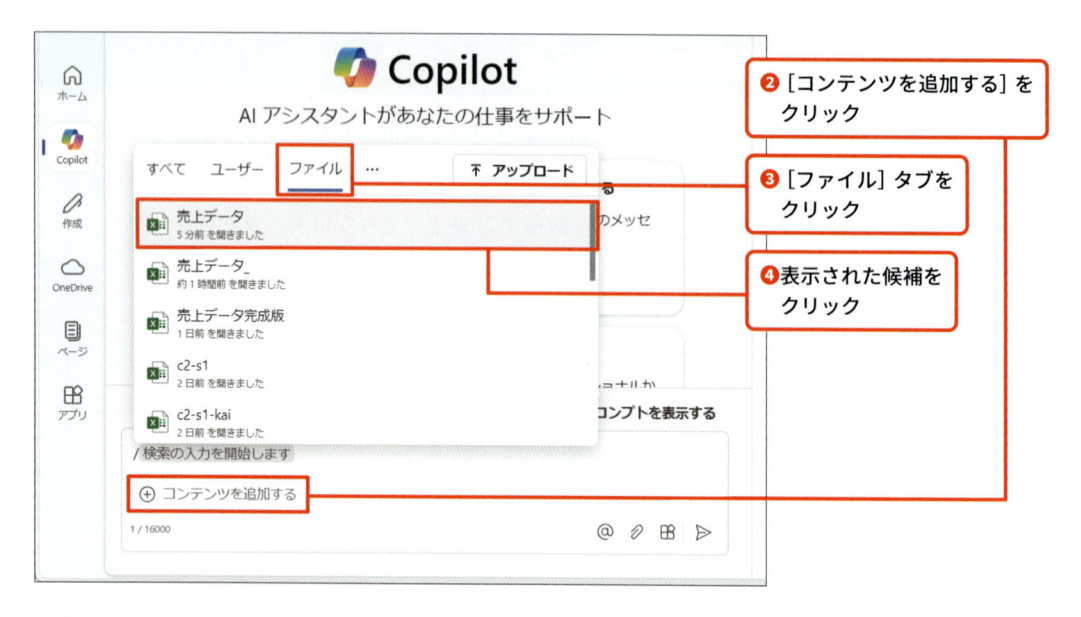

- ❷ [コンテンツを追加する] を
  クリック
- ❸ [ファイル] タブを
  クリック
- ❹ 表示された候補を
  クリック

「売上データ.xlsx」をクリックするとプロンプトに挿入されるので、それに続けて次のようなプロンプトを実行してください。

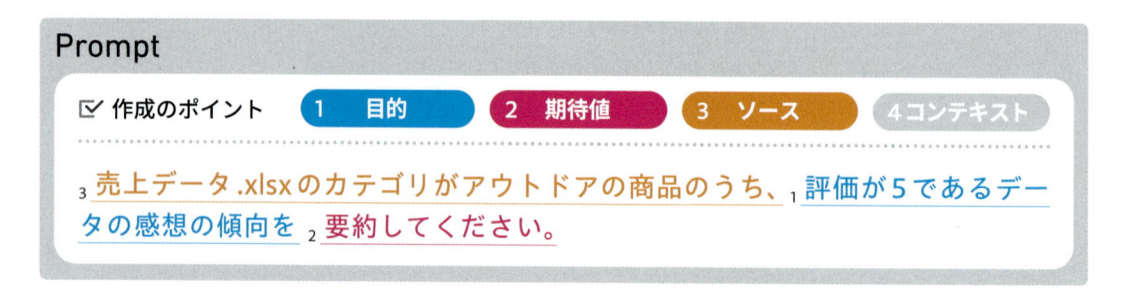

Copilotから次のような返事が返ってきました。

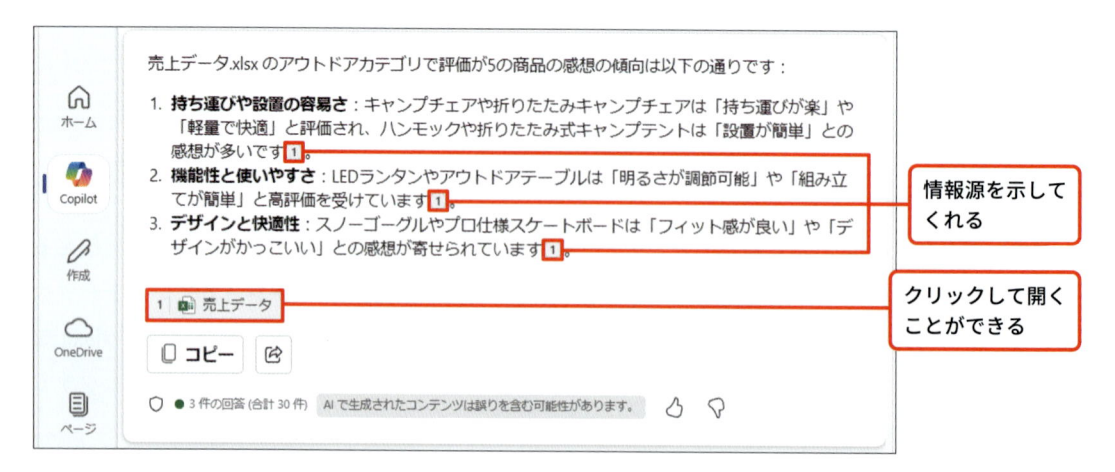

- 情報源を示してくれる
- クリックして開くことができる

　カテゴリ内の感想を、「持ち運びや設置の容易さ」「機能性と使いやすさ」「デザインと快適性」という観点からどのように高評価を受けているかをまとめてくれました。

　また、返答内に「1」というマークがつけられています。これはこの返答を生成した情報源を示しており、返答の末尾に記載されている「1　売上データ」に対応しています。複数の情報を参照した場合は、数に応じて1、2、3と増えていき、それぞれの情報源がどれに対応するのかがわかるようになっています。

　なお、数字との対応を見比べる必要はなく、応答内の数字をクリックすれば、その情報源となったファイルなどを直接開くことができます。

関連する質問を投げかけてみよう

　Copilotからの返事の下に、いくつか質問候補が表示されます。これらは先ほど行った質問に関連する質問事項を、Copilotが考えてくれたものです。例えば先ほどの質問の下に表示されていた［評価が3の商品の感想の傾向を教えてください。］をクリックすると、プロンプトの入力欄に同じ文章が入力されます。送信ボタンをクリックして、プロンプトを送信してください。

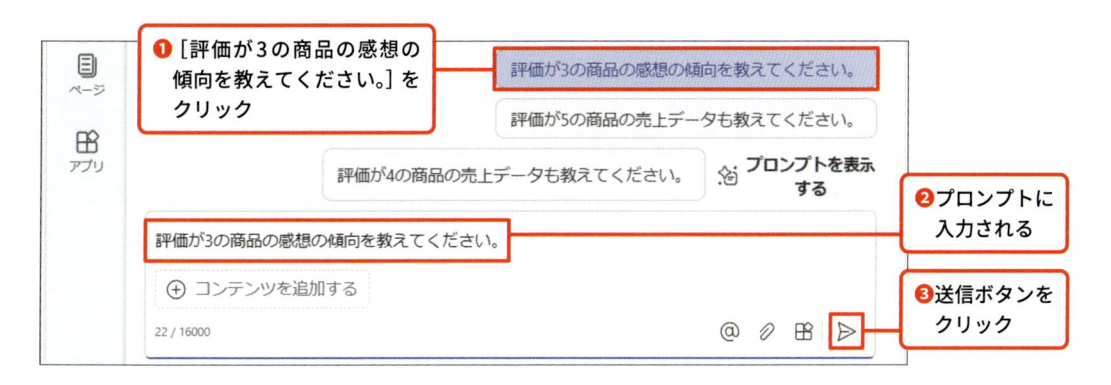

　これに対して、Copilotから次のような返事が返ってきました。

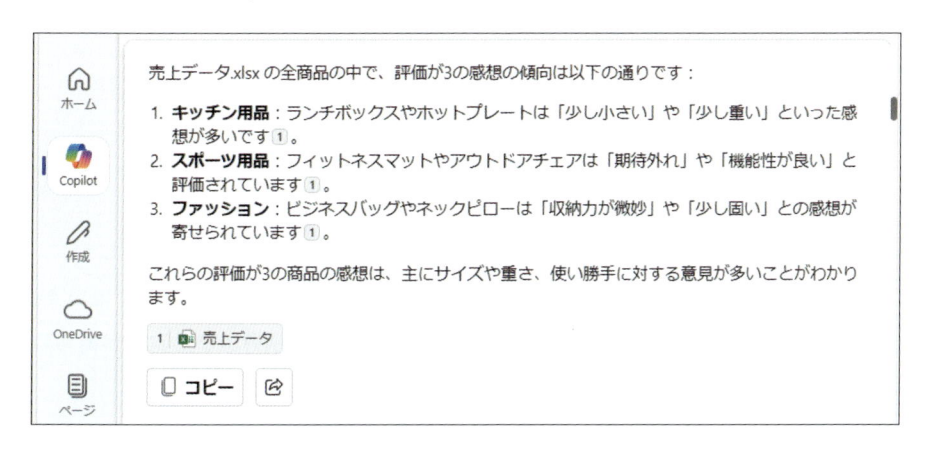

キッチン、スポーツ、ファッションの評価の要約が返ってきました。この場合、ポイントの「期待値」が不足しており、すべてのカテゴリについての評価の要約を行ってはくれませんでした。このような場合は、出してほしいカテゴリの名前をすべてプロンプトに書き出してみましょう。

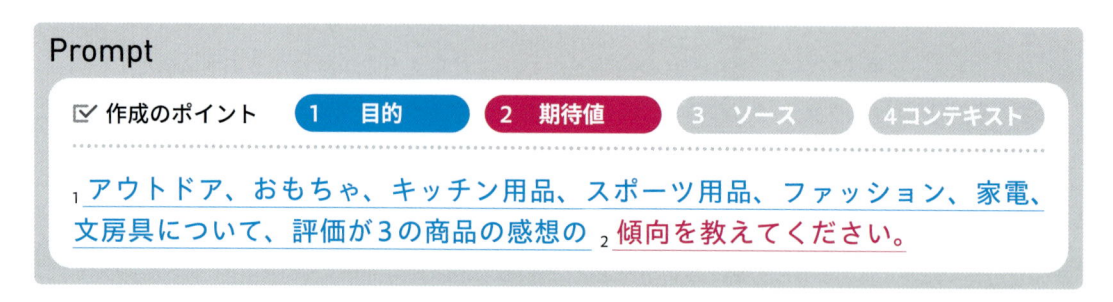

　ここでは、先ほどの続きなので、「売上データ」の参照は入れていません。このように、Copilot はプロンプトの文脈を読み取ってくれます。

　これに対して、Copilot から次のような返事が返ってきました。

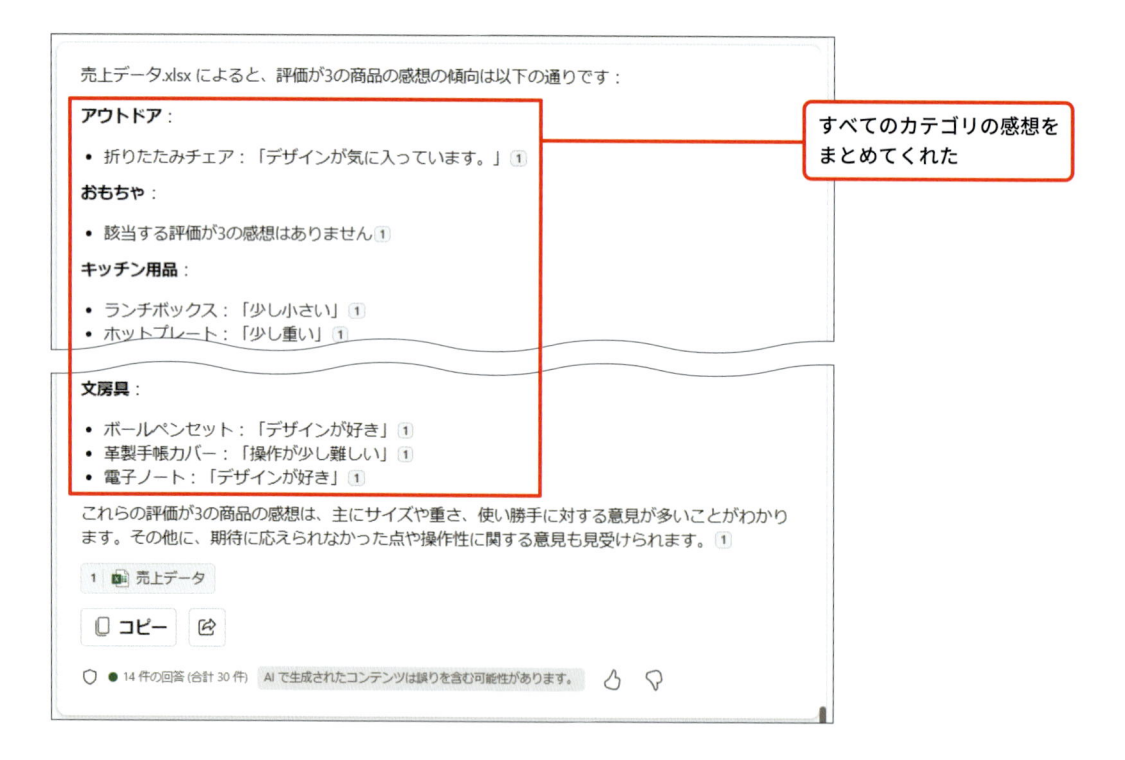

　すべてのカテゴリについて感想をまとめてくれました。Copilot からの提案のプロンプトとはいえ、必ずしも十分な返答が返ってくるとは限りません。必要に応じて修正して、納得のいく回答が得られるよう試行錯誤するとよいでしょう。

データの傾向を説明してもらおう

　実際にデータをグラフで可視化しても、報告書などでは文章で説明をする必要があります。詳細な分析などは人間で行う必要がありますが、どのような傾向であるかを簡単に説明するには、Copilotにも手伝ってもらうことが可能です。

　次のプロンプトを実行してください。

これに対して、Copilotから次のような返事が返ってきました。

1月：942,590円 2月：378,510円 3月：588,500円 4月：271,260円 5月：682,220円 6月：384,670円 7月：494,780円 8月：182,490円 9月：487,410円 10月：273,460円 11月：406,230円 12月：253,660円

年間総計：5,345,780円

売上は1月に最も高く、8月に最も低くなっています。全体的に、売上は月によって変動があり、特に1月と5月に大きなピークが見られます。その他の月は比較的安定していますが、8月と12月は低めの売上となっています。

1　📊 売上データ

　Section 9で作成した集計結果と回帰分析のグラフと見比べてみましょう。

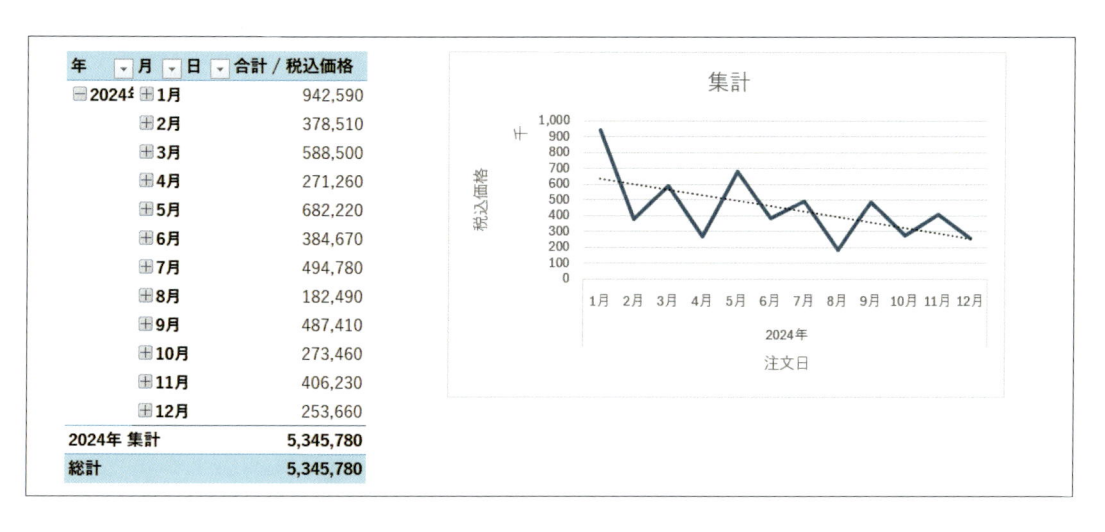

数値も正しく、またグラフの傾向を正確に文章で説明してくれています。この分析結果を元にして、報告書用の文章も作成できるでしょう。

Column　ウソの分析結果に気をつけよう

データの分析を Copilot にしてもらう際に、ハルシネーション (幻覚) =ウソには十分に気をつけましょう。例えば「売上が低い月の原因は何ですか？」というプロンプトを実行した場合の結果を見てみましょう。

売上データ.xlsx によると、売上が低い月の原因は以下の通りです：

1. **8月**：この月は売上が最も低く、特にアウトドア用品やキッチン用品の売上が減少しています。これは、夏休み期間中に消費者の購買意欲が低下するためと考えられます [1] 。
2. **2月**：この月も売上が低く、特に家電やファッションの売上が減少しています。これは、年始のセールが終わり、消費者の購買意欲が一時的に低下するためと考えられます [1] 。
3. **12月**：この月も売上が低く、特にキッチン用品や文房具の売上が減少しています。これは、年末の忙しい時期に消費者が他の支出に集中するためと考えられます [1] 。

これらの月は、消費者の購買行動や季節的な要因が影響していると考えられます。

[1] 売上データ

8月、2月、12月の売上が低い原因について説明してくれていますが、このデータにはこうしたことを説明できる根拠は一切ありません。一般論としてはあり得るかもしれませんが、そのまま報告書などに記載してしまうと、もし質問されてもうまく答えることはできないでしょう。

生成 AI は、このような「一見それっぽい」ことを悪気なく返してくることがあります。データ分析だけでなく、どのような生成結果に対しても、それが本当に正しいのかをよく意識するようにしましょう。

Wordでの
文書作成や編集を
依頼しよう

定型的な文章の作成や、文章の校正、複数の文書やデータを1つの文書に
まとめるといった手間を要する作業は、Copilotが得意とするところです。
作業の方向性を示し、文書の大きな枠組みを作成してもらうことで、作業
の時短を図りましょう。

Section 01

挨拶文を書いてもらおう

文章生成AIであるCopilotを使えば、文章を生成してもらうことができます。Wordファイル内でCopilotに文章を生成してもらう方法は、大きく2つあります。1つは新しく作成する文章の方向性や内容をプロンプトで指示する方法、もう1つは既存の文章に対して文章を追加してもらう方法です。

こう頼む！

- ・ プロンプトで指示を出しながら、希望する内容のビジネス文書を書いてもらう
- ・ 途中まで書いたビジネス文書の続きを書いてもらう

ここに注意！

- ・ ［この記述を続ける］機能はWebブラウザ版でのみ利用できます

Copilotにヘルプを頼むと……

新年度のご挨拶

一般的な挨拶文を一から作成してくれる

拝啓

新春の候、ますますご繁栄のこととお慶び申し上げます。平素は格別のご愛顧を賜り、厚く御礼申し上げます。

さて、株式会社C-Pilotでは、新たな年を迎えるにあたり、今年度の展望を皆様にご報告させていただきます。私たちの使命は常にお客様のご期待に応えることであり、それを念頭に置いて商品展開を進めてまいります。

今年度は、より多様なニーズに応えるために、新商品や新サービスを続々と導入する予定です。特に、健康志向の商品ラインナップを強化し、エコフレンドリーな製品の取り扱いも拡大していく所存です。また、お客様のショッピング体験を向上させるため、オンラインストアの機能拡充やカスタマーサポートの強化にも力を入れてまいります。

OneDriveでWordファイルを作成しよう

　Excelなどと同様に、WordでCopilotを使用するために、OneDriveやSharePointにファイルを作成しましょう。ここではWebブラウザ等でOneDriveを開き、Wordファイルを作成するという手順で進めます。

まず、OneDrive の Word ファイルを作成するフォルダーを開きます。左上の [+] をクリックして、[Word ドキュメント] をクリックします。

ファイル名を入力して [作成] をクリックしするとファイルが作成されて、Web ブラウザ版の Word が立ち上がります。

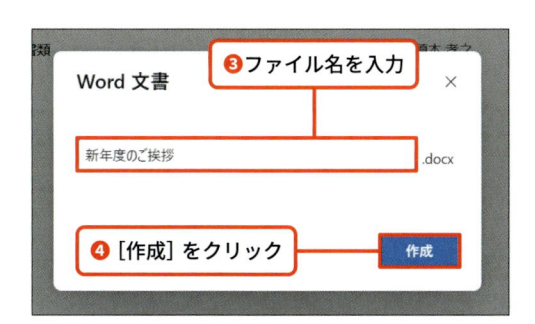
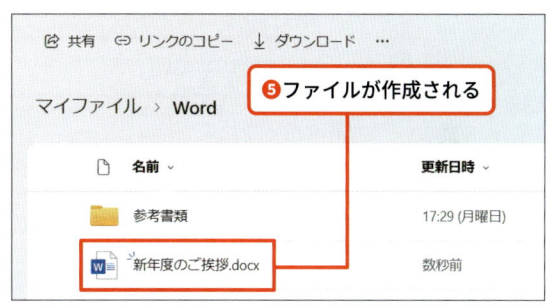

アプリで開くには、ファイル名横の [⋯] をクリックし、[開く] → [アプリで開く] をクリックしてください。

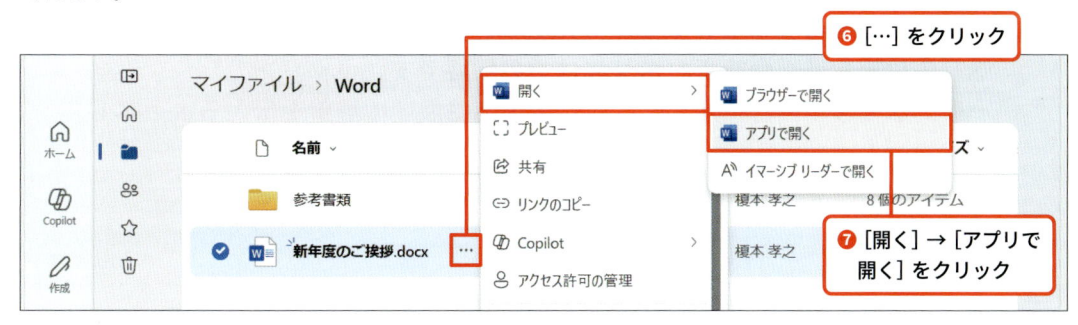

Web ブラウザ版、アプリ版どちらで作業を行っても操作方法にほとんど変わりはありませんが、以降はアプリ版での操作方法を紹介します。

プロンプトで指示を出しながら書類を書いてもらおう

挨拶状のようにある程度書く内容が決まっている文章を、内容や方向性を Copilot に伝えて書いてもらいましょう。

何も入力されていない文書では、1行目の左に [Copilotを使って下書き] というアイコンが表示されるので、クリックして Copilot の入力欄を表示させます。

ここに次のようなプロンプトを入力して実行してください。

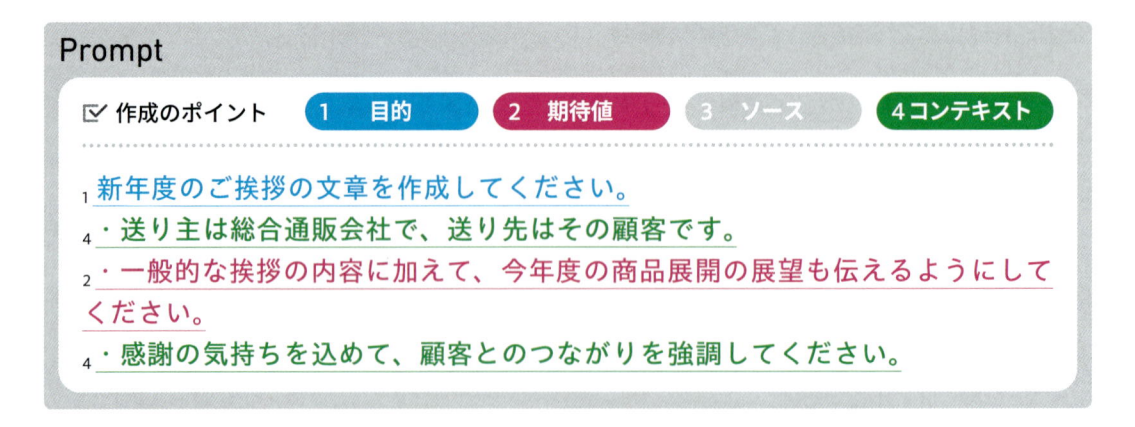

すると、これらの内容を含めた、次のような文章が生成されます。

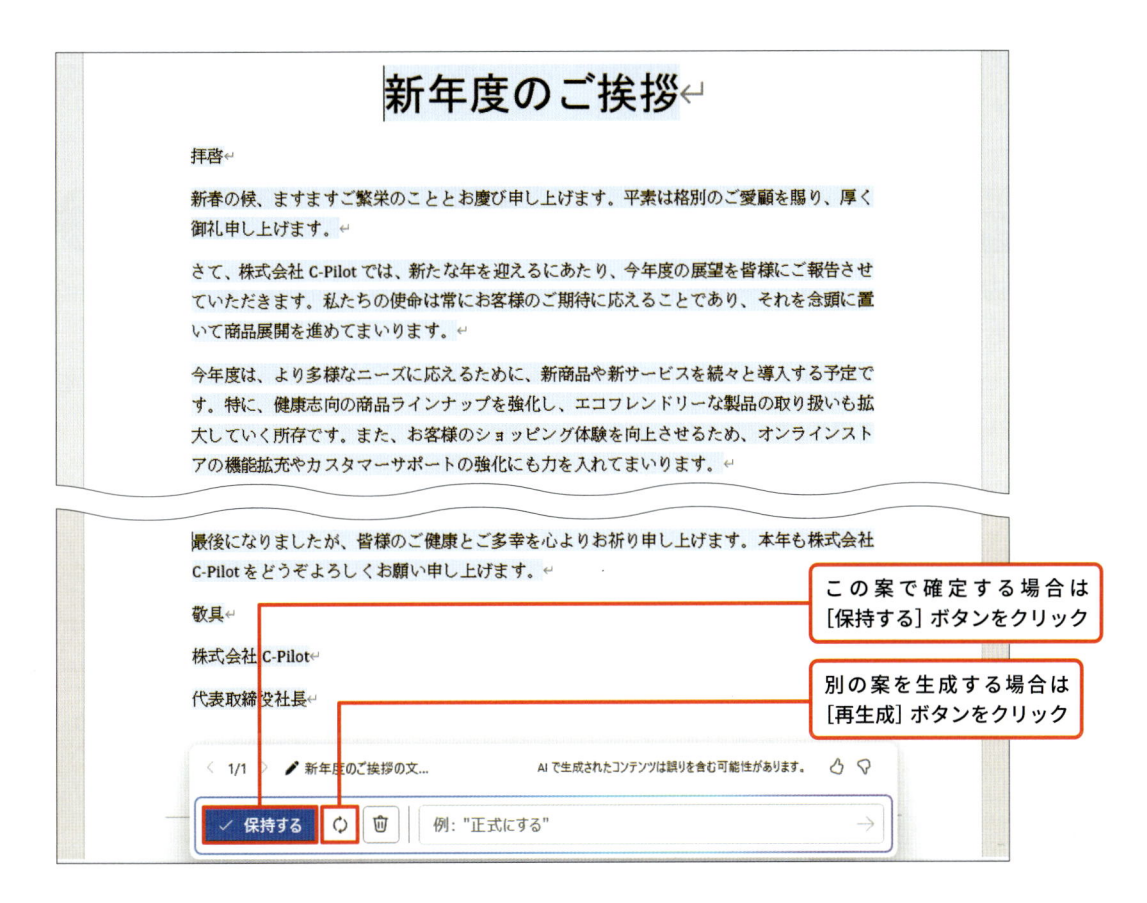

この案で確定する場合は
[保持する] ボタンをクリック

別の案を生成する場合は
[再生成] ボタンをクリック

この内容で良ければ [保持する] をクリックします。また、生成された文章全体を書き換えてほしい場合は、[再生成] ボタンをクリックすると、別の文章案を出してくれます。

ここでは商品展開の説明が文章で説明されているので、箇条書きにして見やすくアピールできるようにしてもらいましょう。「例:"正式にする"」と書かれた入力欄に、「商品展開の説明は、箇条書きにしてください。」と入力して、右の [→] をクリックします。

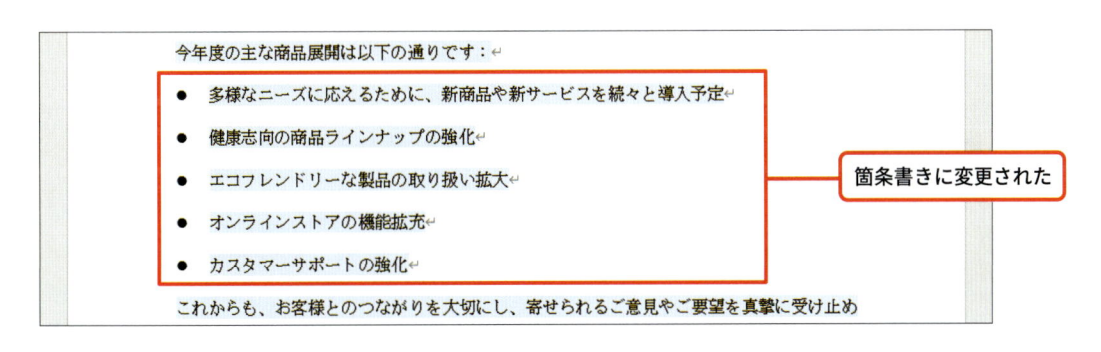

箇条書きに変更された

指示通り、箇条書きに変更されました。[保持する] をクリックすると、これで確定されます。

なお、ここで作成された商品展開などの内容はCopilotの創造によるもので、いわゆるハルシネーションです。実際に使う文書として使用する場合は、内容を実際のものに書き換えてください。

自動書き換えをしてもらおう

　表現方法やトーンなどを違ったものに書き換えたい文章がある場合、「自動書き換え」という機能を利用することができます。

　書き換えたい部分を選択すると、左側にCopilotのアイコンが表示されます。これをクリックすると表示される［自動書き換え］をクリックします。

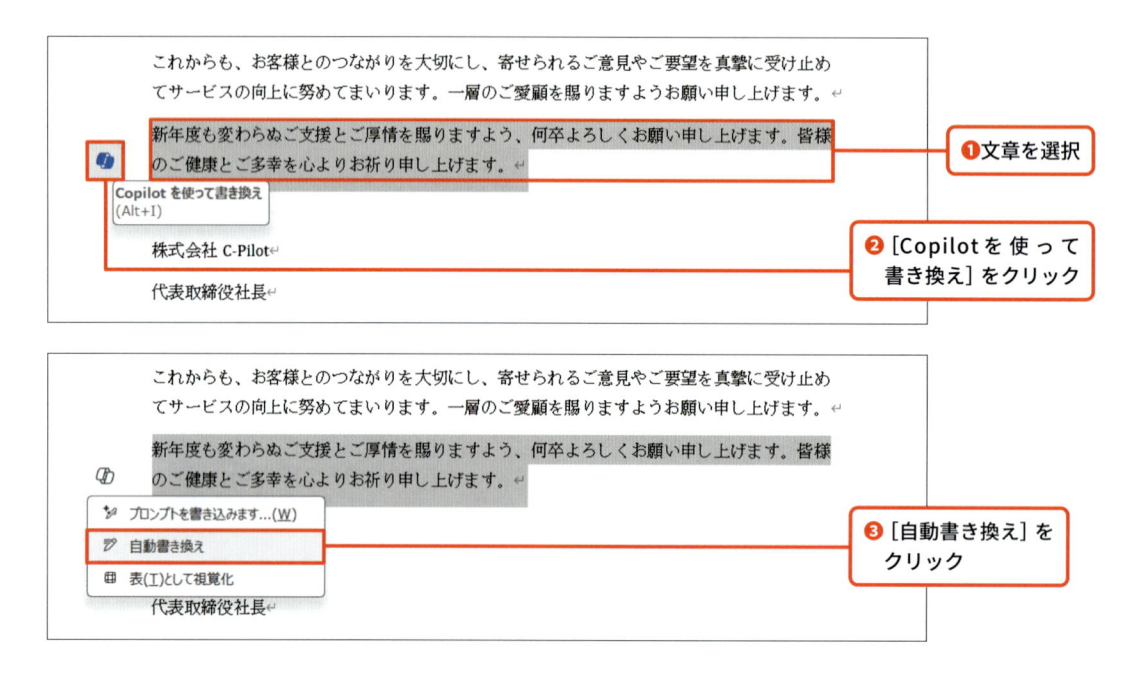

　すると、言い回しを変えたり簡素化したりした、同内容の文章の候補をいくつか提案してくれます。

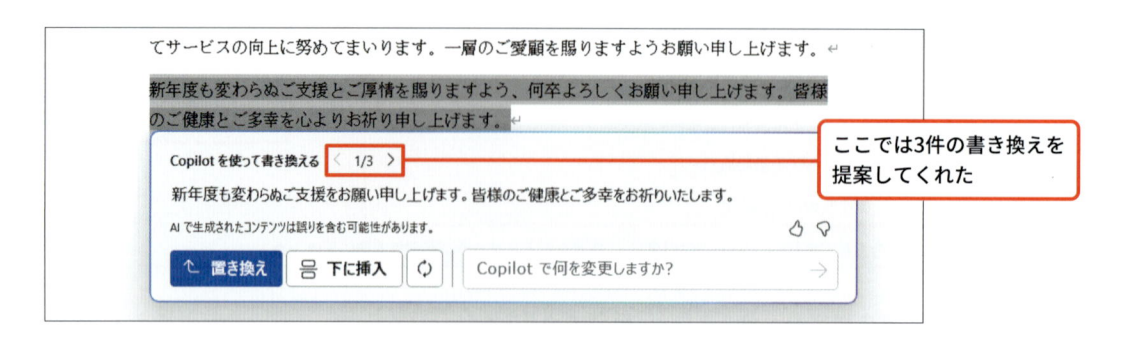

　それぞれの内容を確認して、気に入ったものがあれば［置換］をクリックして書き換えを完了します。気に入ったものがない場合は［再生成］をクリックしてさらに提案してもらうことも可能です。

文章の続きを作成してもらおう

　初めからすべての文章をCopilotに作成してもらうのは便利ですが、指示してもなかなか思った通りに生成してくれない場合や、自分の言葉で書きたい文章がある場合もあります。そのようなときは、書き出し部分や自分で書きたい部分だけを打ち込んでから、それに見合った内容の文章を生成してもらいましょう。なお、この機能はWebブラウザ版のWordでのみ利用することができます。

　ここでは次のような書きかけの文書を用意し、続きを書いてもらいたいところにカーソルを置きます。

> ## 暑中御見舞
>
> 拝啓
> 盛夏の候、貴社ますますご繁栄のこととお喜び申し上げます。平素は格別のご高配を賜り、厚く御礼申し上げます。
> さて、猛暑が続いておりますが、皆様いかがお過ごしでしょうか。貴社の皆様におかれましても、くれぐれもお体にはご自愛ください。|

　左にCopilotのマークが表示されるので、クリックするとプロンプトの入力欄が表示されます。下に［この記述を続ける］というボタンが表示されるので、クリックします。

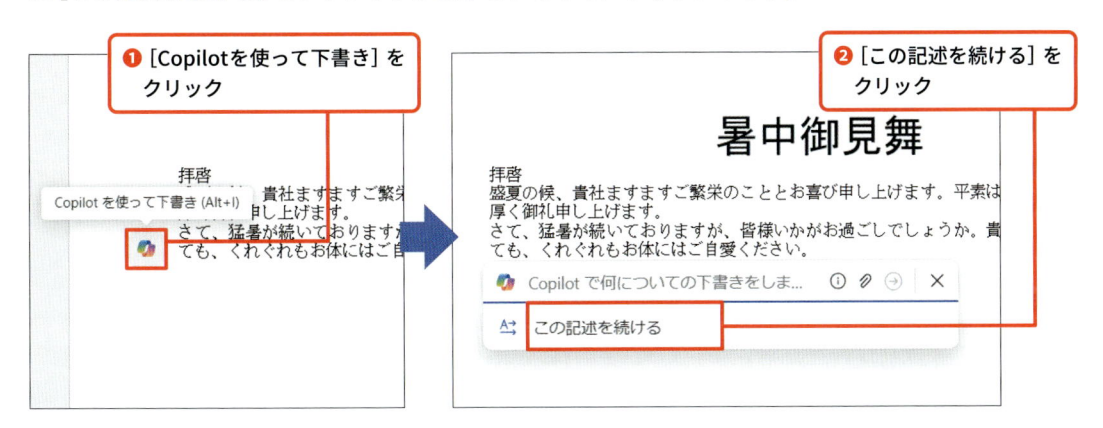

❶［Copilotを使って下書き］をクリック

❷［この記述を続ける］をクリック

　Copilotが続きを生成してくれるので、内容を確認して、問題がなければ［保持する］をクリックして確定します。

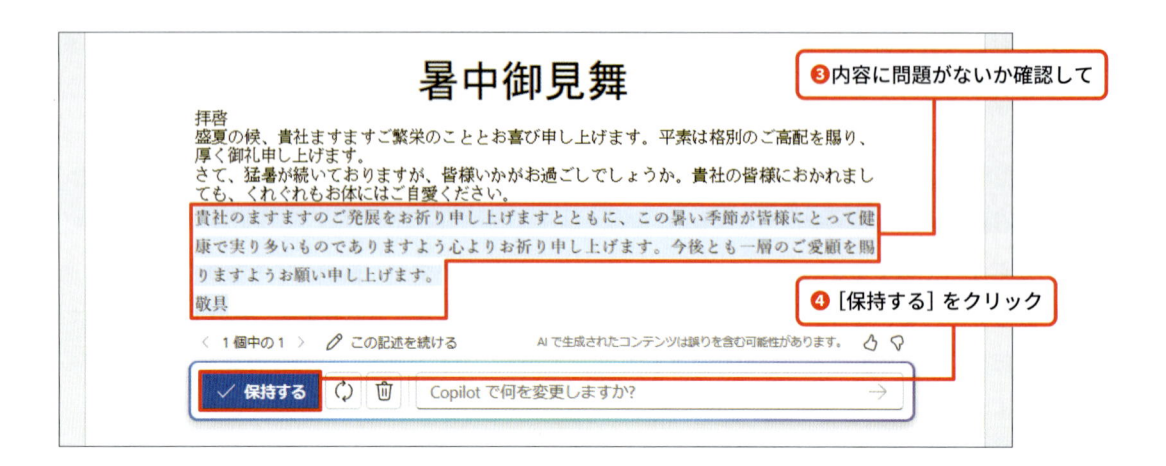

内容を具体的に指示して続きを生成してもらおう

　[この記述を続ける] 機能を使って生成すると、元の文章に合った自然な文章を作成してくれますが、必ずしも思った通りの内容になるとは限りません。そのような場合は、プロンプトで具体的に指示をして、意図に沿った文章を生成するように依頼してみましょう。

　ここでは再びアプリ版に戻り、先ほど追加した最後の挨拶の前に、文章を追加してもらいます。「……ご自愛ください。」の後で改行し、[Copilotを使って下書き] をクリックして、入力欄を表示させます。

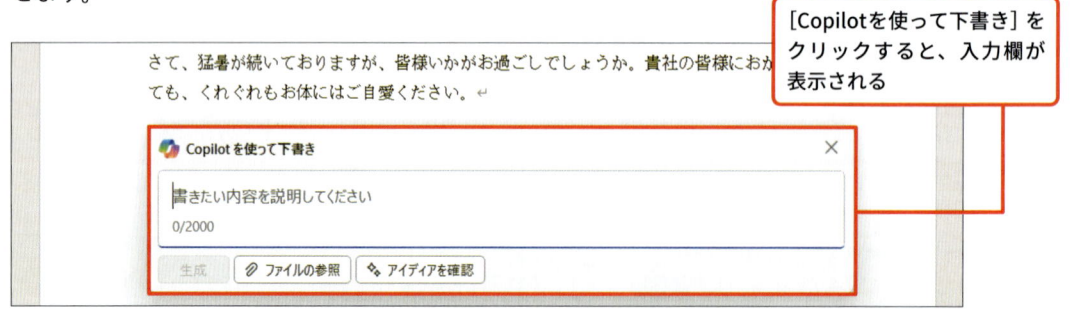

　次のようなプロンプトを入力して、右の [生成] ボタンをクリックしてください。

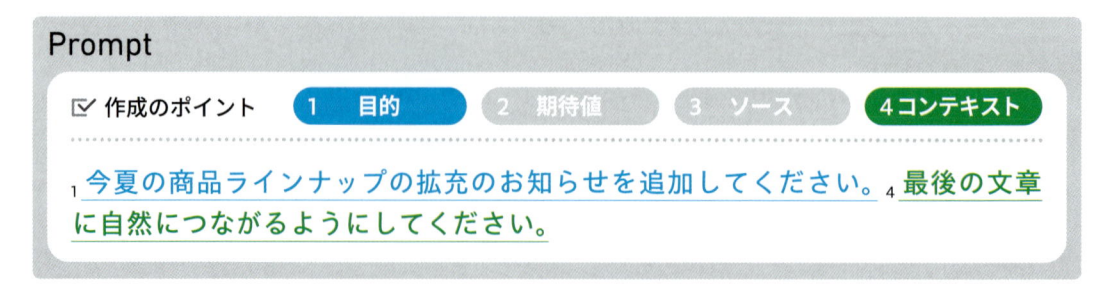

　一般的な挨拶文に加えて、会社の独自の内容を盛り込み、最後の挨拶に自然につながるような文章としてもらいます。Copilot からの提案は次のようになりました。

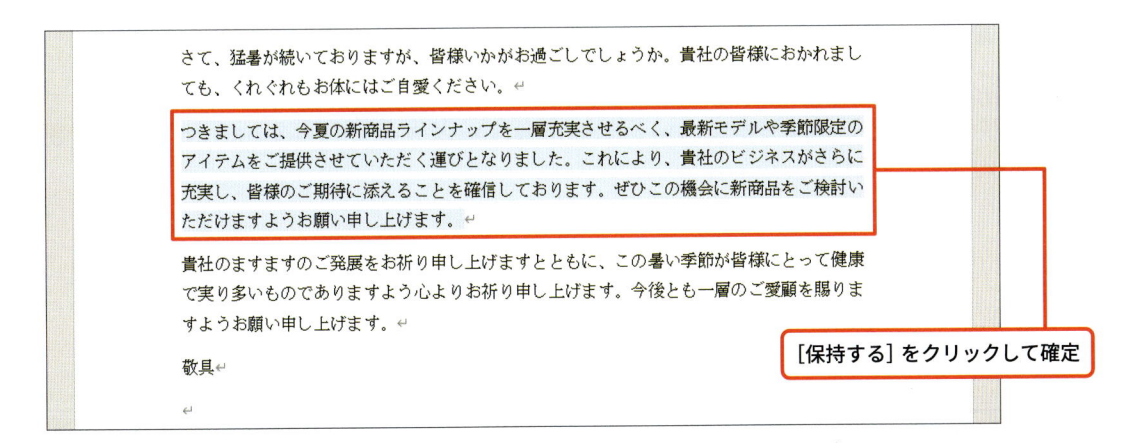

さて、猛暑が続いておりますが、皆様いかがお過ごしでしょうか。貴社の皆様におかれましても、くれぐれもお体にはご自愛ください。

つきましては、今夏の新商品ラインナップを一層充実させるべく、最新モデルや季節限定のアイテムをご提供させていただく運びとなりました。これにより、貴社のビジネスがさらに充実し、皆様のご期待に添えることを確信しております。ぜひこの機会に新商品をご検討いただけますようお願い申し上げます。

貴社のますますのご発展をお祈り申し上げますとともに、この暑い季節が皆様にとって健康で実り多いものでありますよう心よりお祈り申し上げます。今後とも一層のご愛顧を賜りますようお願い申し上げます。

敬具

[保持する] をクリックして確定

　意図した通りの内容が生成されました。[保持する] をクリックして確定します。

　なお、[Copilot を使って下書き] の画面は、ご使用の環境により異なる場合があります。本書と表示が異なる場合でも、表示された入力欄にプロンプトを入力して実行すれば、同じように動作します。

Column　自動生成されたプロンプトの入力候補を活用しよう

Web ブラウザ版の Word では、下書きを生成してもらうためのプロンプトを入力していると、入力した文の後ろに、次に入力するのに良さそうなプロンプトの候補が表示されます。表示されているプロンプトを使用したい場合は、Tab キーを押すと、そのままプロンプトに入力されます。

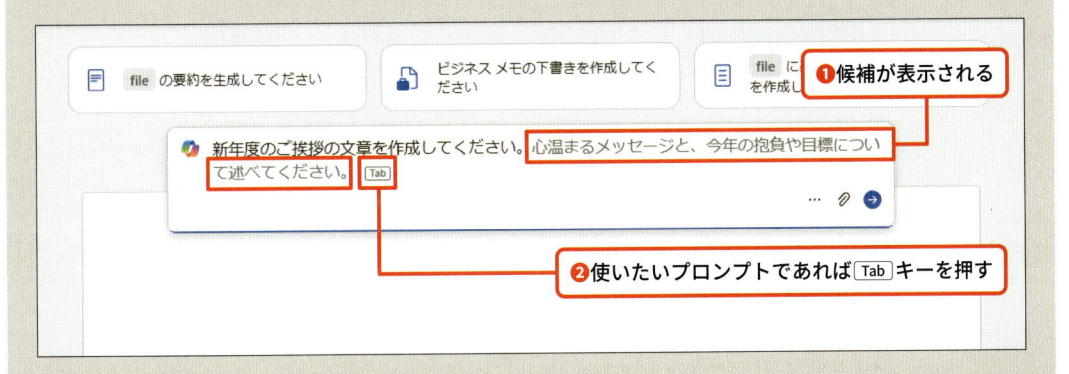

❶候補が表示される

❷使いたいプロンプトであれば Tab キーを押す

プロンプトを考えていて、良い指示の表現が思いつかないような場合に使用することを検討してみましょう。「そのような指示の仕方があったか」という発見にもつながるでしょう。

#別のファイルを参照する　#複数の文書をまとめる

年間の業績報告書を
作ってもらおう

業績報告書のような文書を作成する際、Excelで分析したデータに基づいて文章を作成する機会が多いでしょう。Wordでは、Copilotを使用してOneDrive内に保存された別のファイルを参照して、文章を生成してもらうことができます。

こう頼む！

- ・別のファイルを参照して、その内容に基づいた報告書を作成してもらう
- ・複数のファイルを参照して、1つの文書にまとめてもらう

ここに注意！

- ・Wordから参照できるファイルは、WordファイルとPowerPointファイルのみです
- ・Wordに貼り付けられた画像を、作成しているファイルに取り込むことはできません

Copilotにヘルプを頼むと……

2024年　年間業績報告書

総合分析と傾向報告

> **別のWordファイルを参照して報告書を作成してくれる**

・1. はじめに

2024年の年間業績を振り返り、各カテゴリの売上、月ごとの売上推移、発送先別の分析、そして顧客からの感想を基に、その傾向を分析した報告書をまとめました。この報告書では、総合的な業績の評価とともに、今後の改善点や期待される市場の動向についても考察します。

・2. カテゴリごとの集計と分析

ファイル「分析データ_カテゴリごと集計.docx」に基づくと、各カテゴリの売上は以下の通りです：

- ● アウトドア: 937,200円

- ● おもちゃ: 171,600円

参照元となるWordファイルを作成しよう

Wordでは、Copilotを使用して、OneDrive内にあるファイルを参照して文章を生成してもらうことができます。しかし、参照できるファイルの種類は、WordとPowerPointの2種類のみに制限されており、**Excelファイルを直接参照することはできません。**

そこで、まずは分析したExcelファイルから、報告書に必要なデータを抜き出して、Wordファイルとして保存することから始めましょう。Wordに貼り付けたデータであれば参照することができるため、Excelのデータを活用することができるようになります。ここでは、年間の業績報告書を作成してもらうために、Chapter 2で作成したデータなどを用いることにします。

まず、OneDrive上でWordの新規文書を作成します。そして、Excelファイルを開いて、使用したいデータをコピーしてWordファイルに貼り付けます。

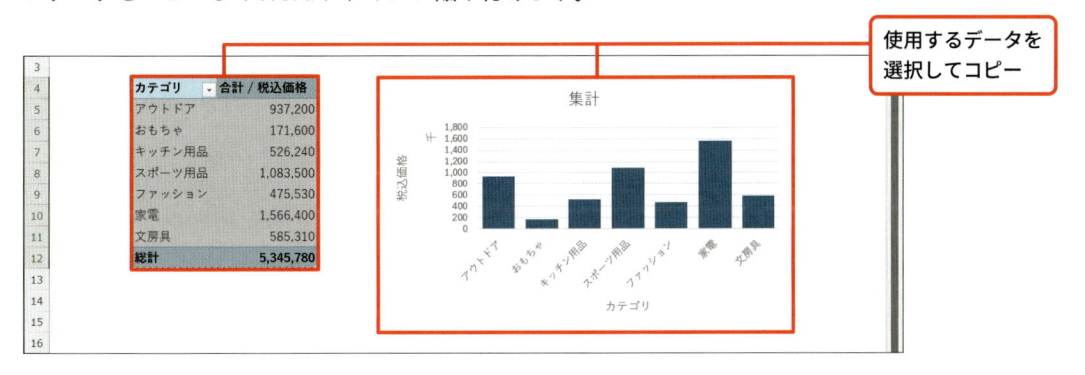

使用するデータを選択してコピー

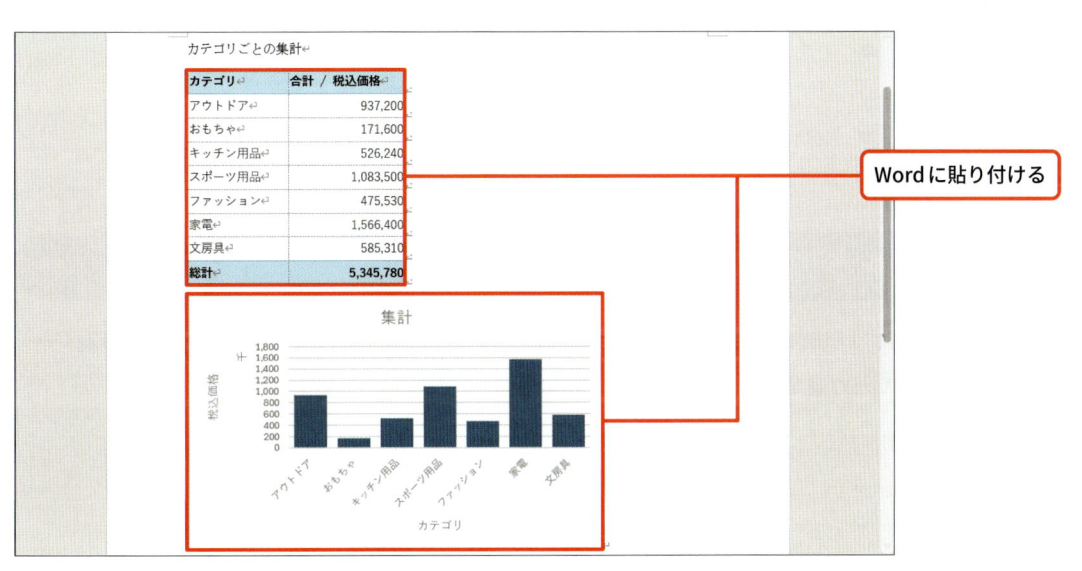

Wordに貼り付ける

3

Wordでの文書作成や編集を依頼しよう

なお、ここでは表とグラフを一緒に貼り付けていますが、参照元に貼り付けられた画像は、報告書にまとめる際に一緒に取り込むことはできません。図を入れておくと、ファイルを開いて自分の目で内容を確認したいときに、どんなデータを保存しておいたかが一目でわかるようになり便利です。また、PowerPoint資料をCopilotで作成する際に、貼り付けた図を自動的に取り込んでくれるといった利点があります。

　データの種類ごとにWordファイルを作成して、保存してください。なお、1つのファイルにまとめても問題はありませんが、ファイル管理や参照したいファイルの指定しやすさといった観点から、1ファイルに1種類のデータを保存しておいたほうがよいでしょう。

　ここでは、次のように「分析データ」から始まるファイル名を使用して、報告書を作成していきます。

ファイルを参照して報告書を作成しよう

　まずOneDriveに「年間業績報告書」という名前のWordファイルを作成します。さらに102ページの手順で下書きの入力欄を開きます。

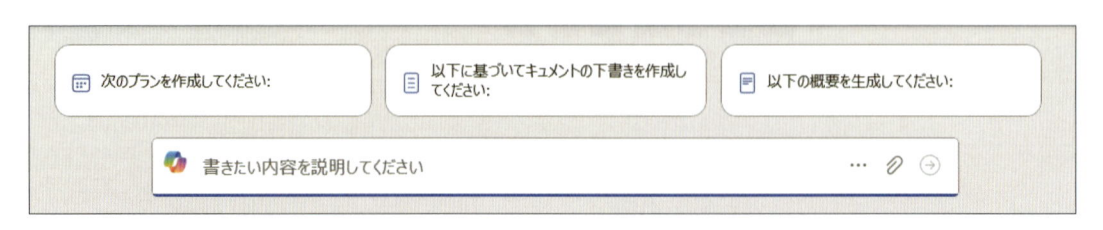

　まず、参照するデータを指定します。プロンプトの入力欄右の［ファイルを参照］をクリックするか、プロンプト入力欄で「/」を打ち込むと、参照するファイルの候補が表示されます。

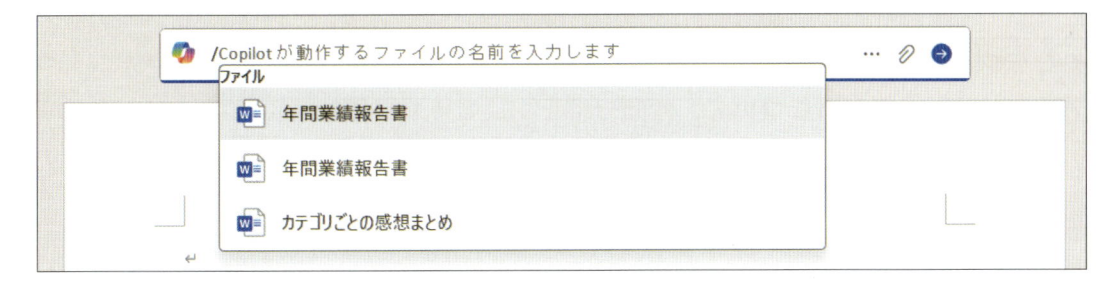

　この一覧に参照したいファイルがある場合は、クリックするとプロンプトに入力されます。一覧にない場合は、続けてファイル名を打ち込むと、候補が更新されていきます。参照したいファイルが出てくるまで入力を続け、出てきたらクリックしてください。

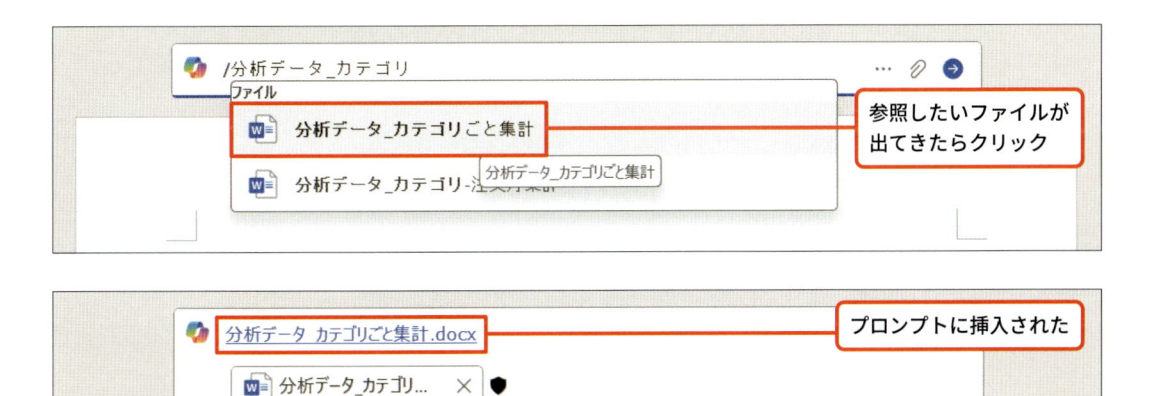

　この要領で、必要なファイルをすべて参照します。

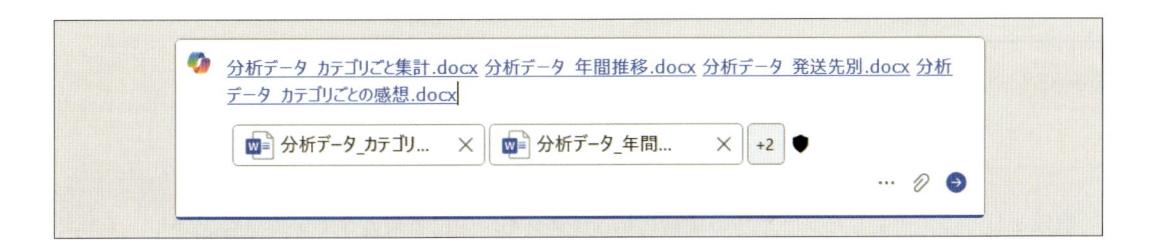

　これらのファイル名の前に次のようなプロンプトを入力し、送信します。

☑ 作成のポイント　　1　目的　　2　期待値　　3　ソース　　4コンテキスト

₃以下のデータを使用して、₁2024年の年間業績報告書を作成してください。
₂ただし、各データについて、傾向分析を記述してください。
₃分析データ_カテゴリごと集計.docx 分析データ_年間推移.docx 分析データ_発送先別.docx 分析データ_カテゴリごとの感想.docx

この指示にしたがって、Copilot が次のような文書を作成してくれました。

2024年　年間業績報告書

総合分析と傾向報告

・1. はじめに

2024 年の年間業績を振り返り、各カテゴリの売上、月ごとの売上推移、発送先別の分析、そして顧客からの感想を基に、その傾向を分析した報告書をまとめました。この報告書では、総合的な業績の評価とともに、今後の改善点や期待される市場の動向についても考察します。

・2. カテゴリごとの集計と分析

ファイル「分析データ_カテゴリごと集計.docx」に基づくと、各カテゴリの売上は以下の通りです：

● アウトドア: 937,200 円

・2.1 カテゴリ別売上の傾向分析

家電とスポーツ用品の売上が最も高く、それぞれ 1,566,400 円と 1,083,500 円となっています。家電カテゴリの強みはスマート体重計やスマートロボット掃除機の高評価にあり、健康管理や効率的な生活に対する需要が増加していることが示唆されます。スポーツ用品では電動自転車やランニングシューズが人気で、健康志向やアクティブなライフスタイルがトレンドとして浮かび上がっています。

・2.2 改善点と提案

おもちゃカテゴリの売上が 171,600 円と最も低いことから、商品のラインナップやマーケテ

構成としては、指定したファイルの順番にWordファイル内に箇条書きでデータを記述し、それに対して傾向の分析と改善点・提案を記述してくれています。このように、複数の文書を1つにまとめるにはCopilotがとても便利です。

画像データは手動で貼り付けよう

　先ほども解説しましたが、参照先のWordファイルに含まれる画像は、Copilotを経由して取り込むことはできません。グラフ画像などは1つずつファイルを開いて、手作業でコピーして貼り付けましょう。

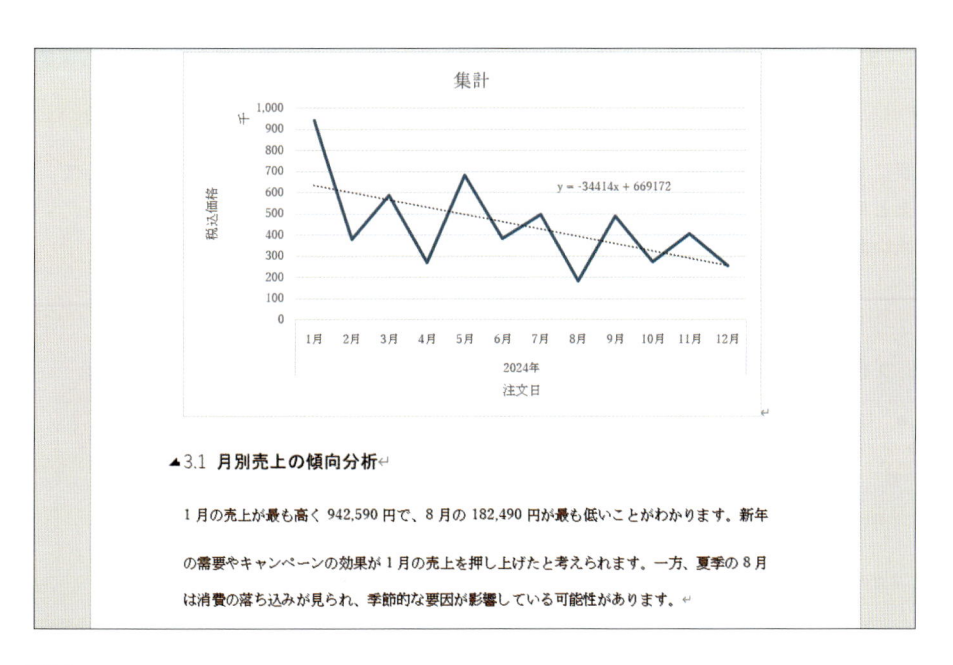

3

Wordでの文書作成や編集を依頼しよう

Column　**Copilotは画像の数字を読み取ってくれるわけではない**

ここで紹介した方法では、OneDrive等に保存したWordファイルなどを参照して文章を生成する際、Copilotは画像として貼り付けたグラフの数値を読み取ってくれたわけではありません。セットで保存した表の値を読み取ってくれているので、グラフだけではなく表も必ず保存するようにしましょう。

#表として視覚化　#表の体裁の指示

情報を表にまとめてもらおう

項目の名前と数値がセットになったデータが複数ある場合、箇条書きで表現するよりも表にまとめたほうが読みやすくなります。Copilotには［表として視覚化］という機能があり、範囲を選択するだけで表として視覚化してもらえます。項目が多い場合は、見せ方を指示することで、体裁を整えてもらうことも可能です。

こう頼む！

- 表にしたい範囲を選択して［表として視覚化］機能を実行して、箇条書きを表としてまとめてもらう
- 長い表を途中で分けてもらい、スペースを有効に活用する

Copilotにヘルプを頼むと……

箇条書きのデータを表にまとめてもらえる

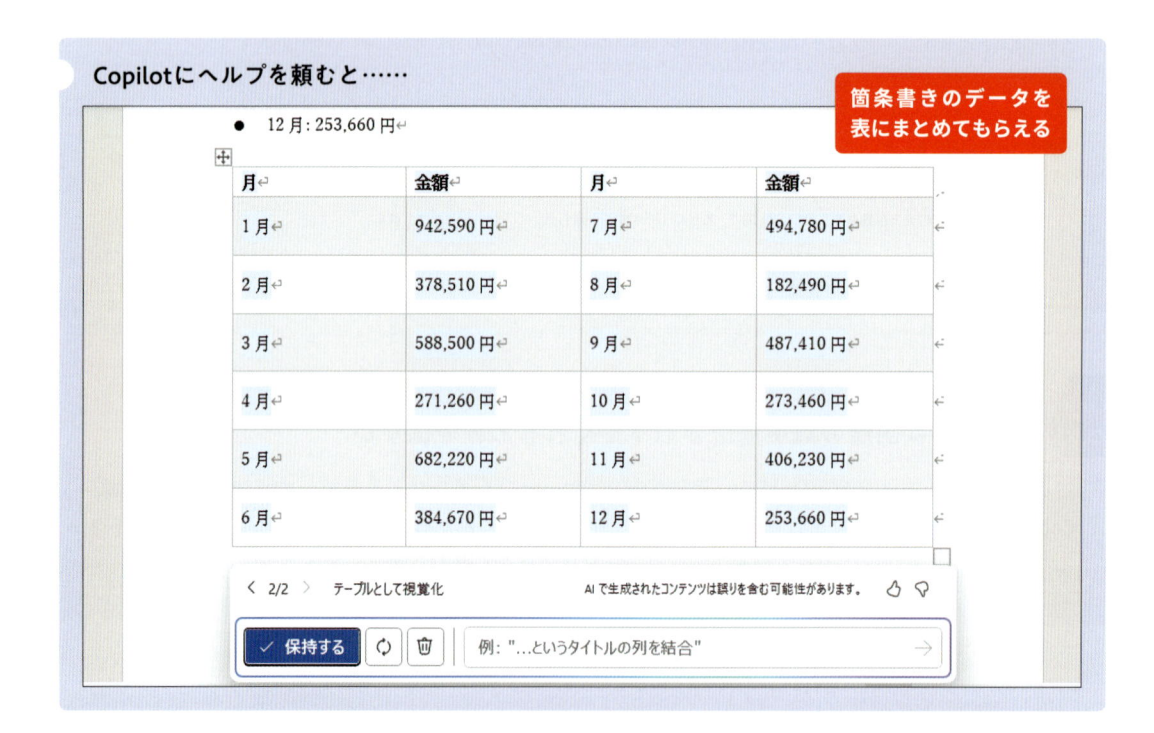

月	金額	月	金額
1月	942,590円	7月	494,780円
2月	378,510円	8月	182,490円
3月	588,500円	9月	487,410円
4月	271,260円	10月	273,460円
5月	682,220円	11月	406,230円
6月	384,670円	12月	253,660円

● 12月: 253,660円

2/2　テーブルとして視覚化　　AIで生成されたコンテンツは誤りを含む可能性があります。

✓ 保持する　　例: "…というタイトルの列を結合"

［表として視覚化］機能で箇条書きを表にしてもらおう

　Section 2で作成した報告書では、データはまとめてもらえて入るものの、データの羅列となっている箇所が多く、報告書としては読みにくさが残ります。例えば「カテゴリごとの集計と分析」では、

カテゴリ名と売上金額が箇条書きで列挙されているだけです。こうしたデータは表で掲載することが多いため、ここでCopilotに表に整理してもらいましょう。

　表に変換したい部分を選択し、[Copilotを使って書き換え] → [表として視覚化] をクリックします。

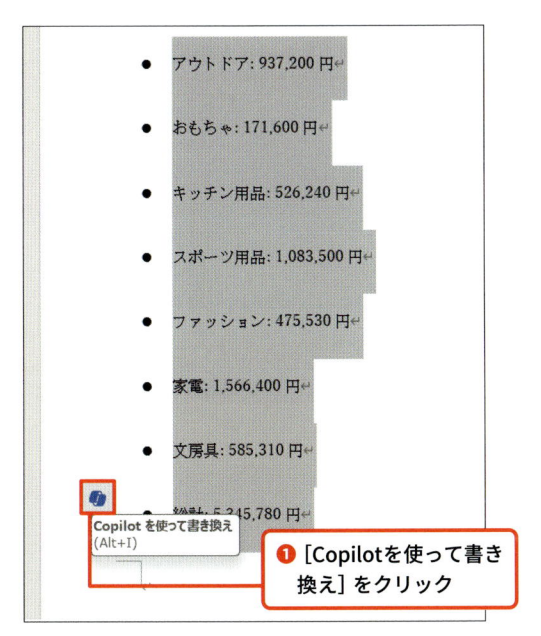

❶ [Copilotを使って書き換え] をクリック

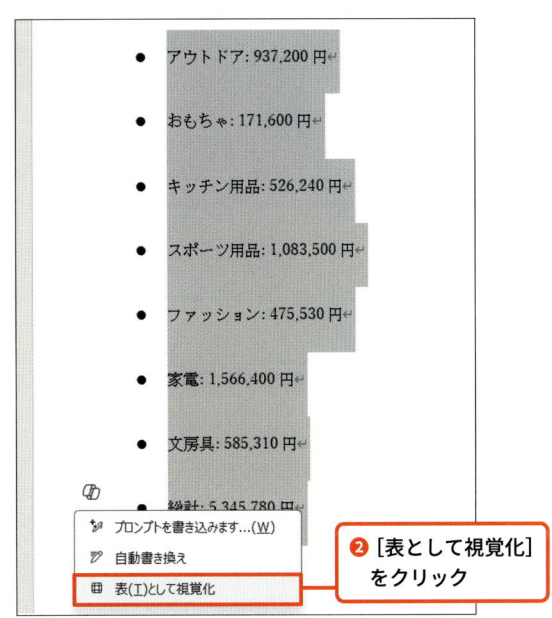

❷ [表として視覚化] をクリック

すると表が生成されるので、[保持する] をクリックして確定します。

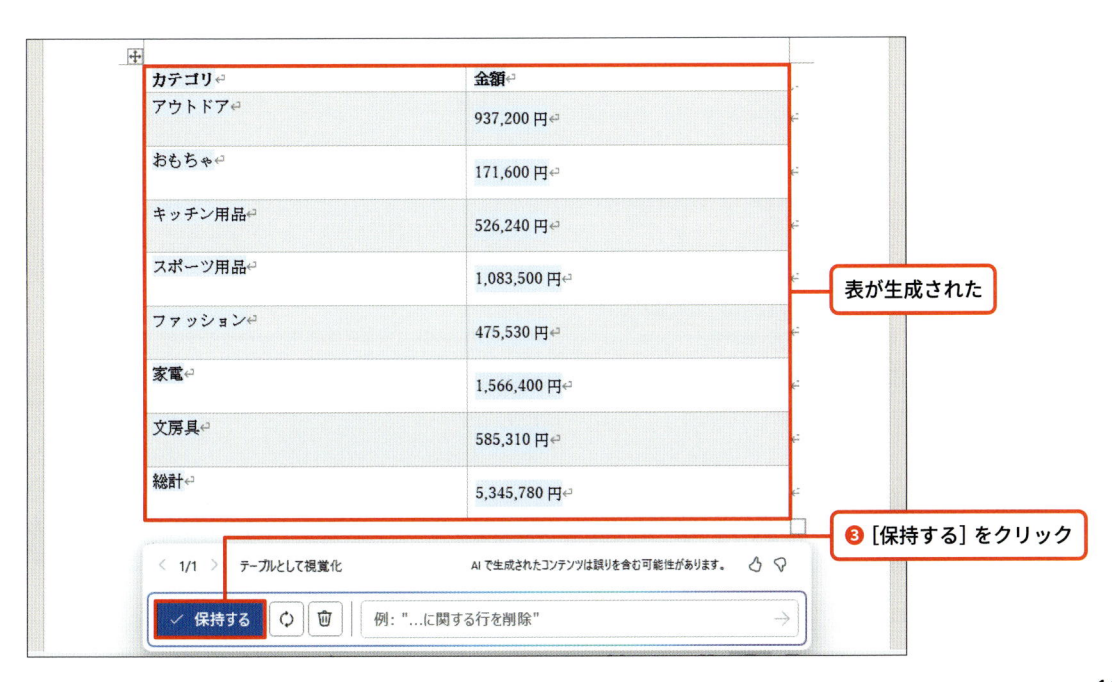

表が生成された

❸ [保持する] をクリック

このようにCopilotを使用して表として視覚化することができます。しかし、元となった箇条書き部分はそのまま残ってしまうため、適宜消すようにしてください。

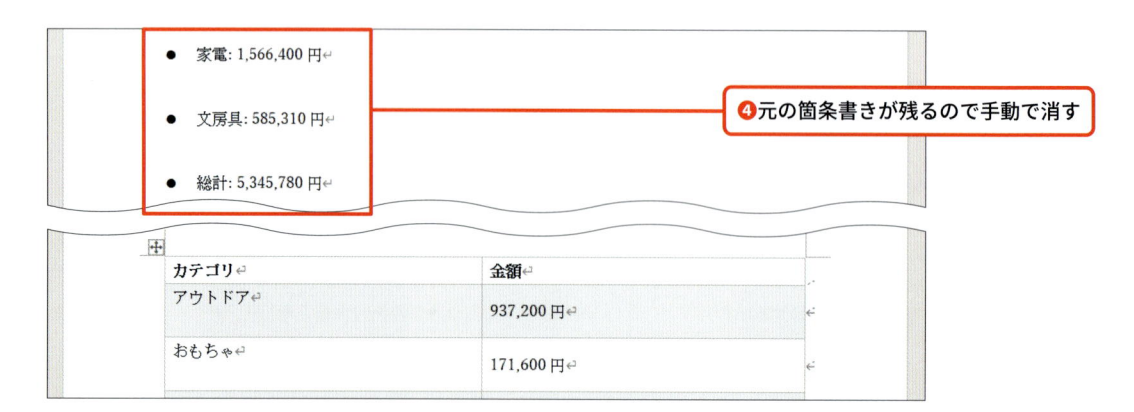

❹元の箇条書きが残るので手動で消す

Column スタイルなどは自分で調整しよう

生成された表のスタイル（行間など）が意に沿わない場合は、手動で調整する必要があります。表の行間が広すぎると感じた場合は、表を選択して［段落］の設定を開き、［1ページの行数を指定時に文字を行グリッド線に合わせる］のチェックを外してください。

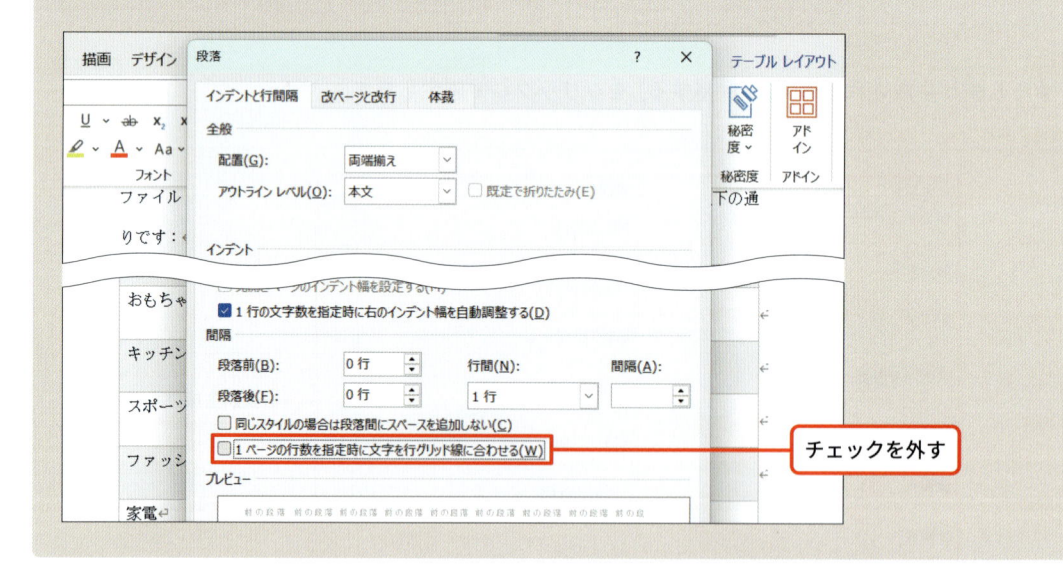

チェックを外す

表の形式を整えてもらおう

同じ手順で、月ごとの売上額の箇条書きを表として視覚化してもらいましょう。

1月から12月の売上金額の箇条書きを選択し、[Copilotを使って書き換え]→[表として視覚化]を
クリックして表を生成してもらいます。

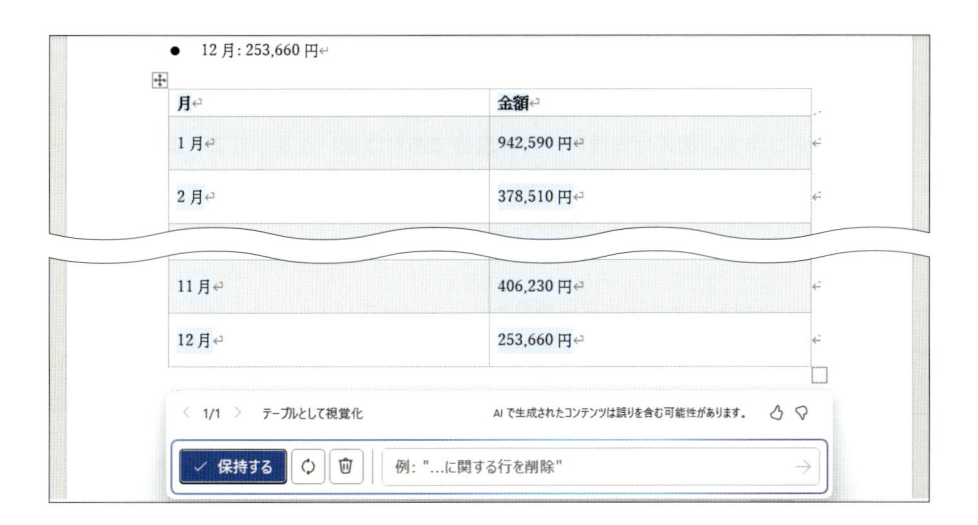

表を生成してもらえましたが、縦に非常に長くなってしまい、スペースを有効に活用できていませ
ん。そこで、「例: "...に関する行を削除"」と書かれている欄に、「1～6月と7～12月の2列に分割して
ください」と入力し送信すると、次のようになりました。

半年ごとに分割
してくれた

指示通り、半年ごとに分割してくれました。最後に[保持する]をクリックして、確定します。先
ほどと同様に、元となった箇条書きは残ったままですので、手動で適宜削除してください。

Section 04
読み手に合わせた文章にしてもらおう

同じ分析報告書でも、読み手によってどのように表現するか、どこまで詳細に記載するかといった点で、書き方や内容を変える必要があります。例えば役員向けの報告書であれば硬い表現が好まれますし、データを使って顧客向けにアピールするのであれば、概要が掴みやすいように詳細を省いたりする必要があります。そのような調整を Copilot に行ってもらいましょう。

こう頼む！

- 会社役員向けの資料としてふさわしい文章のトーンに修正してもらう
- 顧客向けのアピール用資料として、大まかな概要が伝わるように書き換えてもらう

Copilotにヘルプを頼むと……

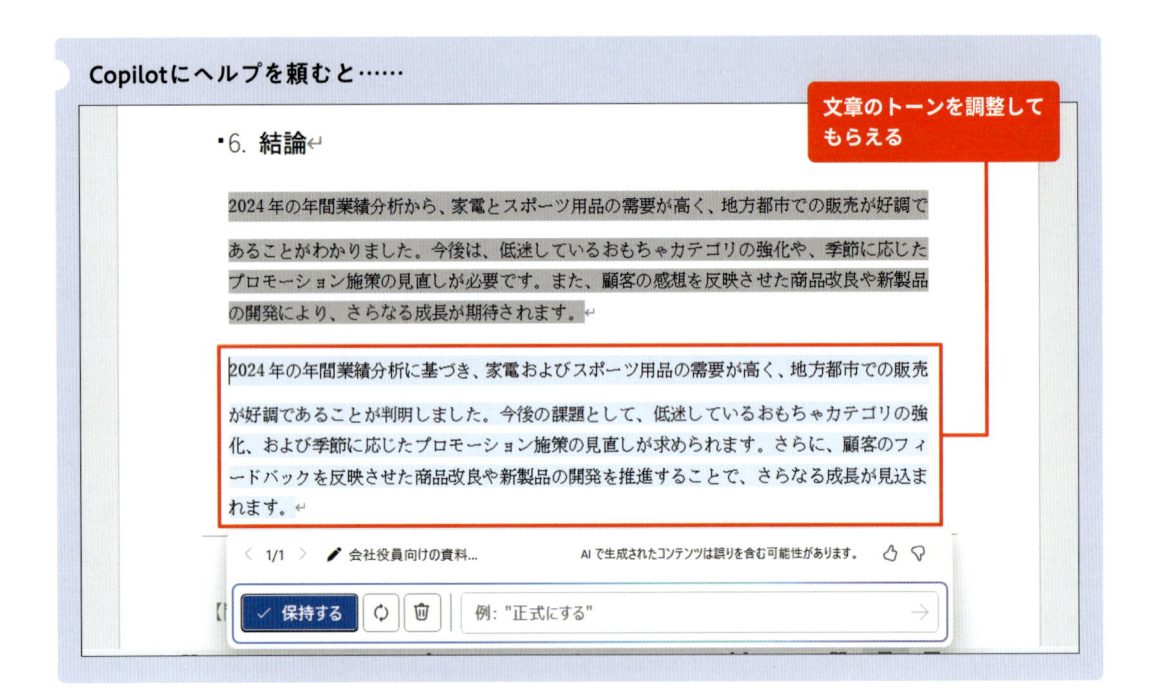

文章のトーンを調整してもらえる

文章のトーンを調整してもらおう

　内容が同じ文書でも、読む相手によって使う用語や文章のトーンなどを変える必要があります。例えば役員向けの文書であれば、曖昧な内容や砕けた表現は避けるべきでしょう。そのような文章の調整や編集を、Copilot に依頼してみましょう。

まず、表現を調整してほしい部分を選択し、[Copilotを使って書き換え] → [プロンプトを書き込みます] をクリックします。

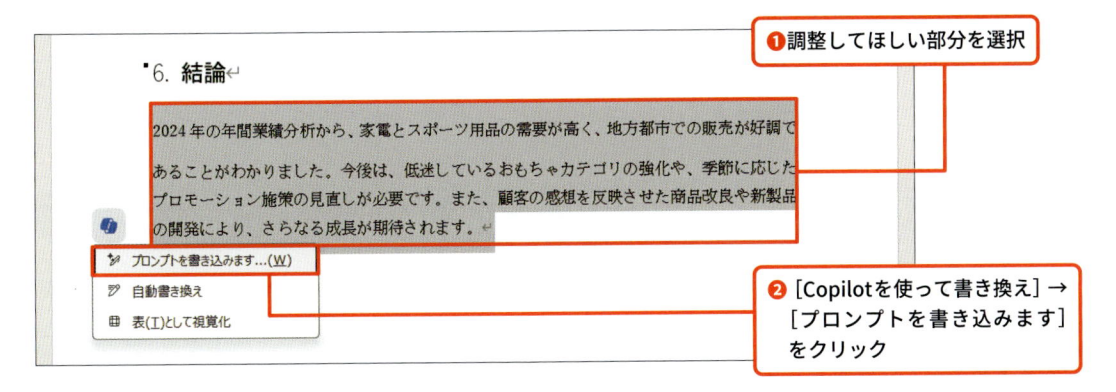

プロンプトの入力欄に、次のプロンプトを入力して送信してください。

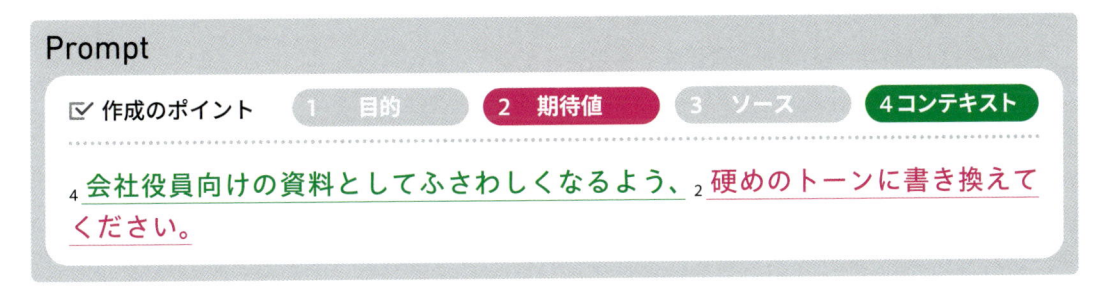

すると、次のように、選択した部分の下に書き換えの案を生成してくれました。

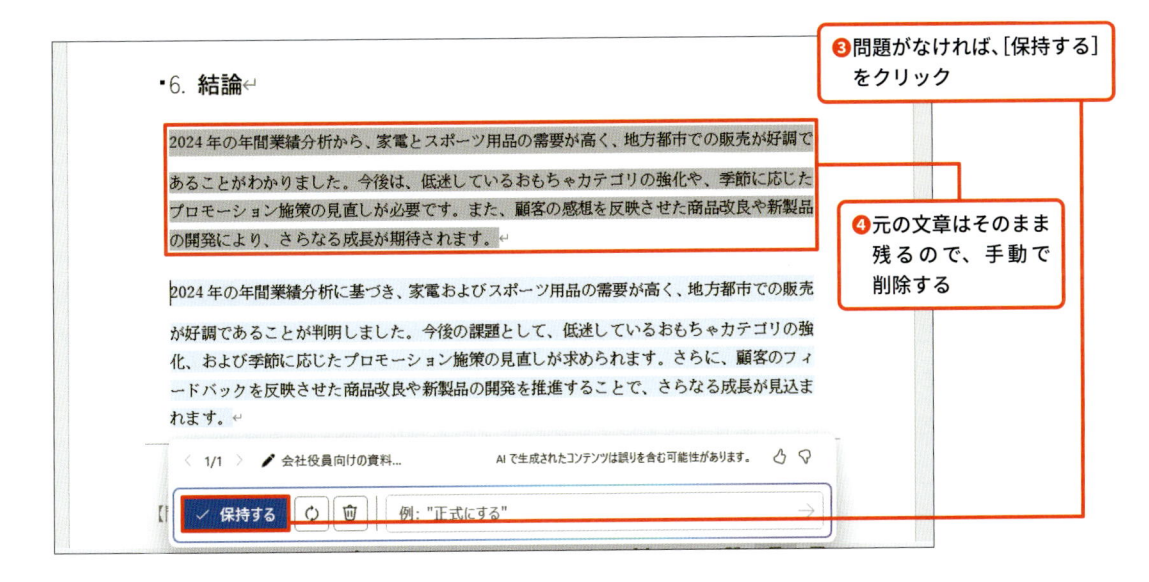

書き換え前の文章と比べると、内容は変わっていないものの、「わかりました」が「判明しました」、「期待されます」が「見込まれます」などのように言い回しが変更され、全体的に少しフォーマルな印象になりました。この表現で問題がなければ、[保持する]をクリックして確定します。

なお、[保持する]で確定しても書き換え元の文章は削除されません。不要になった元の文章は、手動で削除してください。

顧客向けの宣伝用資料を作成してもらおう

文章を作成するうえでは、文章表現のような細かい点だけでなく、必要な情報だけを的確に伝えるということも重要になります。先ほどのように社内で配布するための資料であれば、詳細なデータをまとめておく必要がありますが、例えばサービスを利用する顧客にとっては、実績を大まかに把握できれば十分ということもあります。同じ内容を読み手に合わせて表現してもらうための編集を、Copilot に依頼してみましょう。

今回は、社内用に用意した報告書全体を書き換えてもらうことにします。そこでまず、文書全体を選択し、[Copilot を使って書き換え]→[プロンプトを書き込みます]をクリックしてください。プロンプトの入力欄が表示されるので、次のようなプロンプトを入力します。

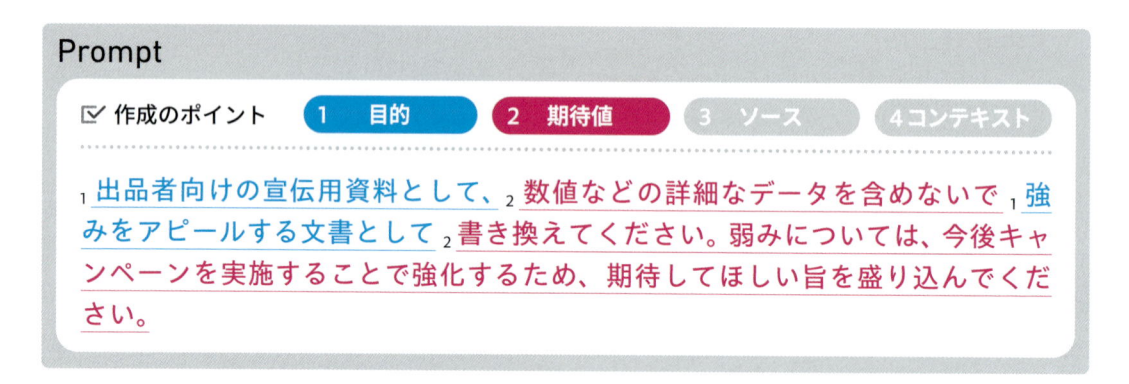

ここでのポイントは、「強みをアピールする文書」と、目的を明らかにしている点です。もちろん報告書の中には弱みも含まれています。それをそのまま文書に書き込むのではなく、強化することで今後に期待してもらうことができるという方向性で記述してもらいます。

このプロンプトを送信すると、既存の文章の下に次のように文章が生成されました。

2024 年の年間業績分析から、家電とスポーツ用品の需要が高く、地方都市での販売が好調であることがわかりました。今後は、低迷しているおもちゃカテゴリの強化や、季節に応じたプロモーション施策の見直しが必要です。また、顧客の感想を反映させた商品改良や新製品の開発により、さらなる成長が期待されます。

2024 年　年間業績報告書

出品者向け宣伝用資料

2024 年の年間業績を振り返り、各カテゴリの売上、月ごとの売上推移、発送先別の分析、そして顧客からの感想を基に、その傾向を総合的に評価します。この報告書では、出品者の皆様に当社の強みをアピールし、さらなる成長を期待していただくための情報を提供いたします。

・カテゴリごとの集計と分析

当社の家電とスポーツ用品カテゴリは特に高い評価を受け、健康管理や効率的な生活に対する需要が増加しています。スマート体重計や電動自転車などの製品が大変好評です。また、これらの人気商品を支える強固な供給体制も当社の強みの一つです。

・月別売上の傾向分析

新年のキャンペーンやプロモーションの効果により、年初の売上が特に高くなりました。季

2024 年の年間業績分析から、当社の強みと可能性が明確になりました。特に家電とスポーツ用品の需要が高く、西日本地域での販売が好調です。一方で、低迷しているカテゴリについては、今後のキャンペーンを通じて強化し、さらなる成長を期待していただけるよう努めてまいります。

今後も皆様の期待に応えるべく、当社は全力で邁進してまいります。出品者の皆様のご支援とご協力を賜りますよう、よろしくお願いいたします。

内容に問題がなければ
[保持する]をクリック

< 1/1 > ✏ 出品者向けの宣伝用...　　AI で生成されたコンテンツは誤りを含む可能性があります。 👍 👎

✓ 保持する　↻　🗑　例: "正式にする"　→

　元の文章に合った詳細なデータや分析結果はなくなり、大まかな傾向を伝える内容に変更されました。またプロンプトで指示した通り、低迷しているカテゴリのような弱みとなる部分については、今後期待してもらえるように努めるといった記述になっています。

　今回は顧客向けに書き換えるという利用シーンを想定しましたが、社内向け文書でも部署ごとに書き分けたり、他社との打ち合わせ用に調整したりと、さまざまな利用方法が考えられるでしょう。

#文章の校正　#誤字の訂正

文章を校正してもらおう

文章を作成していると、気づかぬうちに打ち間違いや表記の揺れなどが発生してしまうものです。Copilot に依頼して、そうした人間にとって起こしがちなミスを見つけてもらい、誤字脱字の修正や表記統一といった校正作業を行ってもらいましょう。

こう頼む！

- 文章内の表記の揺れを修正してもらう
- 文章内に含まれる打ち間違いなどによる誤字を修正してもらう

Copilotにヘルプを頼むと……

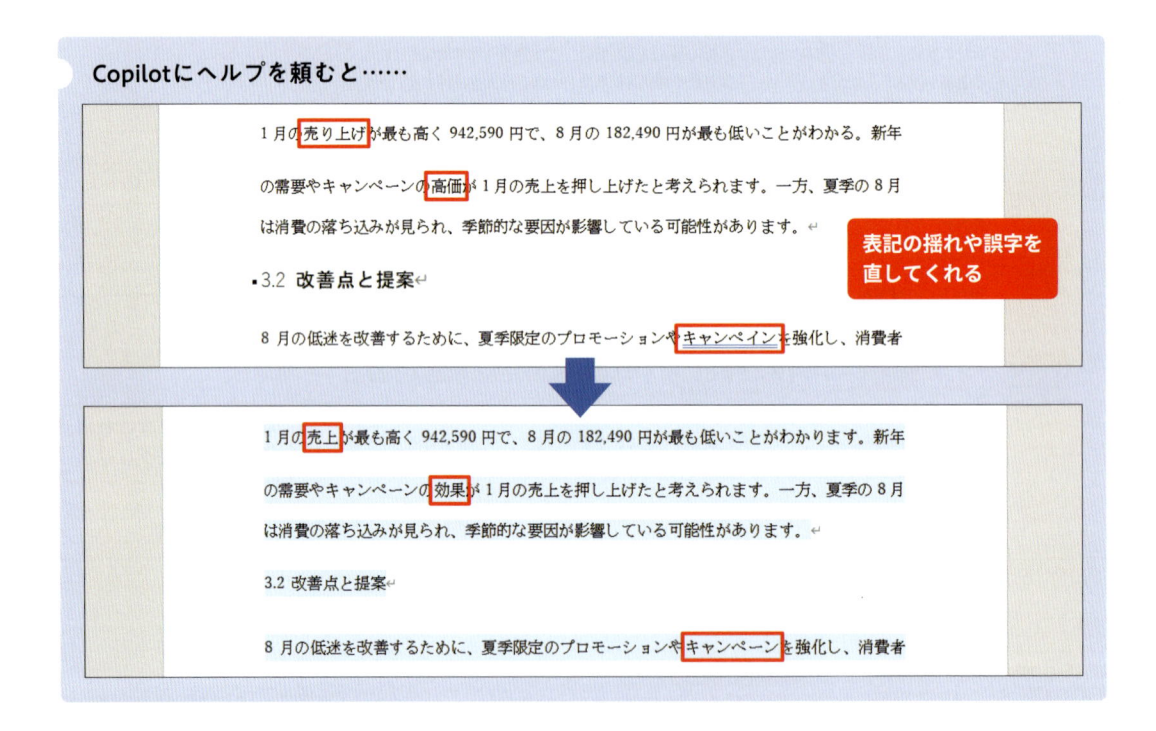

表記の揺れや誤字を
直してくれる

表記統一や誤字の修正を行ってもらおう

Wordには校正ツールが搭載されているため、明らかな表記揺れや誤字についてはCopilotに頼ることなく修正することができます。しかし、中には校正ツールでも検出できないような表記揺れや誤

字などもあり、ツールだけで完結させることは難しいことがあります。

　次の図は、表記揺れや誤記が含まれる文章の一例です。

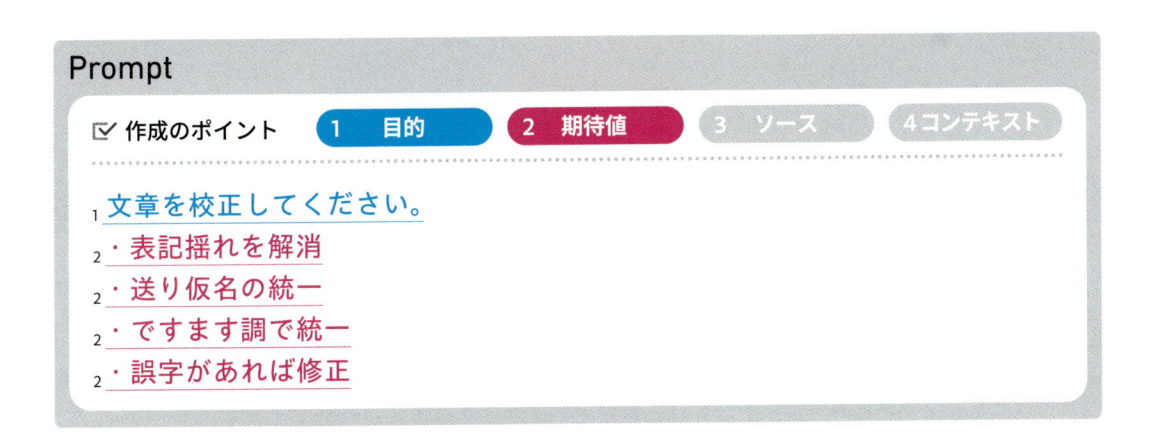

　表記揺れとしては「売上」と「売り上げ」、「キャンペーン」と「キャンペイン」といったものが見られます。また、文末の表現が「わかる。」「考えられます。」「必要。」などのようになっており、文調も統一されていません。さらに、「キャンペーンの高価が」と誤字も含まれています（正しくは「キャンペーンの効果が」）。

　この図で示している範囲を選択し、[Copilotを使って書き換え] → [プロンプトを書き込みます] をクリックして、プロンプトの入力欄を表示させます。そして、次のプロンプトを入力してください。

Prompt

☑ 作成のポイント　　1　目的　　2　期待値　　3　ソース　　4コンテキスト

1 文章を校正してください。
2 ・表記揺れを解消
2 ・送り仮名の統一
2 ・ですます調で統一
2 ・誤字があれば修正

選択した文章の下に、次のような文章が生成されました。

3.1 月別売上の傾向分析

1月の売上が最も高く 942,590 円で、8 月の 182,490 円が最も低いことがわかります。新年の需要やキャンペーンの効果が 1 月の売上を押し上げたと考えられます。一方、夏季の 8 月は消費の落ち込みが見られ、季節的な要因が影響している可能性があります。

3.2 改善点と提案

8 月の低迷を改善するために、夏季限定のプロモーションやキャンペーンを強化し、消費者の関心を引く施策が必要です。また、年間を通じた安定した売上を維持するための継続的なマーケティング戦略の見直しも重要です。

表記揺れや誤記などを修正してくれました。内容をまとめると、次のようになります。

修正前	修正後
売り上げ	売上
キャンペイン	キャンペーン
高価	効果
です・ます調、だ・である調、体言止めの混合	です・ます調に統一

提案された文章で問題がなければ、[保持する] をクリックして確定してください。

文章のスタイルを適用しよう

　Copilot を使って書き換えてもらうと、多くの場合、設定されていたスタイルが解除されてしまいます。元のスタイルを適用したい場合は、次のように手作業で再度設定する必要があります。
　まず、スタイルを確認したい元の文章にカーソルを合わせます。[ホーム] タブから [スタイル] をクリックするとスタイルの一覧が表示され、設定されているスタイルが確認できます。

❶調べたい文章にカーソルを合わせる　❷[ホーム] タブから [スタイル] をクリックし　❸設定されているスタイルを確認

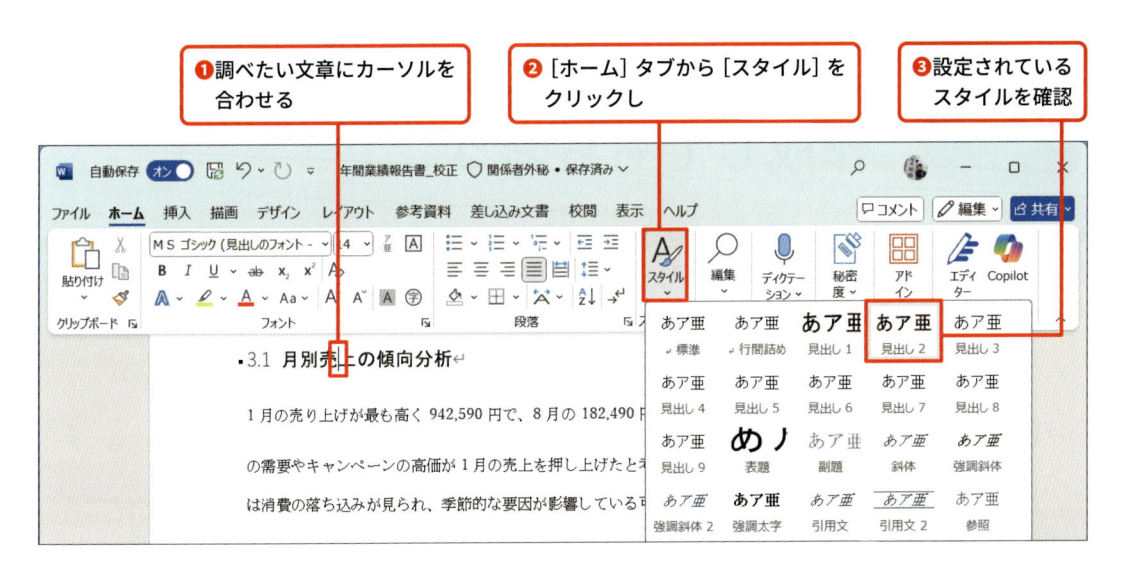

次に、設定したい部分を選択します。書式設定のメニューが表示されるので、[スタイル] をクリックし、確認したスタイルをクリックします。

❹スタイルを設定したい部分を選択　❺書式設定のメニューが表示されるので　❻❸で確認したスタイルをクリック

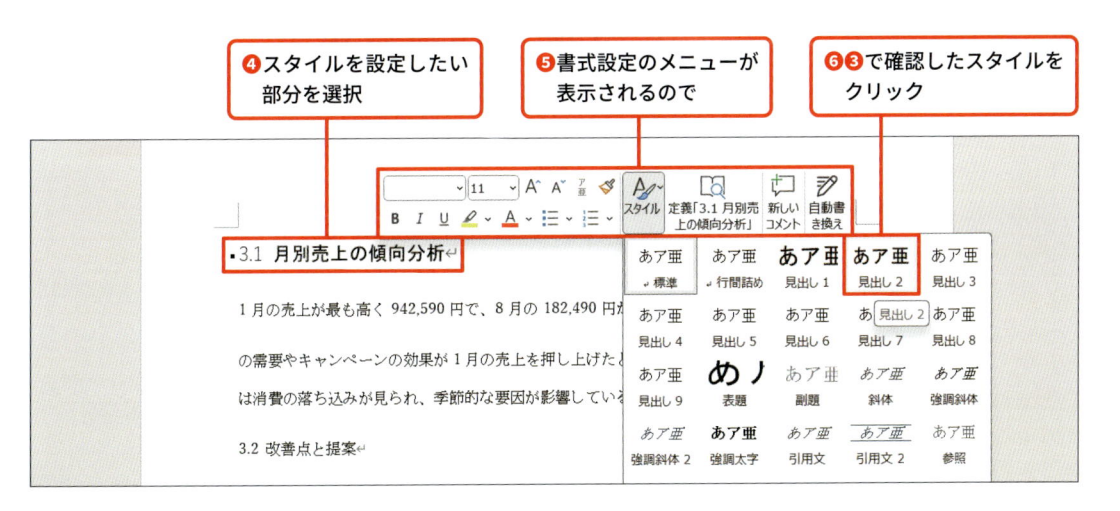

Column

Word の文書にスタイルを設定するメリット

スタイルを設定すると、見出しなどの共通のパーツの見た目を文書内で統一することができるだけでなく、章→節→小見出しのような文章の構造を明確にすることができます。さらに Copilot で PowerPoint のスライドを作成する際に Word の文書ファイルを元にする場合、文書の構造を Copilot に確実に伝えることができるようになります。それにより、発表スライドの構造もより意図に沿った構成にすることができるようになります (149ページ参照)。

Section 06 報告書の要約文を作成してもらおう

報告書のように、内容が多岐にわたる文書には、文書の冒頭に要旨をつけることがよくあります。要点を掴んでうまくまとめることは、慣れている人にとってもそれなりに手間のかかる作業です。文書の要約はCopilotにとって得意な作業なので、ぜひ依頼してみましょう。

こう頼む！

- 報告書の本文を読む前の要旨として、要点をまとめた簡潔な文書を作成してもらう
- 文章のトーンを指定して、適切に表現してもらう

Copilotにヘルプを頼むと……

2024年 年間業績報告書

総合分析と傾向報告

要旨

本業績報告書では、各カテゴリの売上、月ごとの売上推移、発送先別の分析、そして顧客からの感想を基に、その傾向を分析した。家電とスポーツ用品の売上が特に高く、地方都市での販売が好調であることがわかった。おもちゃカテゴリの売上が低迷しているため、商品のラインナップやマーケティング戦略の見直しが必要である。また、季節に応じたプロモーション施策の見直しや、顧客の感想を反映させた商品改良が求められる。今後の改善点や期待される市場の動向についても考察する。

> 報告書全体の概要をまとめた要旨を作成してくれる

文書全体の要約を作成してもらおう

報告書のような文書は内容が多岐にわたり、ページ数も多くなるため、短時間で内容を把握することは難しいです。そのため、文書の冒頭に全体のまとめとして、要旨を掲載する場合も多くあります。そのような要旨は、内容を的確に把握し、必要なポイントを絞って記述する必要があるため、容易な作業ではありません。そこで、Copilotに要旨の作成を依頼してみましょう。

ここでは次の2通りの方法を紹介します。

- 文章全体を選択して、[プロンプトを書き込みます] のプロンプト入力欄からプロンプトを入力して実行する方法
- Copilotのパネルを開き、そのプロンプト入力欄にプロンプトを入力して実行する方法

　何通りか再生成してもらう場合の操作のしやすさという観点では [プロンプトを書き込みます] のプロンプト入力欄から入力して実行するほうが簡単ですが、どちらも同じような結果を得ることができるので、使い勝手を確かめてから、場合に応じて使い分けてみてください。

［プロンプトを書き込みます］から要旨を作成してもらおう

　[プロンプトを書き込みます] から実行する場合は、まず文書全体を選択し、[Copilotを使って下書き] → [プロンプトを書き込みます] をクリックして、プロンプトの入力欄を表示させてください。そして表示された入力欄に、次のようなプロンプトを入力して送信してください。

Prompt

☑ 作成のポイント　（1 目的）　（2 期待値）　（3 ソース）　（4コンテキスト）

1 この文書の要旨を作成してください。
4 ・この文書の冒頭に「要旨」として掲載するものです。
2 ・詳細は記述せず、概要がつかめるものにしてください。
2 ・だ・である調で記述してください。

次のような文章が生成されました。

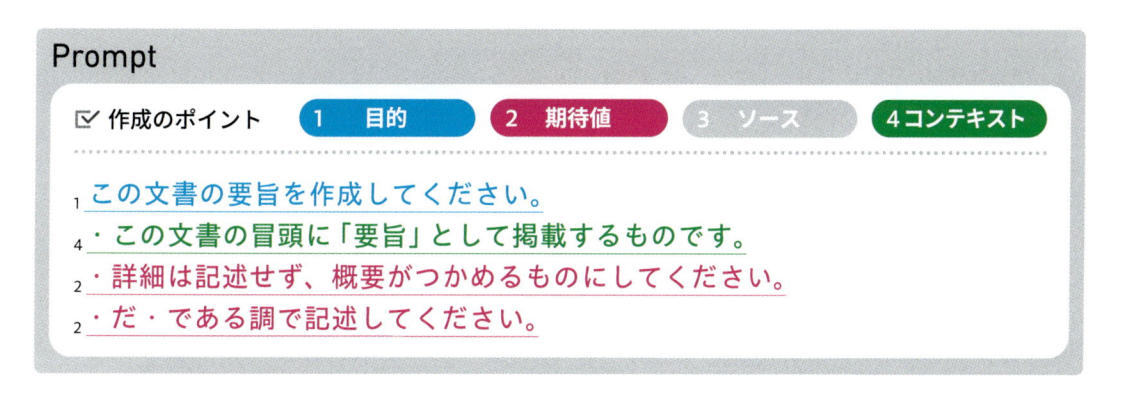

文書の内容をうまく汲み取り、的確に要点をまとめて要約してくれました。問題がなければ[保持する]をクリックして確定します。表現などが気に入らない場合は、[再生成]ボタンをクリックして、別の案を出してもらいましょう（103ページ参照）。

　なお、文書の末尾に生成されてしまうので、適宜コピー＆ペーストして、挿入したい場所に移動してください。ここでは冒頭部分に移動します。ここでは「要旨」の部分のスタイルなどを調整して、次のようにしました。

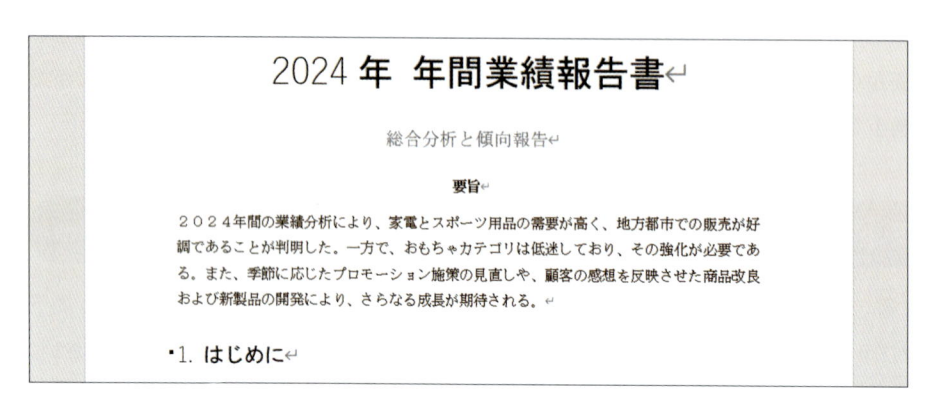

Copilotのパネルから要旨を作成してもらおう

　もう1つの方法として、Copilotのパネルを表示して、そこからプロンプトを入力して要旨を作成してもらう方法を紹介します。

　[ホーム]タブの[Copilot]をクリックして、Copilotのパネルを表示すると、プロンプトの入力欄が表示されます。

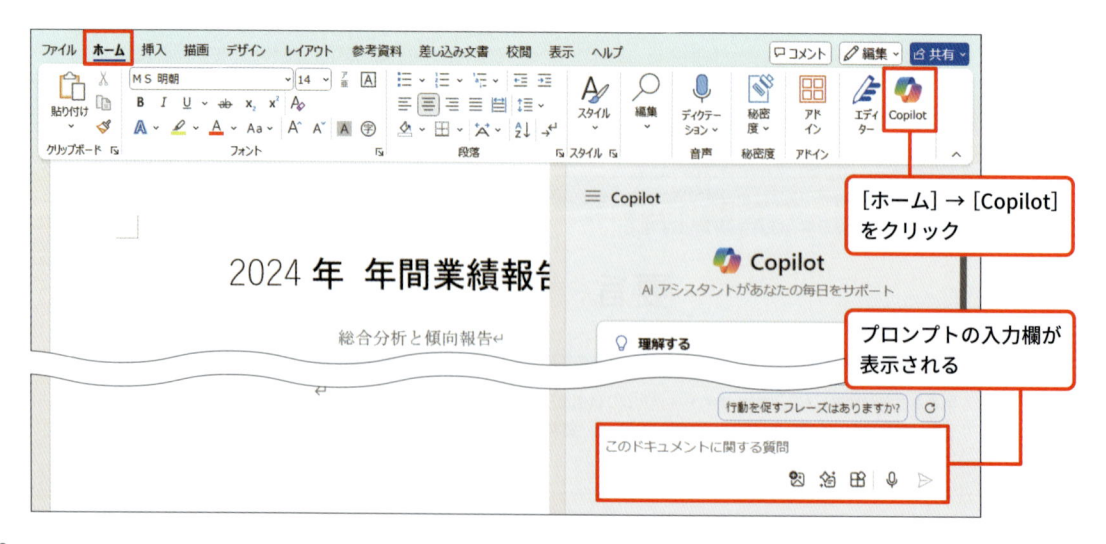

　ここに127ページと同じプロンプトを入力して実行してください。すると、次のような文章が生成されました。

> **要旨**
> 2024年の年間業績報告書では、各カテゴリの売上、月ごとの売上推移、発送先別の分析、そして顧客からの感想を基に、その傾向を分析した。家電とスポーツ用品の売上が特に高く、地方都市での販売が好調であることがわかった。おもちゃカテゴリの売上が低迷しているため、商品のラインナップやマーケティング戦略の見直しが必要である。また、季節に応じたプロモーション施策の見直しや、顧客の感想を反映させた商品改良が求められる。今後の改善点や期待される市場の動向についても考察する。
>
> **1**

　この案を使用する場合は、この案をコピー&ペーストして、次のように文書の冒頭に挿入し、必要に応じてスタイルなどを調整してください。

> # 2024年　年間業績報告書
>
> 総合分析と傾向報告
>
> **要旨**
> 本業績報告書では、各カテゴリの売上、月ごとの売上推移、発送先別の分析、そして顧客からの感想を基に、その傾向を分析した。家電とスポーツ用品の売上が特に高く、地方都市での販売が好調であることがわかった。おもちゃカテゴリの売上が低迷しているため、商品のラインナップやマーケティング戦略の見直しが必要である。また、季節に応じたプロモーション施策の見直しや、顧客の感想を反映させた商品改良が求められる。今後の改善点や期待される市場の動向についても考察する。
>
> ・1. はじめに

Column　どのように使い分ける？

Copilotのパネルから生成してもらう場合、提案された内容が気に入らない場合は、プロンプトでどのように修正してほしいかを具体的に指示して再度生成してもらう必要があります。その一方で、[Copilotを使って下書き]からの場合、[再生成]ボタンを利用できるため、そのような手間は不要です。
しかし、Copilotのパネルから生成する場合は、プロンプト入力中に「/」(スラッシュ)を入力することで、他の文書を参照することができます。今回のように開いている文書だけを参照したい場合は不要ですが、他の文書を参照する必要がある場合などは、Copilotのパネルから生成してもらうほうが便利でしょう。

Section 07

#文章の翻訳

海外向けの報告書を
作成してもらおう

インターネットによるサービスなどでは、日本のみならず海外にもユーザーを抱えることは少なくありません。そうした海外のユーザーにも訴求するための文章を作成するために、一から英語などの外国語の文章を作成するのはとても労力のかかることです。Copilotは多言語に対応しているため、日本語の文書を翻訳してもらい、翻訳作業の労力を削減することができます。

こう頼む！

・元となる日本語の文書を用意し、言語を指定して翻訳してもらう

ここに注意！

・Copilotは多くの言語に対応していますが、対応していない言語への翻訳はできません

Copilotにヘルプを頼むと……

respectively. The strength of the home appliance category lies in the high ratings of smart scales and smart robot vacuum cleaners, suggesting an increasing demand for health management and efficient living. In sporting goods, electric bicycles and running shoes are popular, highlighting trends towards health consciousness and an active lifestyle.

日本語の文書から英語の文書を生成してくれる

- Improvements and Suggestions

Since sales in the toy category are the lowest at ¥171,600, it is necessary to review the product lineup and marketing strategy. In particular, visual novel games and stuffed animals receive high ratings, so it is essential to reinforce promotions around these popular products.

日本語の文書を英語に翻訳してもらおう

　日本語で作成した業績報告書を、海外のプレスリリース向けの文書として、Copilot に翻訳してもらいましょう。まず元となる日本語の文書を開き、文書全体を選択します。そして [Copilot を使って書き換え] → [プロンプトを書き込みます] をクリックします。

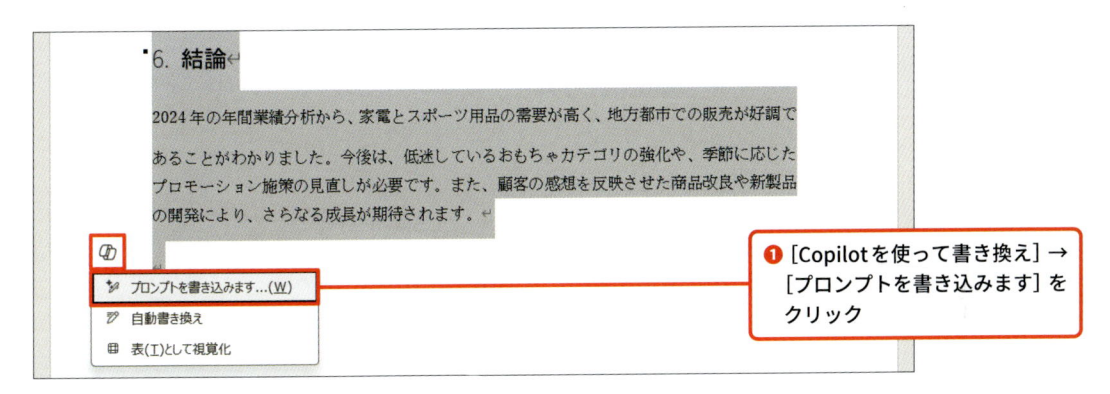

❶ [Copilot を使って書き換え] → [プロンプトを書き込みます] をクリック

　プロンプトの入力欄が表示されるので、以下のようなプロンプトを入力して送信してください。

Prompt

☑ 作成のポイント　　1 目的　　2 期待値　　3 ソース　　4 コンテキスト

1 海外向けのプレスリリース資料として、2 英訳してください。

　実行した結果、次のように文書が英訳されました。内容については必ず正しいかどうかを確認してください。問題がなければ [保持する] をクリックして、確定します。

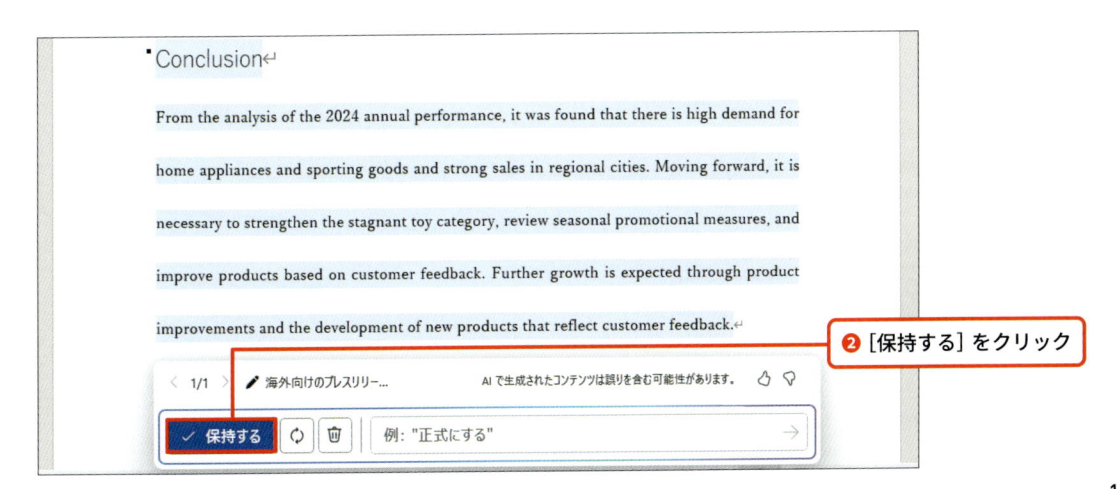

❷ [保持する] をクリック

3

Word での文書作成や編集を依頼しよう

生成された文章は、元の文章からスタイルなどが引き継がれていない場合があります。116ページの方法で行間を調整したり、125ページの方法でスタイルを設定し直したりするなどして、適宜調整してください。また、元の文書に貼り付けてあった図も引き継がれません。生成された文章は、元の文章の下に挿入されるため、既存の文章を削除する前にコピー&ペーストで挿入しておきましょう。

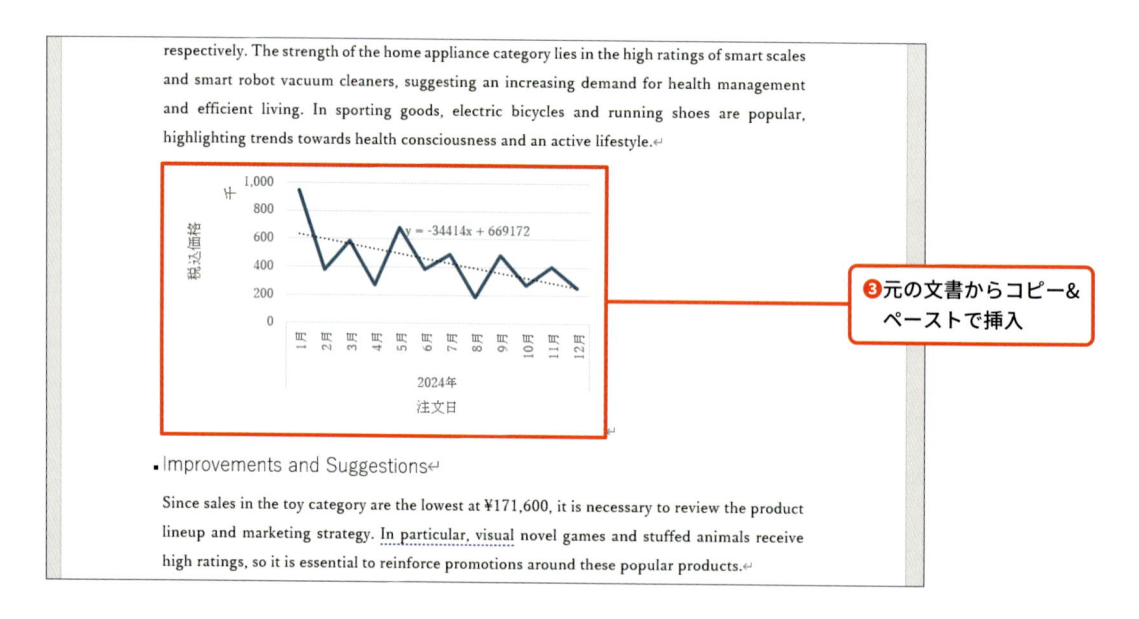

❸元の文書からコピー&ペーストで挿入

なお、図中の文字は日本語のままなので、英語にしたい場合はExcelなどの元のファイルを開いて修正し、貼り付け直す必要があります。

より良い表現への提案を受けてみよう

生成した文章には、次の図のように、赤や青の下線が引かれている箇所がある場合があります。

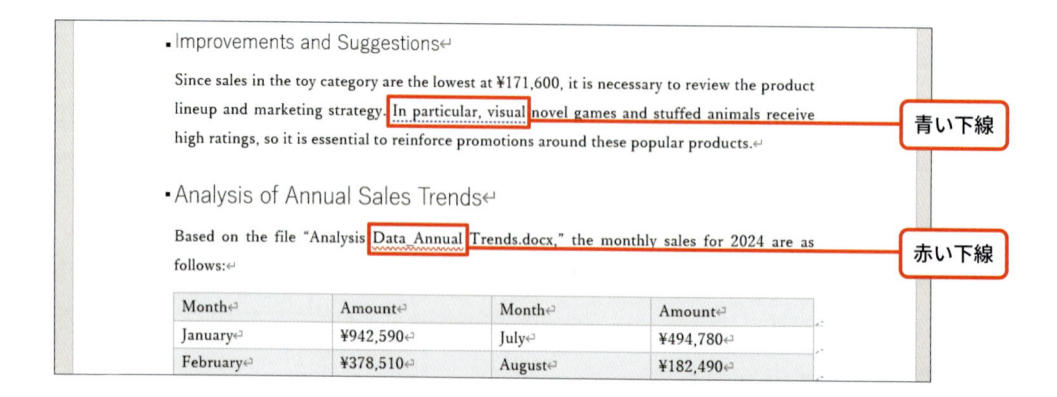

青い下線

赤い下線

　赤い下線は文法的に何か誤りがある場合に引かれるものです。前の画像の例では、「Data_Annual」と2つの単語がつながっているために引かれています。もともとのファイル名をそのまま英語に翻訳してしまったための結果ですので、ここでは無視しましょう。

　青い下線は、表記揺れや文章表現上より良い表現があると思われる箇所に引かれます。下線部分をクリックすると、次のようなメッセージが表示されます。

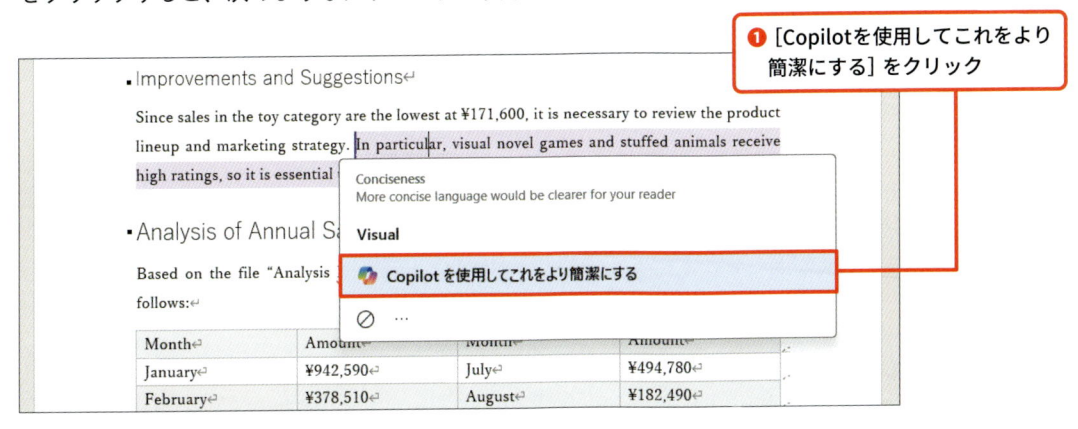

❶ [Copilotを使用してこれをより簡潔にする] をクリック

　「More consice language would be clearer for your reader」とは「より簡潔な言葉遣いのほうが、読み手にとって明快になるでしょう」といった意味合いです。そこで [Copilotを使用してこれをより簡潔にする] をクリックすると、次のような書き換えの提案を生成してくれました。

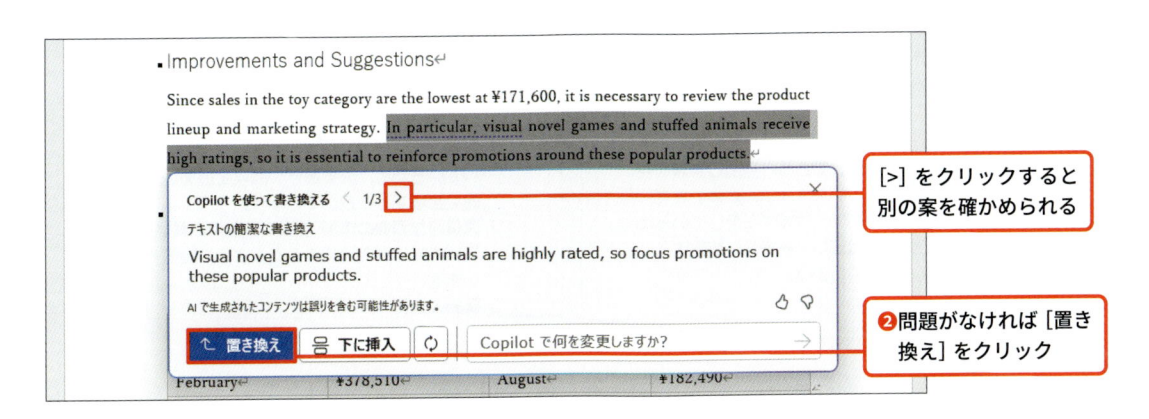

[>] をクリックすると別の案を確かめられる

❷ 問題がなければ [置き換え] をクリック

　複数の案を生成してもらえたので、[>] をクリックすると、それぞれの案を確認することができます。気に入った案がない場合は、[再生成] ボタンをクリックすると、さらに別の案を生成してもらうこともできます。

　使用したい書き換えの案が見つけられたら、[置き換え] をクリックして、書き換えを完了してください。

#文章の評価　#改善点の指摘

報告書の改善点を教えてもらおう

書き上げた文章を客観的に評価してもらうには、他人に読んでもらうことが効果的です。しかし、1つのまとまった文書を読んでもらうには、それなりの時間や労力が必要です。Copilotに確認してもらいたい観点などを伝えて、自分が書いた文章が客観的にどうなのかを評価してもらえば、自分自身でより良い文章に仕上げることができ、また確認する人の労力も低減させることができます。

こう頼む！

- 作成した文書全体について、確認してもらいたい観点を設定して評価してもらい、改善点があればそれを指摘してもらう

Copilotにヘルプを頼むと……

確認してもらいたい観点でチェックして改善点を教えてもらえる

会社経営層にとって必要な情報が盛り込まれているか

文書には、各カテゴリの売上、月ごとの売上推移、発送先別の分析、顧客からの感想など、経営層が必要とする情報が詳細に盛り込まれています。特に、家電とスポーツ用品の売上が高く、地方都市での販売が好調であることが強調されています [1] [2] [3] [4]。また、低迷しているおもちゃカテゴリの改善提案

説得力のある内容か

文書は、データに基づいた分析と具体的な提案が含まれており、説得力があります。例えば、家電カテゴリの強みとしてスマート体重計やスマートロボット掃除機の高評価が挙げられ、健康管理や効率的な生活に対する需要が増加していることが示唆されています [3]。また、8月の売上低迷に対する改善提案として、夏季限定のプロモーションやキャンペーンの

読みやすい文章であるか

全体的に、文書は読みやすく構成されています。各セクションが明確に分かれており、見出しや表を使用して情報が整理されています [7] [8] [9] [10]。ただし、一部のセクションでは、情報が密集しているため、簡条書きや図表を追加して視覚的に整理するとさらに読みやすくなるでしょう。

改善点

1. **視覚的な整理**: 一部のセクションで情報が密集しているため、簡条書きや図表を追加して視覚的に整理すると良いでしょう。
2. **具体的な事例の追加**: 提案や改善点に具体的な事例や成功例を追加すると、さらに説得力が増します。
3. **要約の強化**: 各セクションの最後に要約を追加

評価してもらいたい観点を伝えて改善点を教えてもらおう

　報告書のようにまとまった文章の改善点を確認するには、全体を通して統一的な観点で評価することが重要です。そこで、チェックしてもらいたい観点をCopilotに伝えて、文章全体でそれが達成できているかどうかを確認してもらいましょう。

　まず確認してもらいたい文書を開き、［ホーム］タブから［Copilot］をクリックし、Copilotのパネルを開きます。

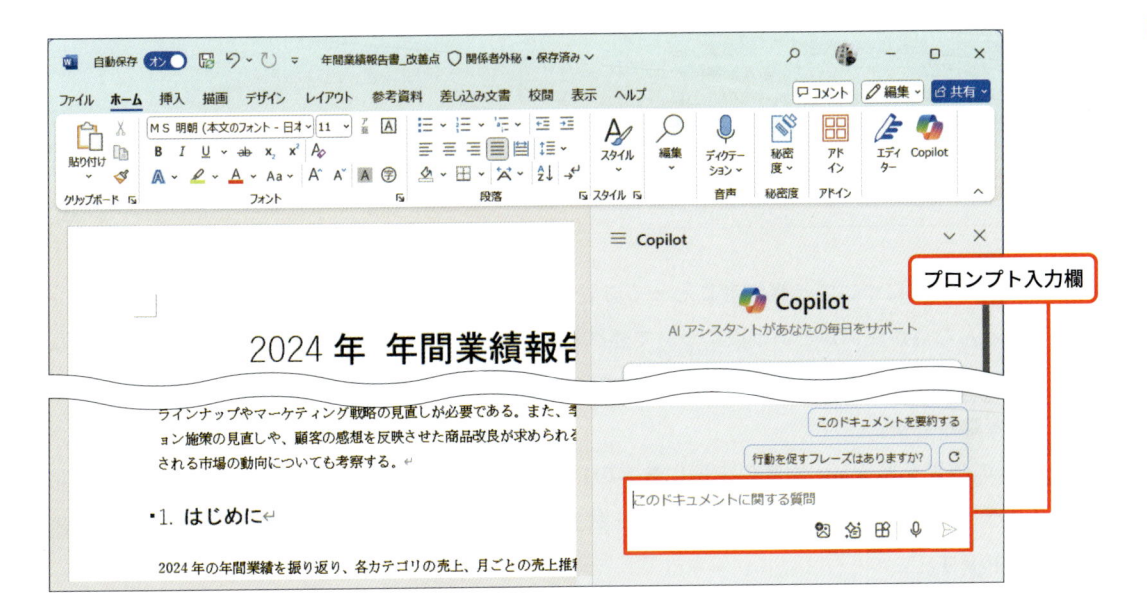

　プロンプト入力欄に、次のようなプロンプトを入力します。

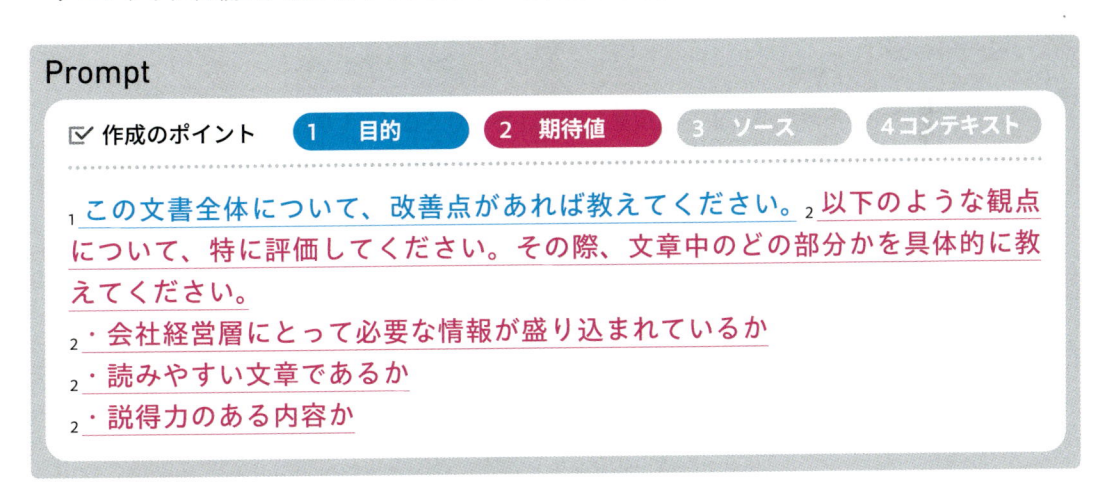

　これに対して、Copilotからは、観点ごとに評価をしてもらえました。以下、観点ごとの内容を見ていきましょう。

　まず、「会社経営層にとって必要な情報が盛り込まれているか」についてです。会社経営者にとっては、導かれた分析結果の根拠など、具体的な情報が必要になります。そのような情報が含まれているかどうかを確認してもらえるはずです。結果は次のようになりました。

　まず文書の構成について、経営者にとって必要な情報であると評価をしてもらえました。さらに、具体的にどんな点が良いかという点について述べられています。文章の評価というと、単に批判的な指摘をもらうだけというイメージが強いですが、このように良い点についても言及してもらえるのがうれしいところです。

　Copilotの結果を見ると、文章の末尾に数字のマークがついています。これは、文章のどの部分について述べているかを示しており、カーソルを数字マークの上に乗せると、吹き出しで参照部分を表示してくれます。

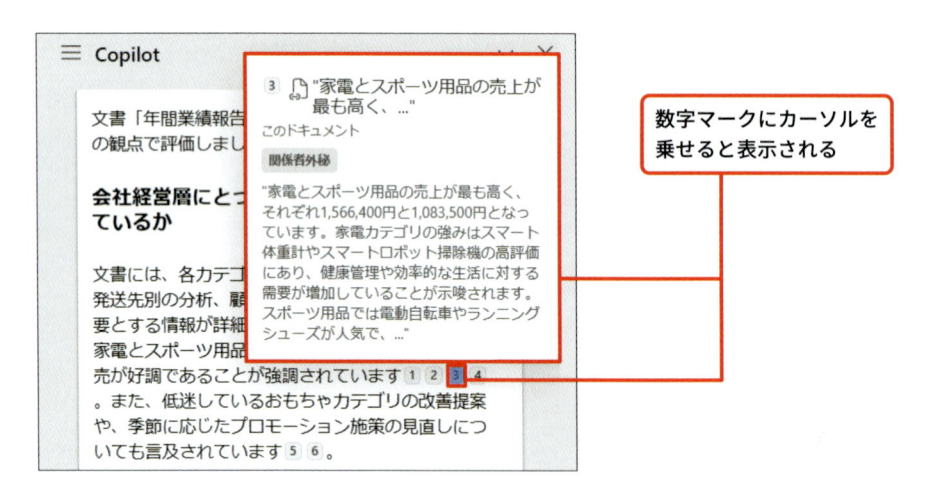

　次に、「読みやすい文章であるか」について、次のように評価をしてくれました。

　先ほどと同様に、良い点についても言及してくれていますが、「一部のセクションでは、情報が密集している」という指摘もくれました。具体的に、箇条書きにしたり図表を追加したりすると良いというアドバイスもくれました。

　最後の観点として、「説得力のある内容か」については、次のように評価をしてくれました。

> **説得力のある内容か**
>
> 文書は、データに基づいた分析と具体的な提案が含まれており、説得力があります。例えば、家電カテゴリの強みとしてスマート体重計やスマートロボット掃除機の高評価が挙げられ、健康管理や効率的な生活に対する需要が増加していることが示唆されています[3]。また、8月の売上低迷に対する改善提案として、夏季限定のプロモーションやキャンペーンの強化が提案されています[6]。

　これまで同様に、説得力があるかどうかを、根拠を含めて評価してくれました。

　最後に「改善点」を次のように挙げてくれました。

> **改善点**
>
> 1. **視覚的な整理**: 一部のセクションで情報が密集しているため、箇条書きや図表を追加して視覚的に整理すると良いでしょう。
> 2. **具体的な事例の追加**: 提案や改善点に具体的な事例や成功例を追加すると、さらに説得力が増します。
> 3. **要約の強化**: 各セクションの最後に要約を追加し、主要なポイントを強調すると、経営層にとって理解しやすくなります。

　全体を通しての具体的な改善点を挙げてくれました。1番目については、各観点の中で述べられていた指摘と重複していますが、2番目の指摘については、さらなる説得力の向上のためのポイントとして、具体例や成功例の追加をアドバイスしてくれています。3番目については、報告書の体裁にもよるところなので、必ずしも有益なアドバイスとはいえないかもしれません。各セクションの分量が長大で、ポイントを把握するのが難しい文書では、各セクションに要約を加えることは有効でしょう。

　このように、Copilotのアドバイスが自分にとって有用かどうかを自分自身で判断する必要もある点に気をつけてください。

Microsoft 365 Copilot の入力欄から確認してもらおう

先ほどのように、開いているWordの文書から確認してもらうこともできますが、Microsoft 365 Copilotからファイルを参照して同じように確認してもらうこともできます。111ページと同様に、プロンプト入力欄で「/」(スラッシュ) を入力すると、参照できるファイルの候補が表示されます。それに続けて先ほどの確認依頼と同じプロンプトを送信すると、次のような返答が来ました。

年間業績報告書を確認しました。以下の観点について評価し、改善点を提案します。

会社経営層にとって必要な情報が盛り込まれているか

報告書には、2024年の年間業績に関する総合分析と傾向報告が含まれており、各カテゴリの売上、月ごとの売上推移、発送先別の分析、顧客からの感想などが詳細に記載されています[1]。これらの情報は経営層にとって重要であり、意思決定に役立つ内容です。ただし、以下の点を追加するとさらに有益です：

- **競合他社との比較**：市場シェアや競合他社の動向を含めることで、より戦略的な視点を提供できます。
- **財務指標**：売上高だけでなく、利益率やコスト構造などの財務指標も含めると、経営層がより包括的に業績を評価できます。

読みやすい文章であるか

全体的に文章は明確で、各セクションが論理的に構成されています[1]。ただし、以下の改善点があります：

- **箇条書きの活用**：長い文章を箇条書きに分けることで、情報がより整理され、読みやすくなります。
- **見出しの強調**：各セクションの見出しを強調することで、読者が必要な情報を迅速に見つけやすくなります。

説得力のある内容か

報告書はデータに基づいた分析を行っており、説得力があります[1]。特に、カテゴリ別売上の傾向分析や月別売上の傾向分析は具体的なデータを用いており、信頼性が高いです。ただし、以下の点を強化するとさらに説得力が増します：

- **具体的な事例の追加**：成功事例や失敗事例を具体的に挙げることで、提案の実現可能性を示すことができます。
- **ビジュアルエイドの活用**：グラフやチャートを追加することで、データの視覚的な理解が容易になります。

具体的な文章の改善点としては、例えば「2.2 改善点と提案」のセクションで、おもちゃカテゴリの売上が低い理由をもう少し具体的に説明し、どのようなマーケティング戦略が有効かを詳細に述べると良いでしょう[1]。

このように、報告書の内容をさらに充実させることで、経営層にとってより価値のある資料となるでしょう。何か他にご質問や追加のご要望があれば、お知らせください。[1]

「競合他社との比較」や「財政指標」といった観点を追加するアドバイスや、改善すべき点を「2.2 改善点と提案のセクション」と具体的に指摘してくれるなど、Word文書から質問したときとは異なる視点で指摘をしてくれています。

このように、何度か聞いてみたり、聞く方法を変えてみたりするとまた違った返答をもらえるのがAIの特徴です。プロンプトを少しずつ変えたり、今回のように聞く場所を変えたりするといった方法で色々試してみるのもよいでしょう。

PowerPointでの
プレゼンテーション
作成を依頼しよう

プレゼンテーション資料の生成は、手動で作成する場合、スライドを1枚
ずつ作成して内容を手作業で入力していく必要があります。構成を入力し
たり元となるWordなどの資料を用意したりして、Copilotに一気に生成
してもらいましょう。

#発表テーマを元にしたプレゼンテーションの生成

発表テーマからプレゼンテーションを生成してもらおう

PowerPoint の Copilot を使用するには、Copilot のパネルを使う基本的な方法と、スライド上部の Copilot ボタンを使う方法があります。ここでは、自分が行いたい発表のテーマを伝えてプレゼンテーションを生成してもらう方法を例として、PowerPoint の Copilot を使用する方法をそれぞれ見ていきましょう。

こう頼む！

- Copilot のパネルを使って、発表テーマからプレゼンテーションを生成してもらう
- スライド上部の Copilot ボタンを使って、発表テーマからプレゼンテーションを生成してもらう

Copilot にヘルプを頼むと……

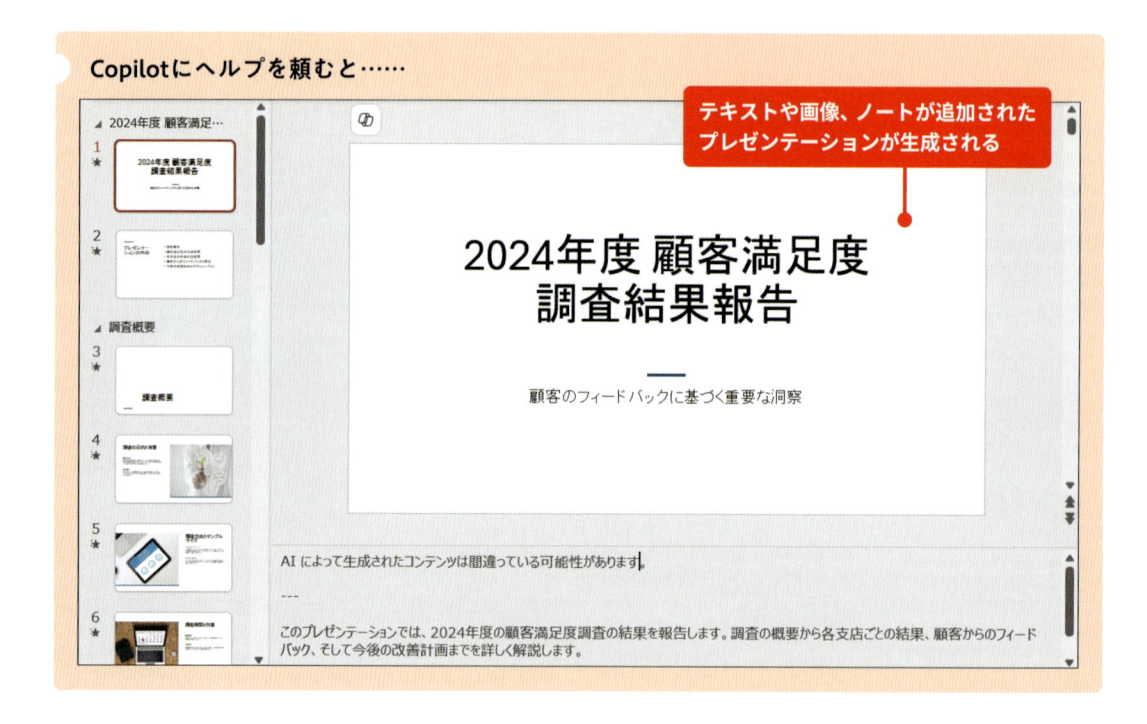

テキストや画像、ノートが追加されたプレゼンテーションが生成される

Copilotのパネルを使って発表テーマを元に生成してもらおう

まずはCopilotのパネルを使う方法を紹介します。Copilotのパネルは、[ホーム]タブの[Copilot]をクリックすると、画面右側に開きます。

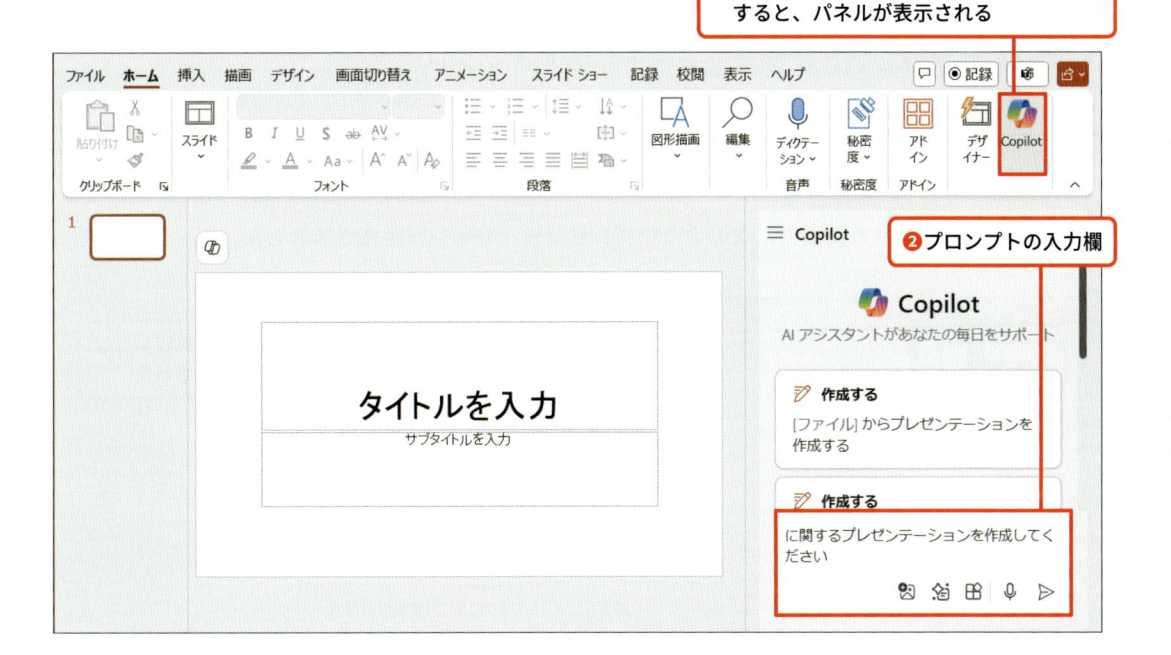

❶[ホーム]タブから[Copilot]をクリックすると、パネルが表示される

❷プロンプトの入力欄

パネルが表示されたらプロンプトを入力してみましょう。空の入力欄にそのまま入力しても問題ないのですが、Copilotのパネルに表示されているテンプレート[**[毎日瞑想するメリット]に関するプレゼンテーションを作成してください**]をクリックすることで、発表テーマ以外の部分を自動で入力してくれます。その後、発表テーマを入力して送信します。

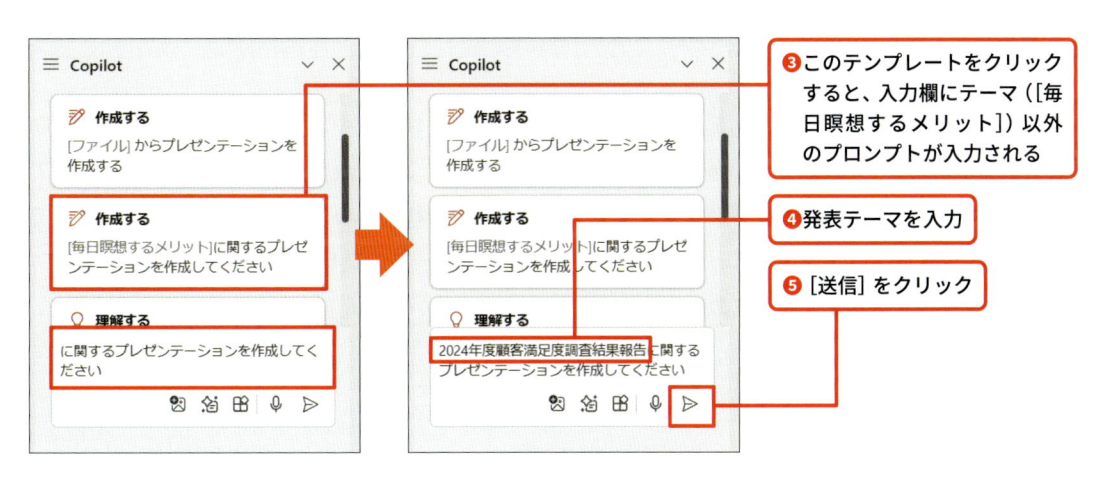

❸このテンプレートをクリックすると、入力欄にテーマ([毎日瞑想するメリット])以外のプロンプトが入力される

❹発表テーマを入力

❺[送信]をクリック

以上の手順を踏むと、次のプロンプトが送信されます。

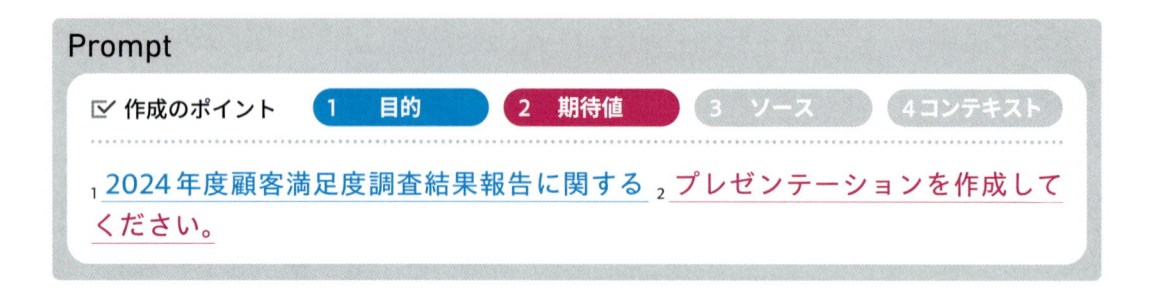

プロンプトが送信された結果、次のようなプレゼンテーションが生成されました。

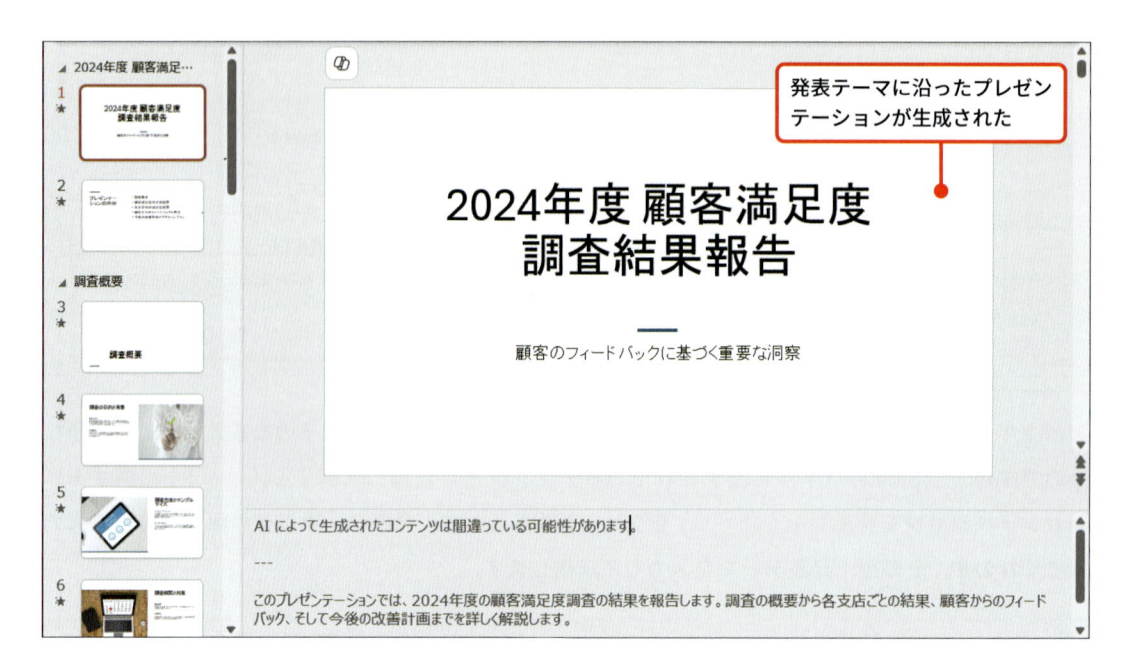

　生成されたプレゼンテーションを見ると、発表テーマに合わせたテキストや画像、ノートだけでなく、画面切り替えやアニメーションも追加されているため、すぐに発表を行えるような形式になっています。ただし、この方法ではプレゼンテーションの構成やそれぞれのスライドの内容までは指定できません。作成したいプレゼンテーションの下書きや、同じテーマのプレゼンテーションの例として、**参考程度に使用する**ことをおすすめします。

> **Column**

PowerPointのテンプレートを使ったプレゼンテーションを生成してもらう

本書ではあらかじめ準備されているプロンプトをテンプレートと呼んでいますが、PowerPointの**テンプレート**といえば、デザインがあらかじめ設定されたプレゼンテーションの雛形を指します。PowerPointのテンプレートを使ったプレゼンテーションを生成してもらいたい場合は、PowerPointのテンプレートを開いてからプロンプトを送信しましょう。

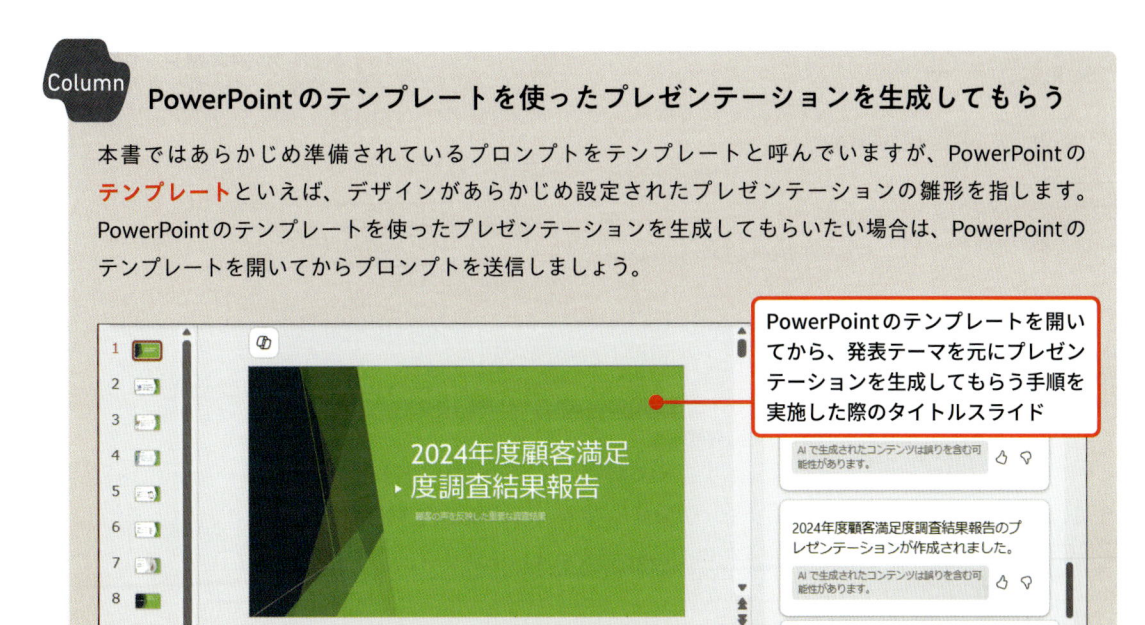

PowerPointのテンプレートを開いてから、発表テーマを元にプレゼンテーションを生成してもらう手順を実施した際のタイトルスライド

Copilotボタンを使って発表テーマを元に生成してもらおう

　次にCopilotボタンを使う方法を紹介します。スライド上部に表示されているCopilotボタンを押すと、操作の候補が表示されます。この候補は、操作するファイルが保存されているかどうかで内容が異なります。操作するファイルが保存されていない場合には［**以下についてのプレゼンテーションを作成する**］を、操作するファイルが保存されている場合には［**以下についてのプレゼンテーションに置き換える**］をクリックしましょう。クリックした後の動作は同じで、Copilotにプレゼンテーションの概要である**トピック**を生成してもらうウィンドウが表示されます。

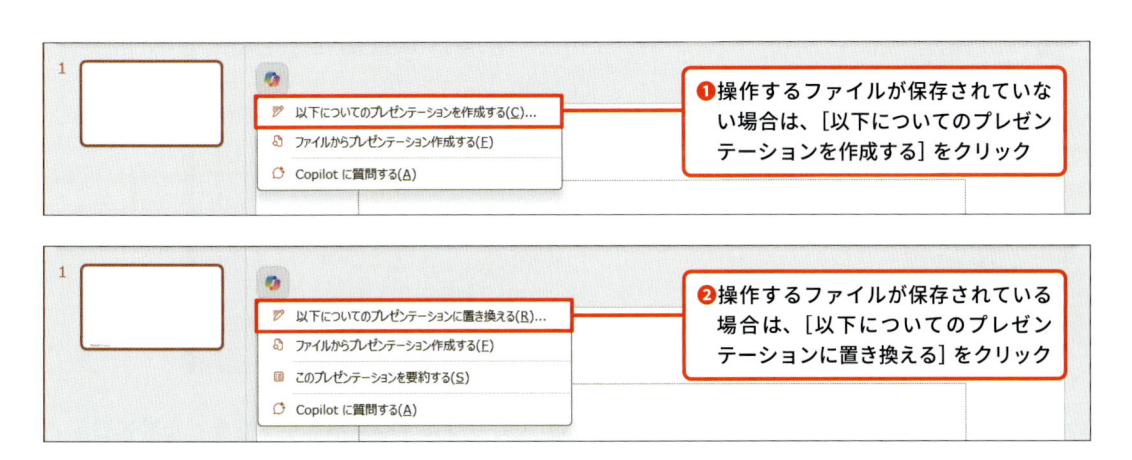

❶操作するファイルが保存されていない場合は、［以下についてのプレゼンテーションを作成する］をクリック

❷操作するファイルが保存されている場合は、［以下についてのプレゼンテーションに置き換える］をクリック

❸トピックを生成してもらう
ウィンドウが表示される

上のウィンドウの［以下についてのプレゼンテーションを作成します］の右に、生成してもらいたいプレゼンテーションのテーマを入力して、送信しましょう。

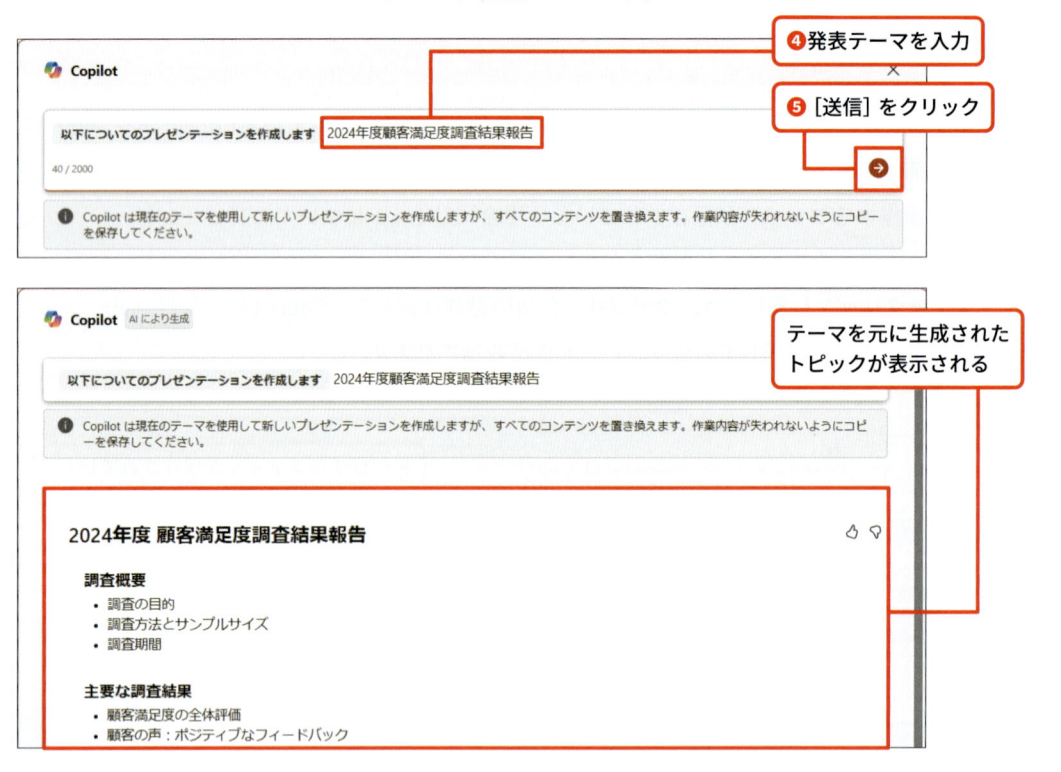

❹発表テーマを入力

❺［送信］をクリック

テーマを元に生成された
トピックが表示される

送信した発表テーマを元に生成されたトピックは、トピックにマウスポインタを乗せた際に表示されるボタンから順序の移動・削除・追加を行うことができます。

144

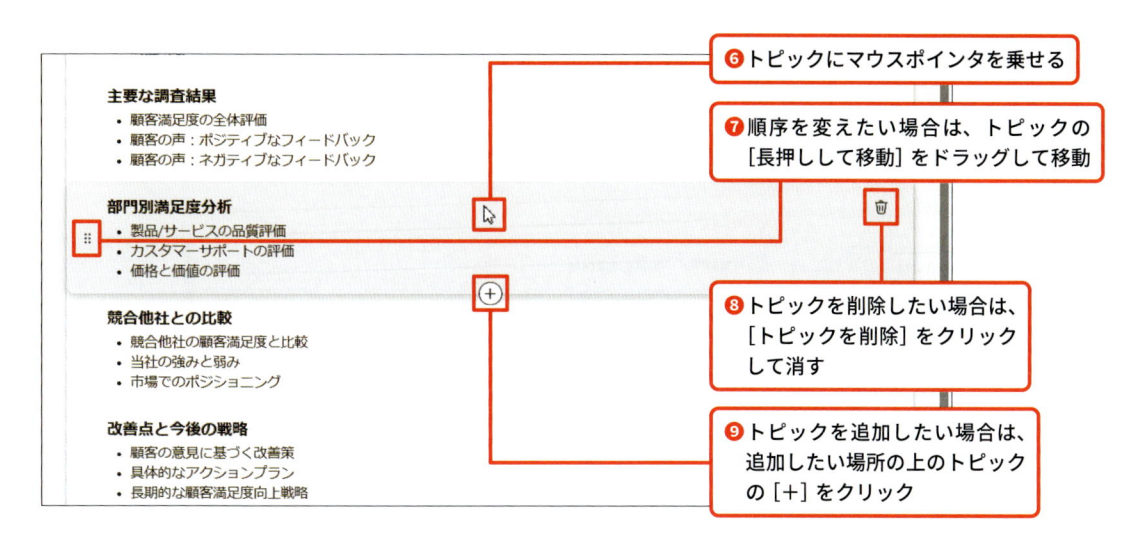

❻トピックにマウスポインタを乗せる

❼順序を変えたい場合は、トピックの[長押しして移動]をドラッグして移動

❽トピックを削除したい場合は、[トピックを削除]をクリックして消す

❾トピックを追加したい場合は、追加したい場所の上のトピックの[+]をクリック

トピックの追加は、トピックの生成の際と同様に発表テーマを元に追加できますが、Wordファイルを元に追加することも可能です。元になるWordファイルはあらかじめOneDriveに配置しておく必要があります。

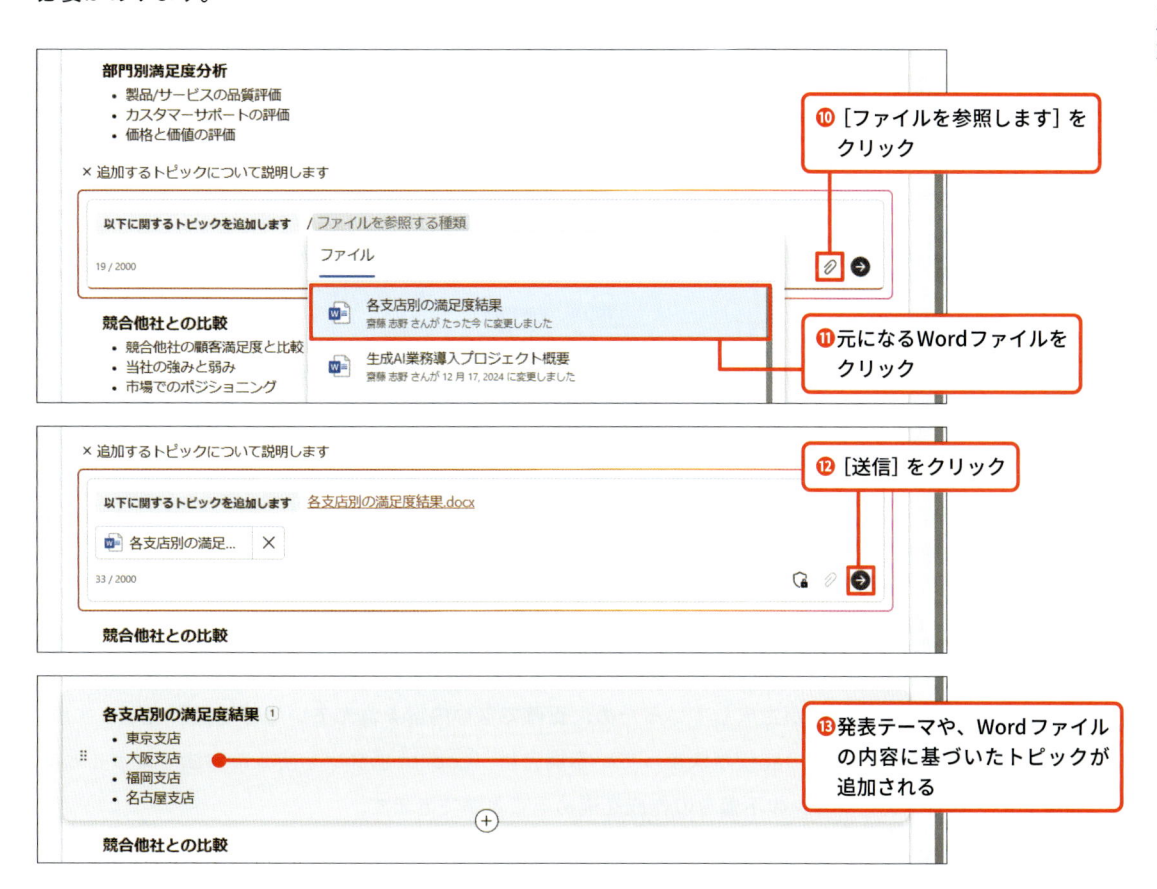

❿[ファイルを参照します]をクリック

⓫元になるWordファイルをクリック

⓬[送信]をクリック

⓭発表テーマや、Wordファイルの内容に基づいたトピックが追加される

トピックの編集が完了したら、ウィンドウの右下にある [スライドの生成] をクリックして、トピックを元にスライドを生成してもらいましょう。

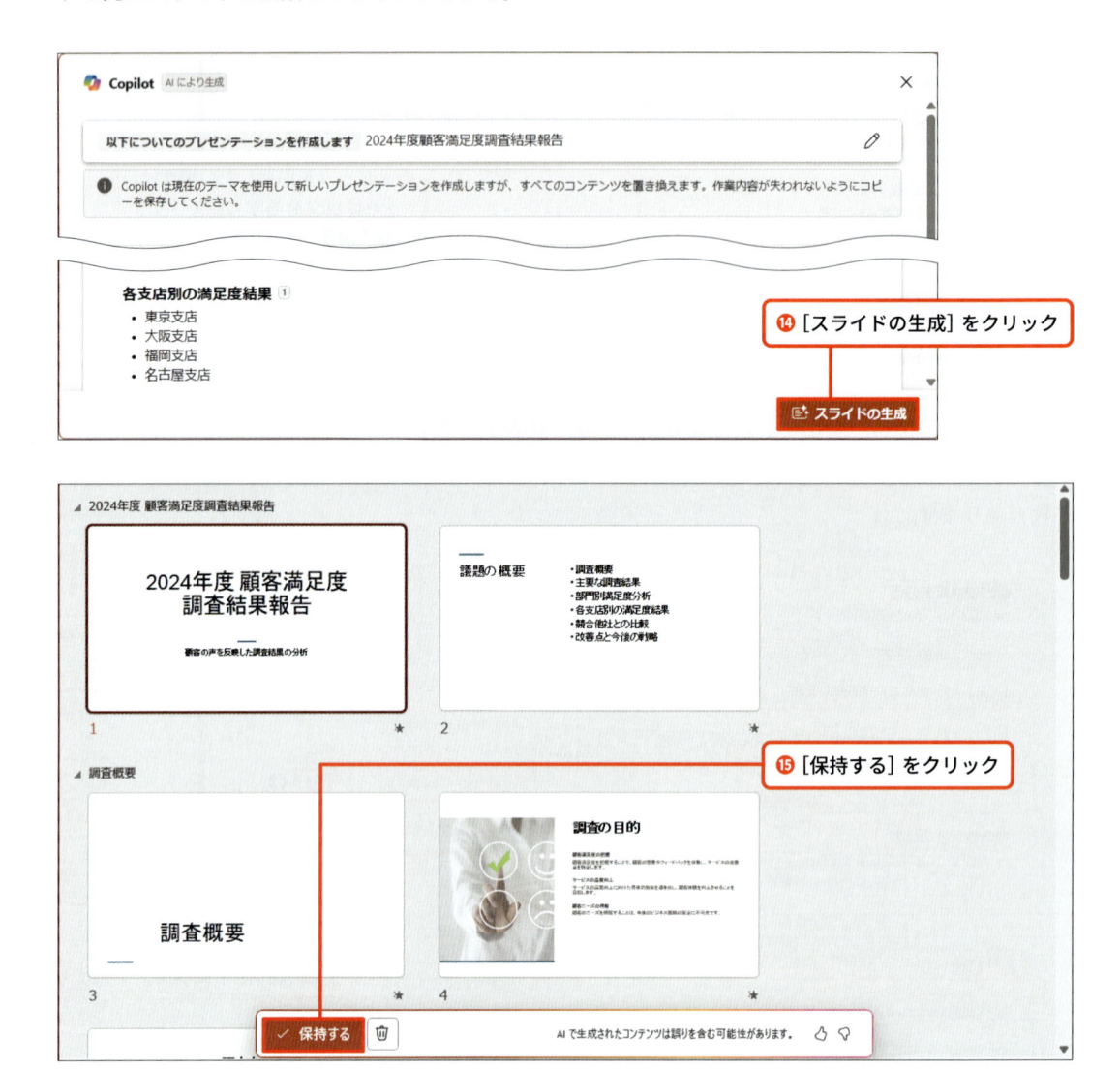

このように、Copilot ボタンを使って発表テーマを元に生成してもらう方法は、Copilot のパネルを使う方法と比較して、構成や内容を事前に編集できるというメリットがあります。どちらのプレゼンテーションのスライドも AI が生成しているため、正確でない内容を含んでいる可能性がありますが、事前にプレゼンテーションの詳細が決まっている場合は、Copilot ボタンを使った方法を使うことで効率的にプレゼンテーションの下書きの作成を進めることができます。

プロンプトのテンプレートに指示を追加してみよう

Copilotのパネルからプロンプトを送信する場合、テンプレートに指示を追加することで、より想定に近いプレゼンテーションを生成できます。例えば、発表テーマを元に生成してもらったプレゼンテーションによっては、テキストがすべて英語になっていたり、日本語と英語が混在したりしていることがあります。これは、プロンプトに複数の言語が混在しているときに起きやすい現象です。実際に、「KPIの達成方針に関するプレゼンテーションを作成してください」というプロンプトを送信した際に、次のプレゼンテーションが生成されました。

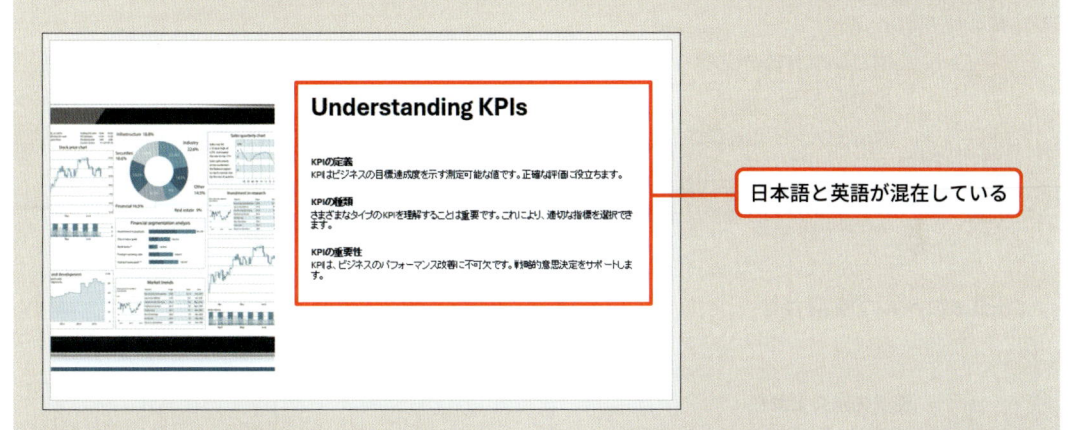

日本語と英語が混在している

このような場合は、プロンプトに「スライドのテキストには日本語を使ってください」と追加することで日本語に統一できます。実際に、上のプレゼンテーションを生成した際に入力したプロンプトに追加したところ、次のプレゼンテーションが生成されました。

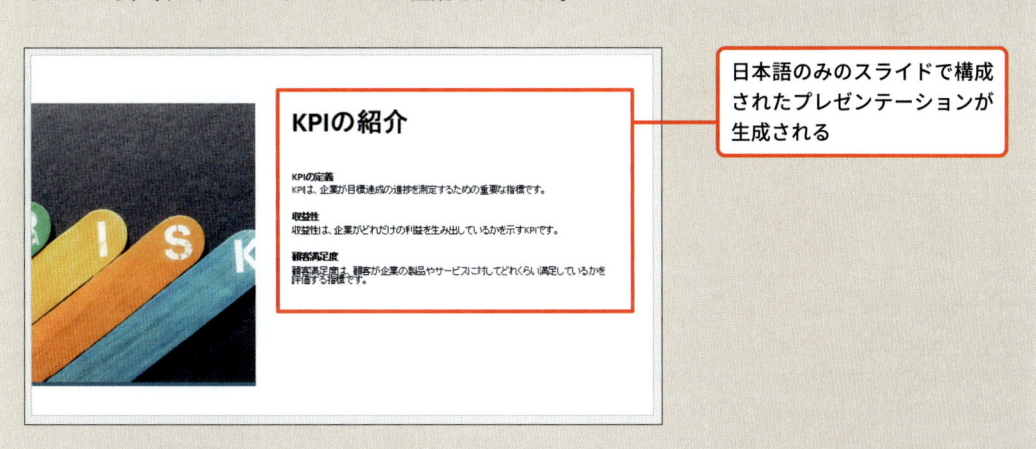

日本語のみのスライドで構成されたプレゼンテーションが生成される

もしプロンプトを送信して想定と違うプレゼンテーションが生成された場合は、上の例にならって指示を追加してみてください。

4

PowerPointでのプレゼンテーション作成を依頼しよう

147

#Wordファイルを元にしたプレゼンテーションの生成

ファイルからプレゼンテーションを生成してもらおう

発表テーマを元にプレゼンテーションを生成する方法の他に、あらかじめ決められた内容が記載されたファイルをもとに生成することもできます。ここではWordファイルをもとに生成する方法を説明していきます。

こう頼む！

- プロンプトのテンプレートを使って、Wordファイルを元にプレゼンテーションを生成してもらう
- Wordファイルと同様に、PDFファイルを元にプレゼンテーションを生成してもらう

ここに注意！

- 元になるWordファイルがOneDriveに格納されていないときには使えません

Copilotにヘルプを頼むと……

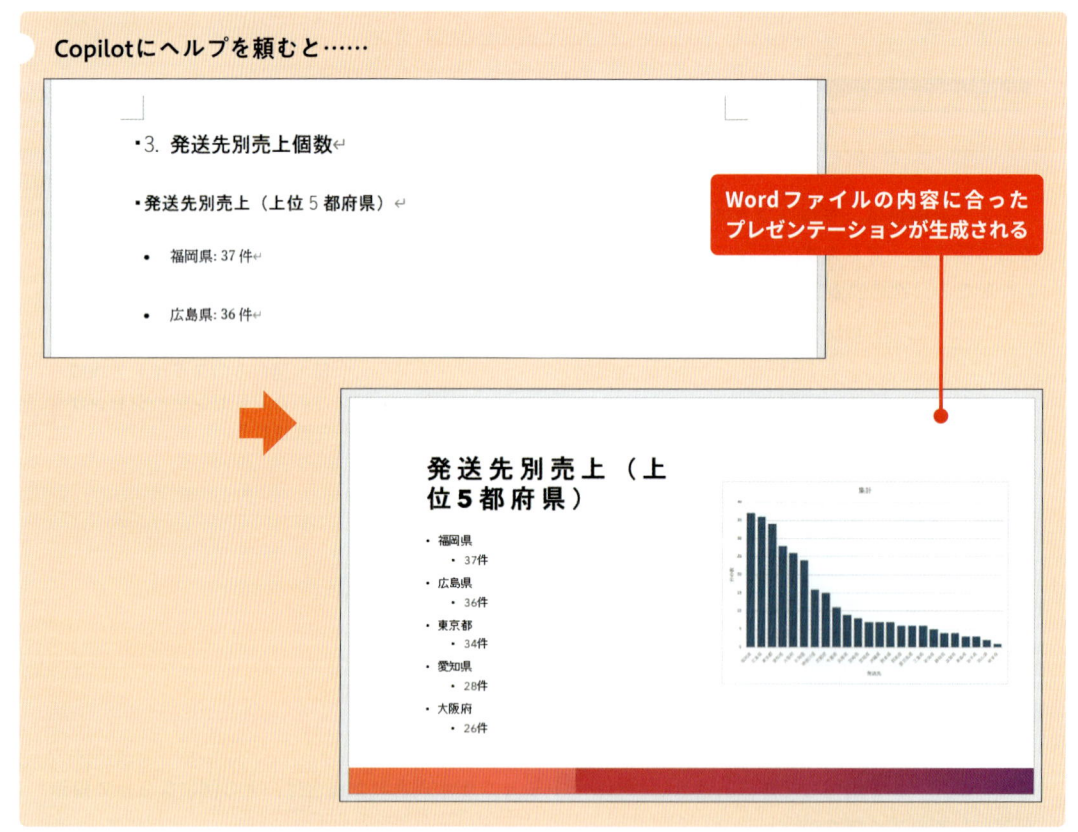

- 3. 発送先別売上個数
- 発送先別売上（上位5都府県）
  - 福岡県: 37件
  - 広島県: 36件

Wordファイルの内容に合ったプレゼンテーションが生成される

発送先別売上（上位5都府県）
- 福岡県
  - 37件
- 広島県
  - 36件
- 東京都
  - 34件
- 愛知県
  - 28件
- 大阪府
  - 26件

元になるWordファイルを準備しよう

　ここでは、Chapter 3で生成した「年間業績報告書.docx」を元に、プレゼンテーションを生成してもらいます。同じように生成したい場合は、お手持ちのWordファイルをご準備ください。

　まず、元になるWordファイルについて、どのような準備が必要なのか確認しましょう。

　元になるWordファイルは、Copilotを使用するファイルと同様に、**OneDriveやSharePointなどに置いておく**必要があります。

❶ OneDriveに元となるWordファイルを置く

　また、Wordファイルには内容に合ったスタイルを設定しておくと便利です。

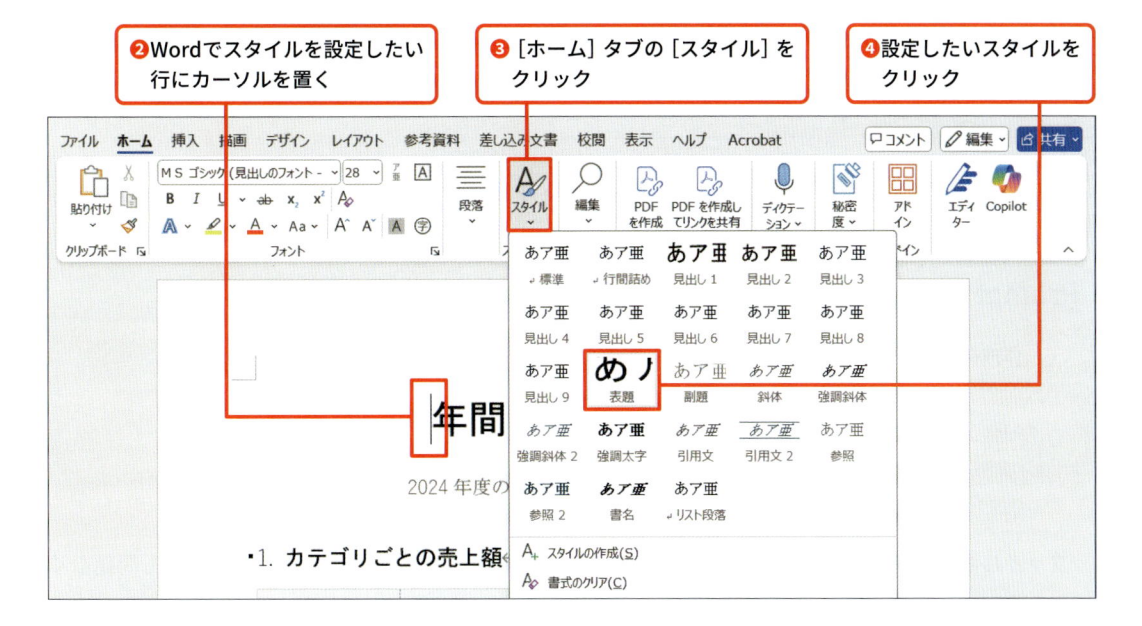

❷ Wordでスタイルを設定したい行にカーソルを置く

❸ [ホーム] タブの [スタイル] をクリック

❹ 設定したいスタイルをクリック

　スタイルの構成によっては、「表題」がプレゼンテーションのタイトルスライドに、「見出し」が各スライドのタイトルに使用されるなど、Wordファイルの構成がプレゼンテーションにも反映されることがあります。それによって、より発表しやすいプレゼンテーションが生成される可能性が高くなります。

Wordファイルの準備ができたら、さっそくプレゼンテーションを生成してもらいましょう。

Wordファイルを元にプレゼンテーションを生成してもらおう

PowerPointのCopilotのパネルには、ファイルからプレゼンテーションを生成させるプロンプトのテンプレート [[ファイル] からプレゼンテーションを作成してください] がデフォルトで表示されています。テンプレートを使うと、プロンプトの入力から送信までキーボードを使わずに行うことができます。テンプレートをクリックするとプレゼンテーションの生成に使用できるファイルの一覧が表示されるため、そこからOneDriveに置いたWordファイルを選択して、送信します。

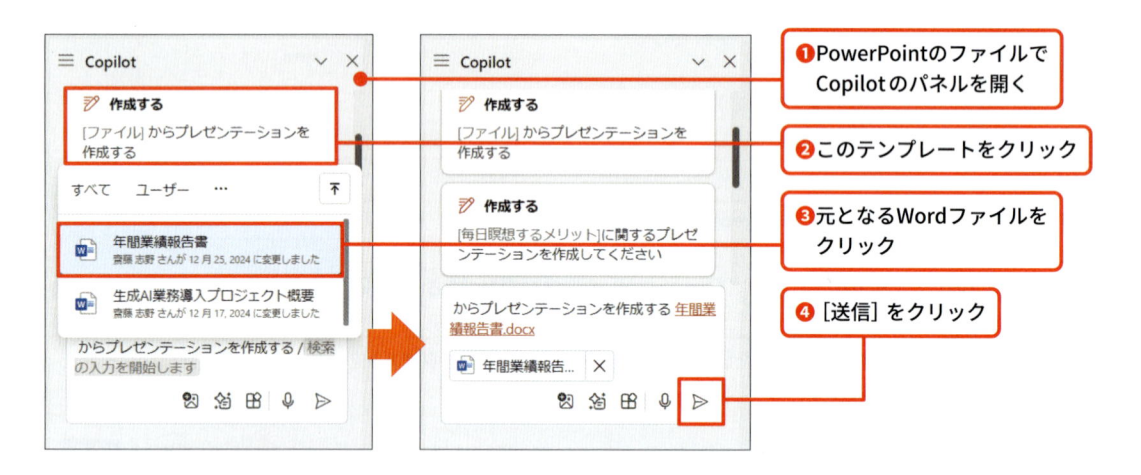

上記の手順を踏むと、次のプロンプトが送信されます。

ファイル名がプロンプトの末尾に来ているため違和感がありますが、このまま送信しても問題なく生成されます。実際に送信してみると、次のようなプレゼンテーションが生成されました。

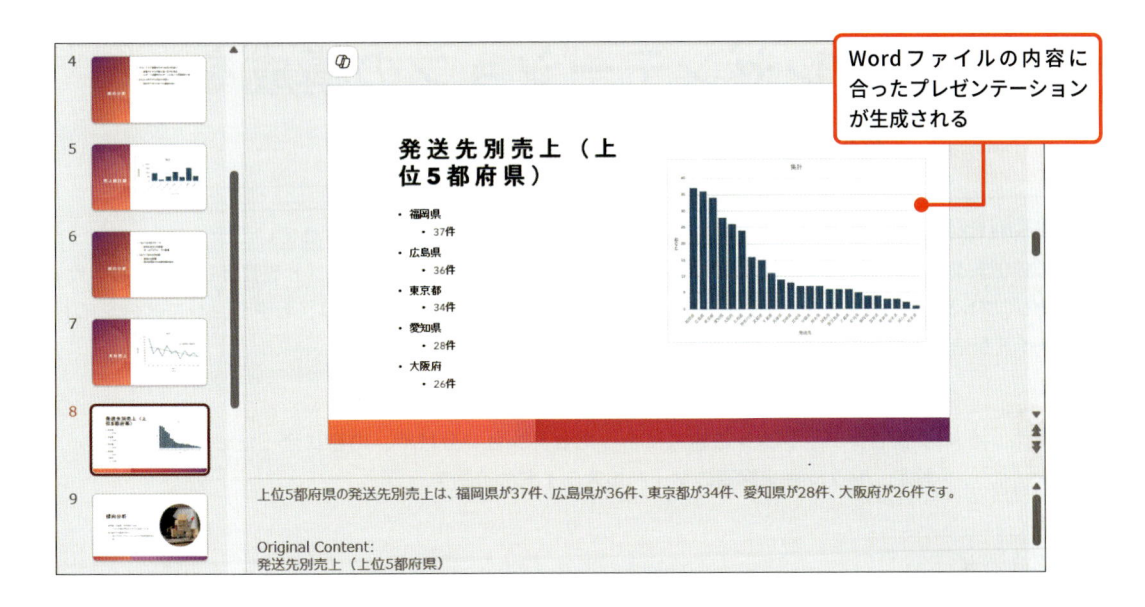

Wordファイルの内容に合ったプレゼンテーションが生成される

　生成されたプレゼンテーションには、Wordファイルに挿入されていた表やグラフが使われている他に、ノートには読み上げ用の原稿が入力されています。特に、ノートには読み上げ用の原稿に加えて、スライドのもとになったWordファイル上の文章が「**Original Content**」として入力されています。これによって、スライドやノートの修正の際にWordファイルを参照することなく、「Original Content」をもとに修正することができます。

Column

Wordファイル以外でプレゼンテーションを生成できるファイルは？

先ほどの手順ではWordファイルからプレゼンテーションを生成させました。Wordファイル以外にも、PDFファイルからプレゼンテーションを生成させることが可能です。手順はWordファイルから生成させる場合と同様で、プレゼンテーションの生成に使用できるファイルの一覧からPDFファイルを選択します。

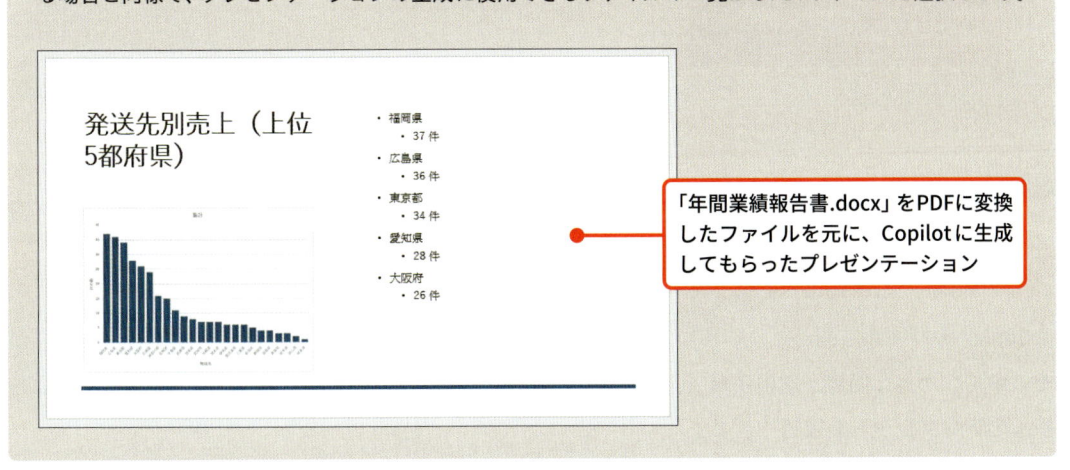

「年間業績報告書.docx」をPDFに変換したファイルを元に、Copilotに生成してもらったプレゼンテーション

Section
03

#セクションの追加　#セクションの冒頭のスライドの追加

プレゼンテーションの構成を
整理してもらおう

Copilotのパネルに表示されているテンプレート以外にも、あらかじめ用意されているテンプレートがたくさんあります。ここではその中から、プレゼンテーションを整理するプロンプトを実行してみましょう。Copilotにプレゼンテーションを整理してもらうと、セクションが追加されたり、セクションごとのタイトルスライドが追加されたりします。

こう頼む！

・プレゼンテーションの構成に合ったセクション分けや、内容に合ったセクション名の設定、セクション冒頭のタイトルスライドの追加を行う

Copilotにヘルプを頼むと……

Copilotのパネル以外のテンプレートの場所を確認しよう

Copilotのパネルを開くと、いくつかのテンプレートが表示されます。Copilotで操作したい内容がその中になかった場合、次の手順で**[Copilotプロンプトギャラリー]ウィンドウ**を開くことで、より多くのテンプレートを確認できます。

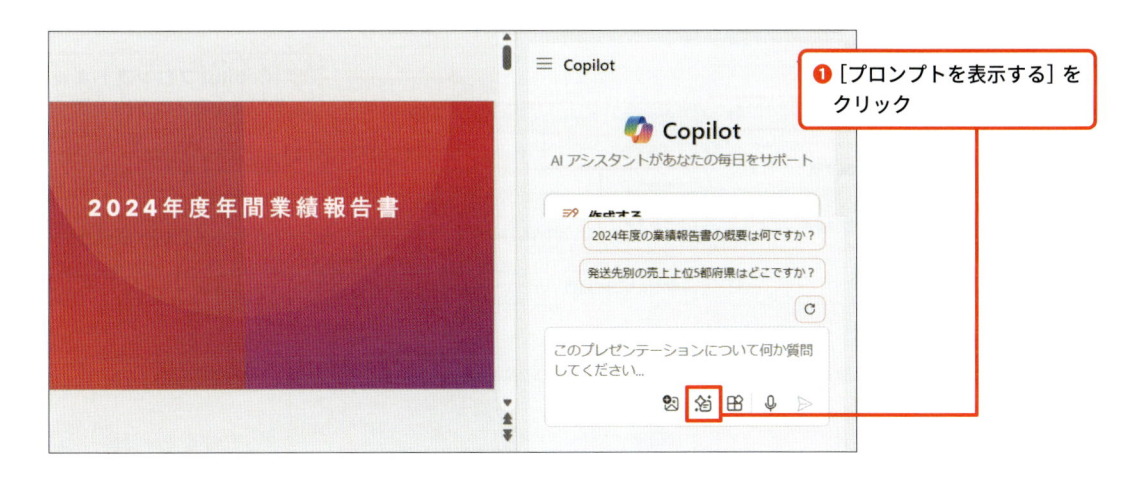

　操作したい内容が決まっている場合は、[Copilotプロンプトギャラリー] ウィンドウ上部の [タスク] や [職種] をクリックして、テンプレートを絞りましょう。使いたいテンプレートが見つかった場合はテンプレートをクリックすると、自動的に Copilot のパネルの入力欄に入力されます。

　実際に、[Copilotプロンプトギャラリー] ウィンドウのテンプレートを使って、プレゼンテーションを整理してもらいましょう。

プレゼンテーションを整理してもらおう

　まずは、整理したいプレゼンテーションの Copilot のパネルから [Copilot プロンプトギャラリー] ウィンドウを開きましょう。その後、[タスク] をクリックして絞り込み、整理を行うプロンプトのテンプレートをクリックします。

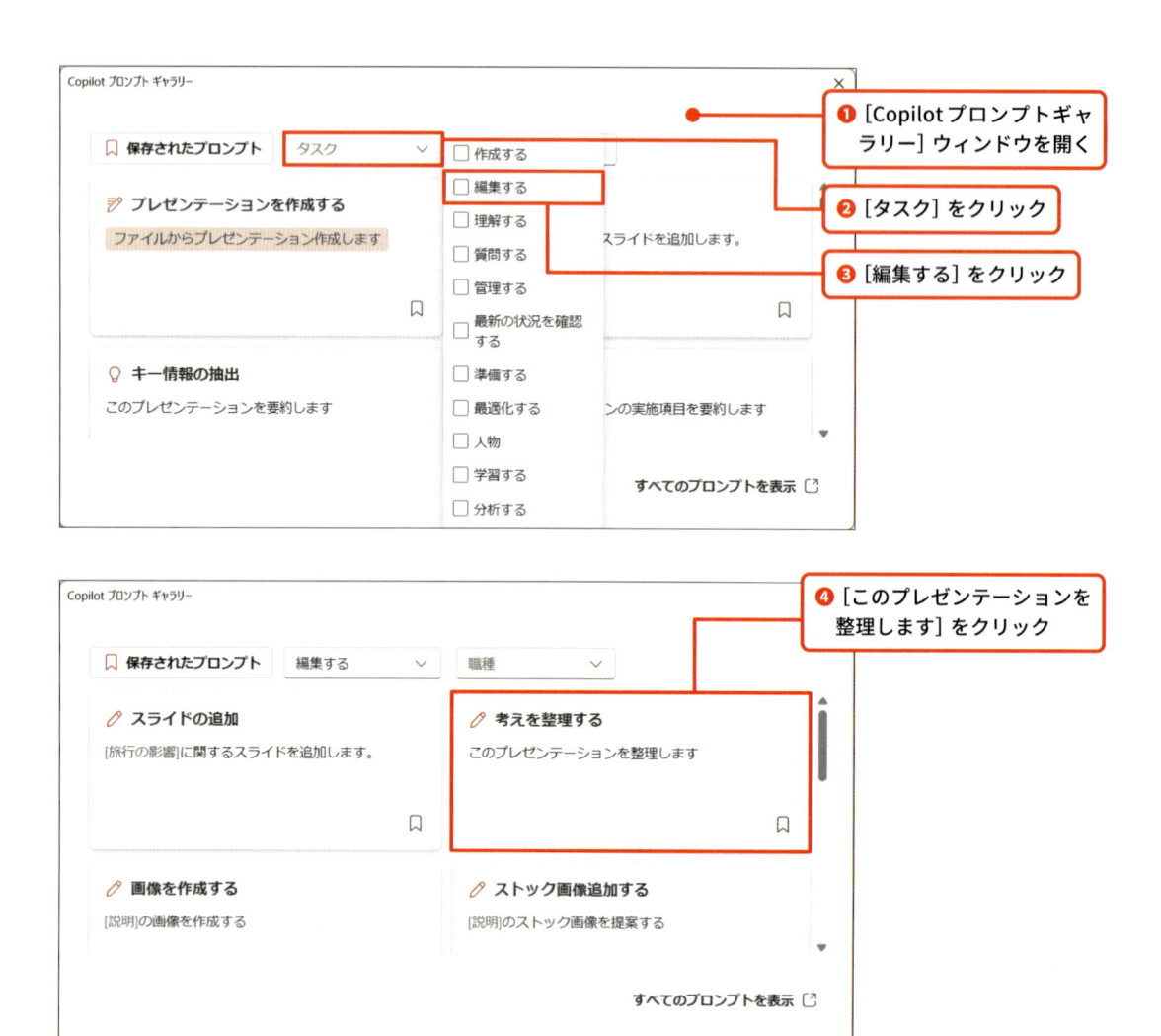

入力欄に次のプロンプトが入力されるので、そのままプロンプトを送信して整理されたプレゼンテーションを確認してみましょう。

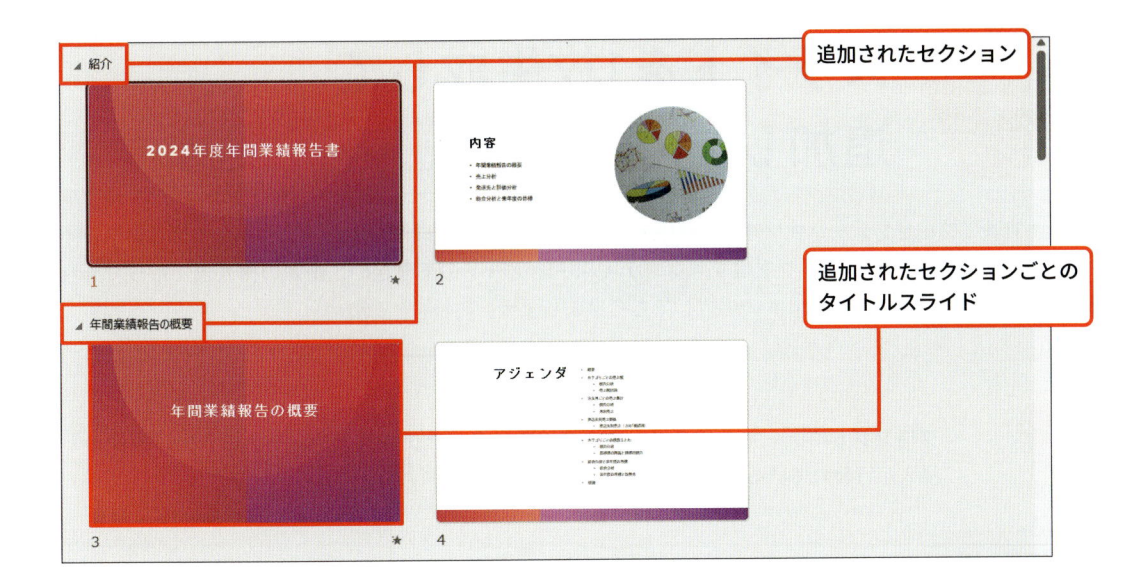

右のページの整理前のプレゼンテーションと比較すると、「紹介」や「年間業績報告の概要」といったセクションが追加され、セクションの冒頭にはセクションと同じ名前のタイトルスライドが追加されています。

セクションはスライドの枚数が多い場合、**どのスライドを見ているか判断する目安**になります。また、セクションごとのタイトルスライドの追加によって、発表の聞き手に話題の切り替えを視覚的に伝達することができます。

このことから送信したプロンプトの通り、整理されたことがわかります。

Section 04

#スライドの追加

スライドを1枚生成して
追加してもらおう

Copilotでは、プレゼンテーションの生成だけでなく、スライドの生成も可能です。生成してほしいスライドの内容を入力したプロンプトを送信すれば、テキストとノートの下書きや、画像の挿入まで行ってくれます。足りないスライドはCopilotで生成してもらいましょう。

こう頼む！

- プロンプトにテーマを伝えて、そのテーマに合ったテキストやノートの入力、画像の挿入が行われているスライドを生成してもらう

Copilotにヘルプを頼むと……

生成されたスライドが追加される

テーマを元にスライドを生成してもらおう

まずは、スライドを追加するプレゼンテーションを開きましょう。プロンプトを入力する前に、スライドを追加したい順番の**1つ前のスライド**を選択します。

次に、プロンプトを入力していきましょう。Copilotのパネルを表示させて、入力欄の［プロンプトを表示する］から［Copilotプロンプトギャラリー］ウィンドウを開き、テンプレート［**［旅行の影響］に関するスライドを追加します。**］をクリックしましょう。

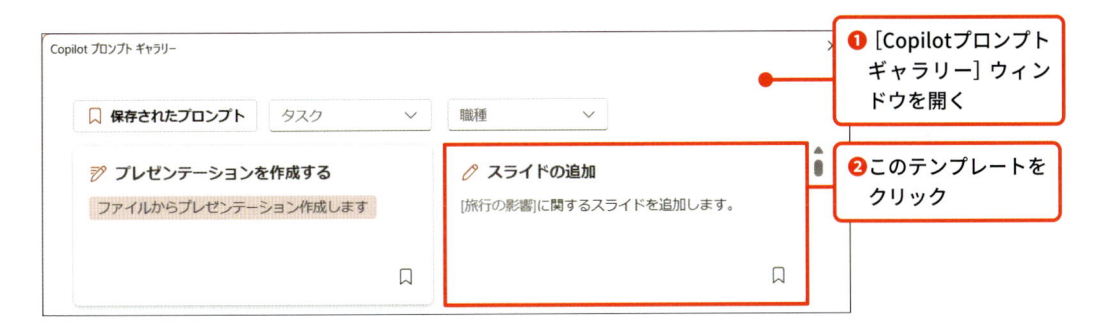

❶［Copilotプロンプトギャラリー］ウィンドウを開く

❷このテンプレートをクリック

Copilotのパネルにテンプレートが入力されたら、次のように追加したいスライドのテーマを追加して送信します。すると、選択したスライドの次に、生成されたスライドが追加されます。

Prompt

☑ 作成のポイント　1 目的　2 期待値　3 ソース　4コンテキスト

2 以下についてのスライドを追加します：1 2024年度年間業績目標

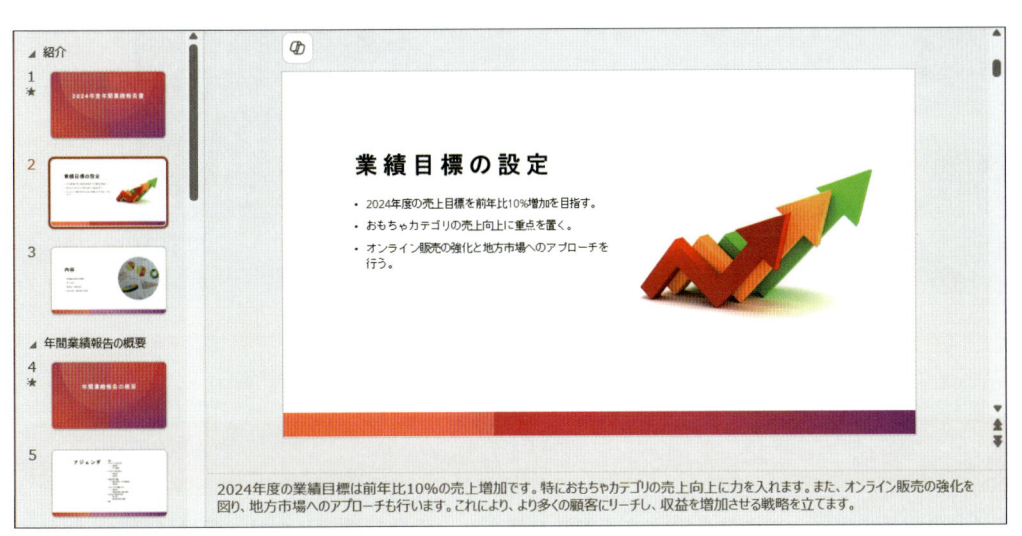

スライドの内容はテーマを元にAIによって生成されているため、事実と異なっていることがあります。参考程度に生成してもらい、必ず内容を確認してから使用するようにしましょう。

4

PowerPointでのプレゼンテーション作成を依頼しよう

Section 05 イメージに合った画像を挿入してもらおう

イメージに合った画像を挿入してもらう方法はいくつかあります。ここでは背景として挿入する方法と、コンテンツとして挿入する方法を紹介します。また、コンテンツとして挿入する方法も、AIで生成された画像を使うかPowerPointに用意されている画像を使うかで、入力するプロンプトが異なります。使いたい用途や画像に合わせて、プロンプトを入力しましょう。

こう頼む！

- イメージに合った画像を生成し、自動で背景に挿入してもらう
- イメージに合った画像を生成・検索し、その中で選択したものをコンテンツとして挿入してもらう

Copilotにヘルプを頼むと……

2024年度年間業績報告書

スライドのイメージに合った画像を挿入できる

背景として画像を挿入してもらおう

　スライドの背景に生成した画像を挿入する方法を使うと、画像を選択したり、背景に設定したりする手順を省くことができます。ここでは155ページでWordファイルを元に生成したプレゼンテーションのタイトルスライドの背景に画像を挿入してもらいましょう。

　プレゼンテーションのタイトルスライドを選択したら、次のプロンプトをCopilotパネルの入力欄に入力し、送信します。プロンプトの「業績」の部分には、挿入したい画像のイメージを入力してください。

Prompt

☑ 作成のポイント　　1　目的　　2　期待値　　3　ソース　　4コンテキスト

₂ 次のイメージを追加する：業績

　プロンプトを送信すると、次のように生成された画像が背景として挿入されます。

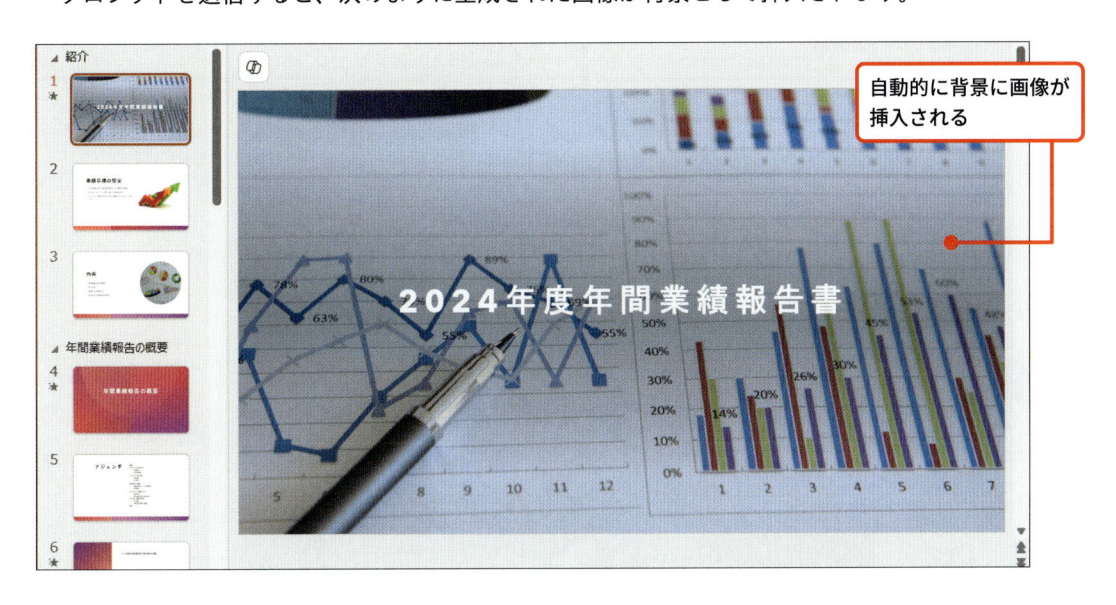

自動的に背景に画像が挿入される

　設定された画像がイメージと違っていたら、背景を挿入したスライドを選択してから Ctrl + Z キーを押して、挿入する前に戻しましょう。同じプロンプトを送信したり、イメージの説明を変更したりして、再度試してみてください。

コンテンツとして画像を挿入してもらおう

　次はコンテンツとして画像を追加する方法を確認してみましょう。
　画像を挿入したいスライドを選択して、次のようなプロンプトを送信することで、画像が生成されます。

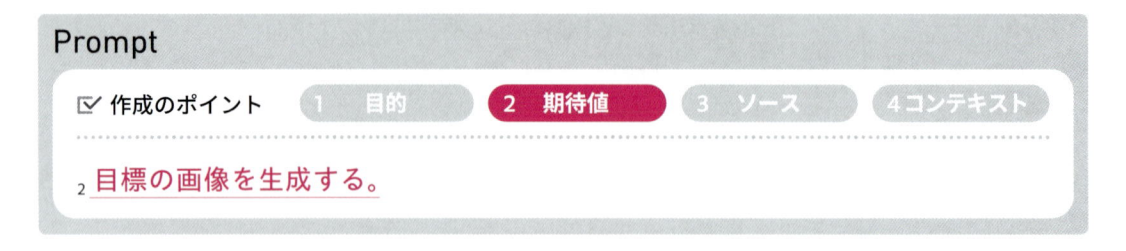

❶挿入したい画像をクリック

❷［挿入］をクリック

この手順を実施すると、次のような画像が挿入されました。

パネルで選択した
画像がスライドに
挿入される

　画像が挿入されたところ、もともとスライドに入力されていたテキストが隠れてしまいました。手動で画像のサイズや位置を変えてもいいのですが、PowerPointの機能である**デザイナー**を使えば、テキストと画像を使ったデザインを提案してもらえるので、ぜひ使ってみてください。

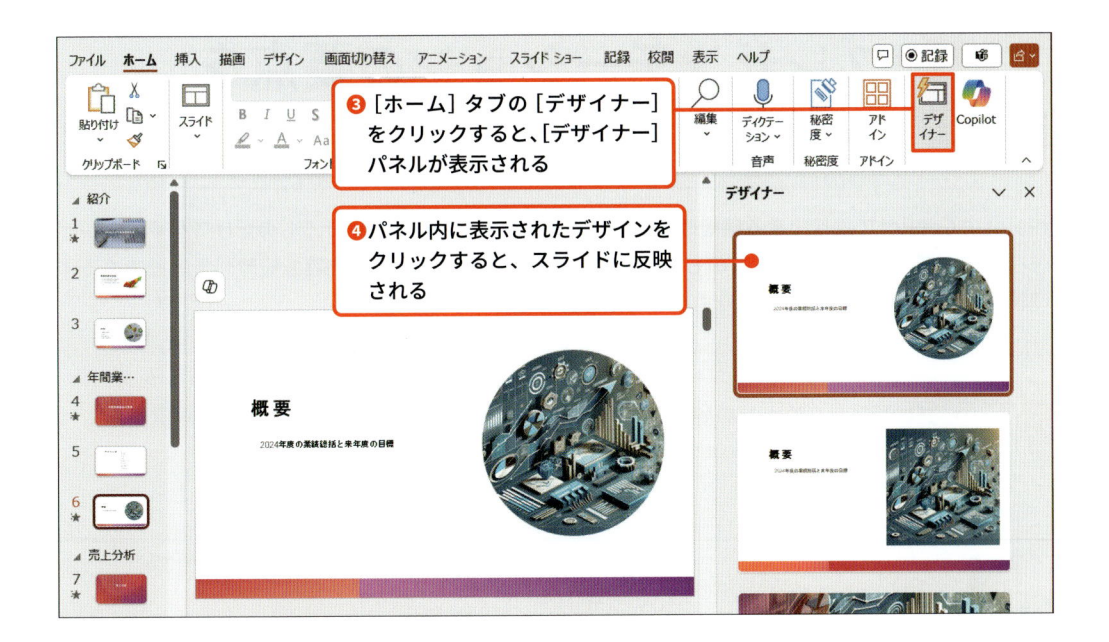

Column　Copilot でストック画像を検索して挿入する方法

ストック画像は、PowerPoint にあらかじめ用意されている画像です。先ほどの手順で画像を生成した際に、イメージ通りの画像が生成されなかった場合は、ストック画像を検索して挿入するプロンプトを試してみましょう。このプロンプトのテンプレートは [Copilot プロンプトギャラリー] ウィンドウにあります。

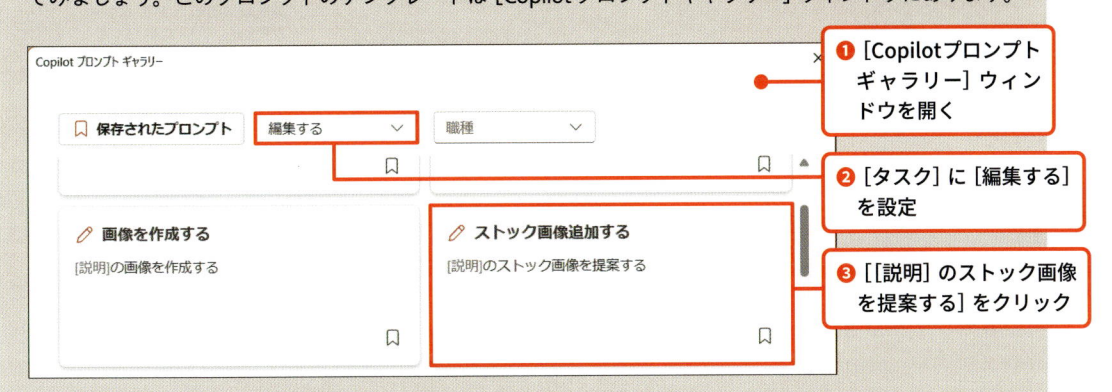

画像を生成してもらう手順と同様に、プロンプトにイメージの説明を追加して送信すると、ストック画像の候補が Copilot のパネルに表示されます。候補のうち、挿入したい画像を選択して [挿入] をクリックすると、ストック画像がスライドに挿入されます。

Section 06 プレゼンテーションの要点を教えてもらおう

PowerPointのCopilotで操作できる機能は、プレゼンテーションの作成を助けるものだけでなく、プレゼンテーションの内容の理解を助けるものもあります。プレゼンテーションの内容を短時間で把握できるように、理解を助けるプロンプトにどんなものがあるか確認してみましょう。

こう頼む！

- プレゼンテーションの要約や、キーとなるスライドのみのスライドショーを実施してもらう
- 日付や実施する必要がある内容など、抜粋してほしい観点を伝えて表示してもらう

Copilotにヘルプを頼むと……

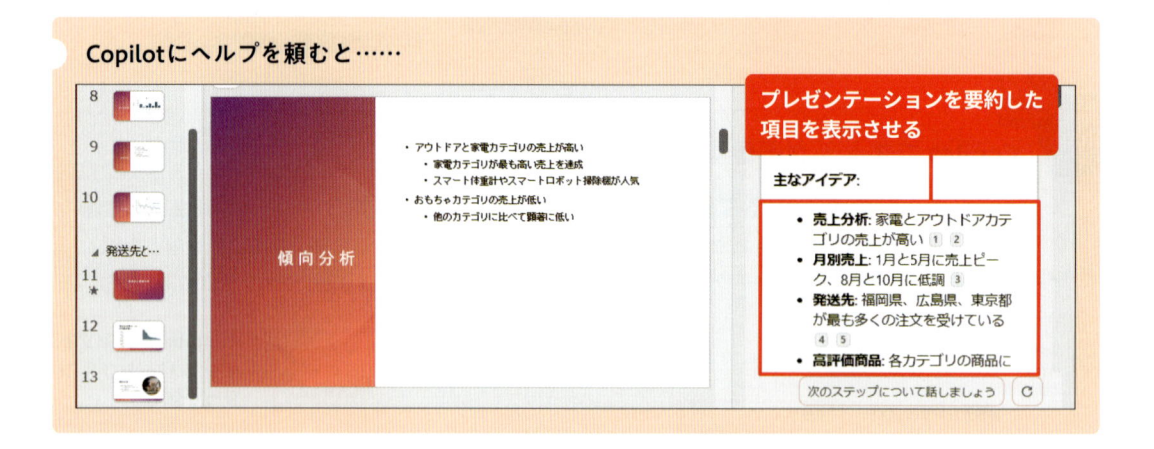

プレゼンテーションを要約した項目を表示させる

プレゼンテーションの要点を絞るプロンプトを知ろう

プレゼンテーションを要約してほしいときは、次のプロンプトを送信しましょう。

Prompt

☑ 作成のポイント　　1 目的　　2 期待値　　3 ソース　　4 コンテキスト

2 このプレゼンテーションを要約する。

　送信するとプレゼンテーションを要約した項目がパネルに表示され、項目ごとに根拠となるスライドが表示できます。

また、要約してもらう以外に要点を絞る方法に、プレゼンテーションのキーとなる**キースライド**を教えてもらう方法があります。この方法ではキースライドを表示させるだけでなく、キースライドのみのスライドショーを実施することもできます。

　実際に次のプロンプトを送信して、キースライドを表示させましょう。

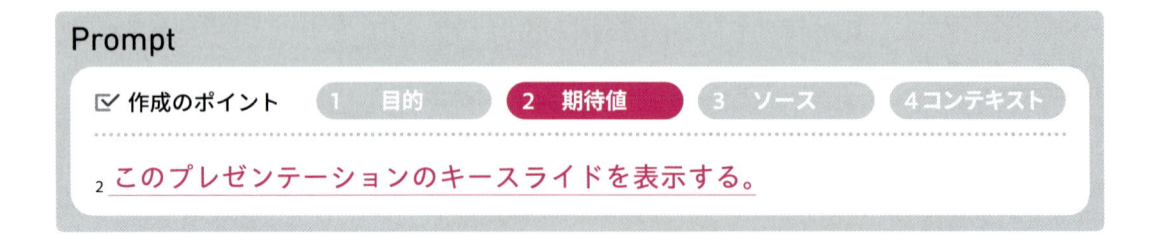

₂ このプレゼンテーションのキースライドを表示する。

　送信するとパネルにキースライドに関する詳細が表示され、プレゼンテーションの要点のスライドのみ確認することができます。

❹ キースライドの末尾のスライド番号を
　クリックすると、キースライドが表示される

❺ [キースライドの再生] を
　クリックすると、

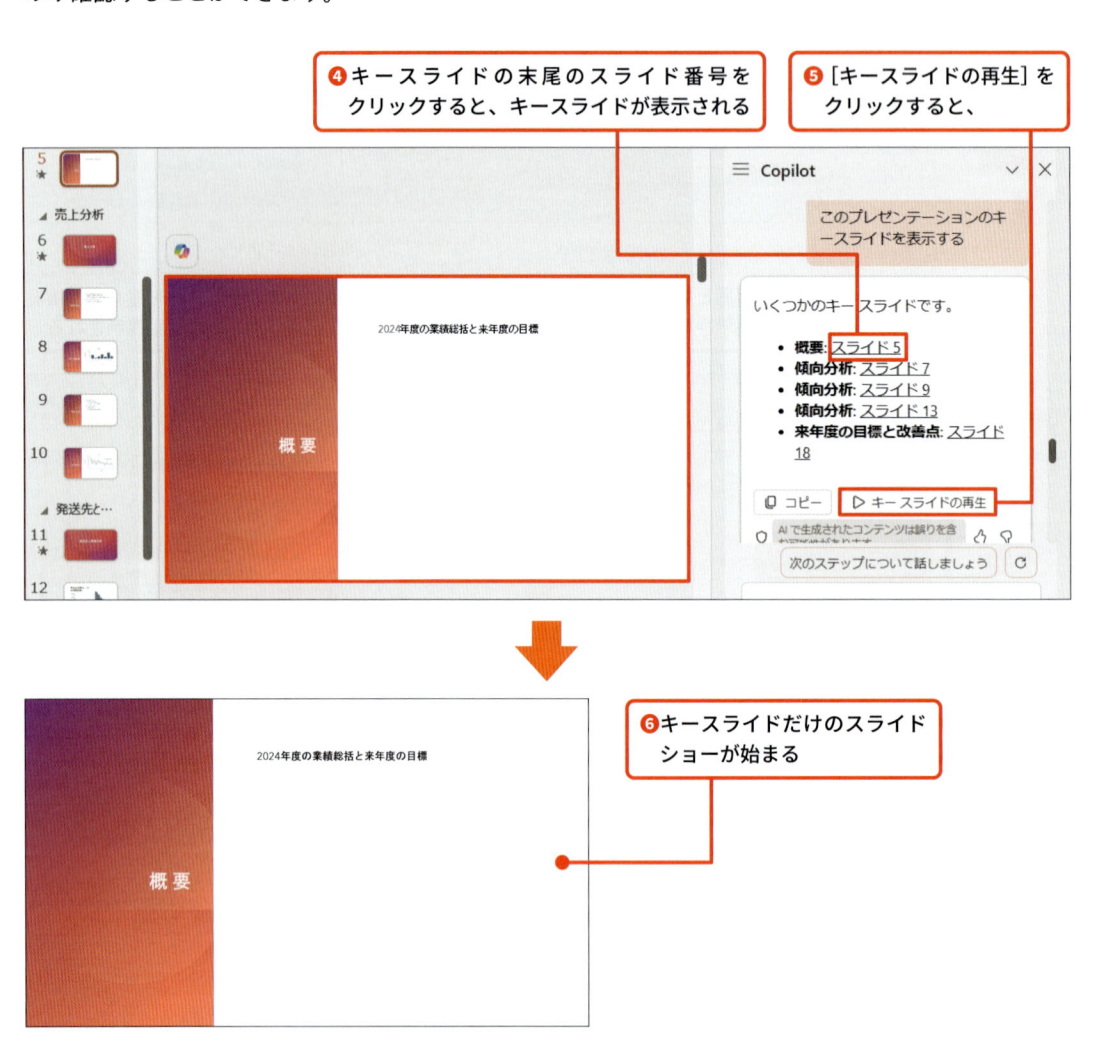

❻ キースライドだけのスライド
　ショーが始まる

知りたい内容ごとに要点を絞るプロンプトを知ろう

プレゼンテーション全体ではなく、実施する必要があることや締切の日付などに絞って知りたいときは、**観点ごとに要点を絞るプロンプト**を送信してみましょう。例えば、次のプロンプトを送信すると、実施する必要があることを要約し、その根拠となるスライドを表示してくれます。

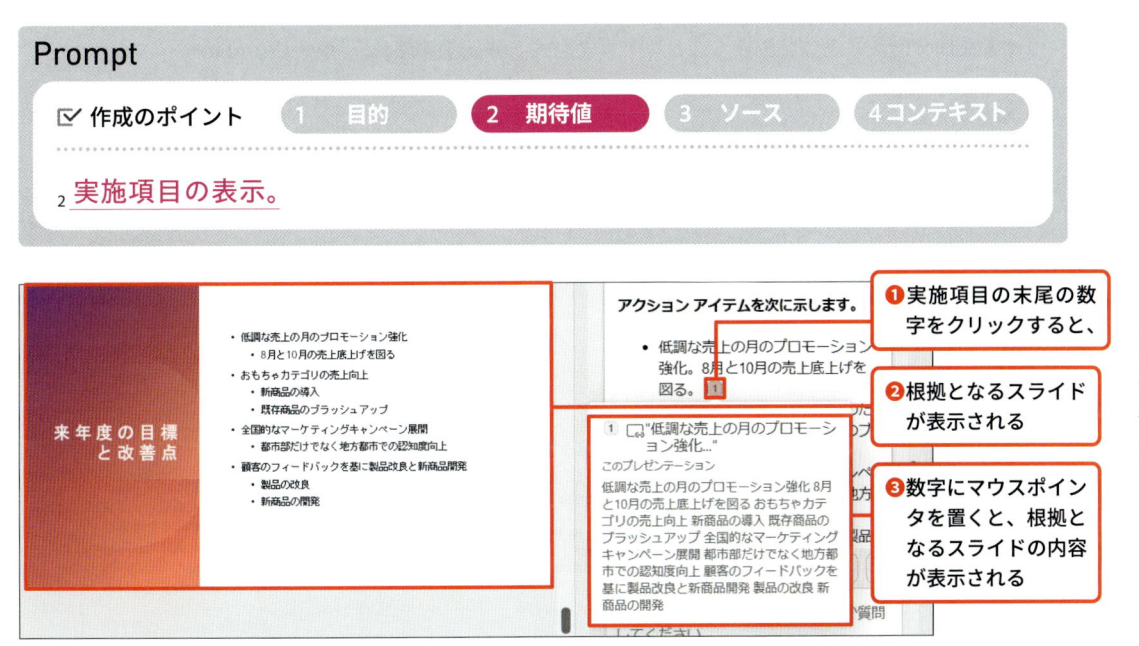

Prompt

☑ 作成のポイント　　1 目的　　2 期待値　　3 ソース　　4 コンテキスト

2 <u>実施項目の表示。</u>

- ❶ 実施項目の末尾の数字をクリックすると、
- ❷ 根拠となるスライドが表示される
- ❸ 数字にマウスポインタを置くと、根拠となるスライドの内容が表示される

要点を絞るプロンプトの他の例は、[Copilot プロンプトギャラリー] ウィンドウから確認できます。

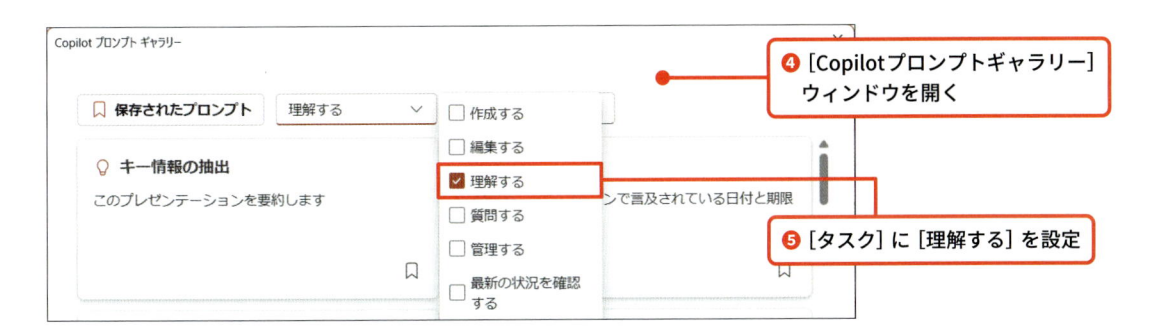

- ❹ [Copilot プロンプトギャラリー] ウィンドウを開く
- ❺ [タスク] に [理解する] を設定

プロンプトのテンプレートをそのまま使ったり、プレゼンテーションのテーマに合わせて書き直したりして、内容の把握に活かしてみてください。

4

PowerPoint でのプレゼンテーション作成を依頼しよう

#プレゼンテーションの改善点・改善方法の指摘

プレゼンテーションの改善点を教えてもらおう

Copilotにプレゼンテーションのレビューをしてもらいましょう。レビューをしてもらうことでプレゼンテーションを客観的に把握し、改善することが可能です。ただし、Copilotには、プレゼンテーション内のスライドを部分的に修正してもらうことはできません。修正する際に、PowerPointの使い方がわからなかった場合のヘルプの役割として使うようにしましょう。

こう頼む！

- プレゼンテーションにレビューを依頼して、改善点を指摘してもらう
- PowerPointの使い方を質問して、手順を教えてもらう

Copilotにヘルプを頼むと……

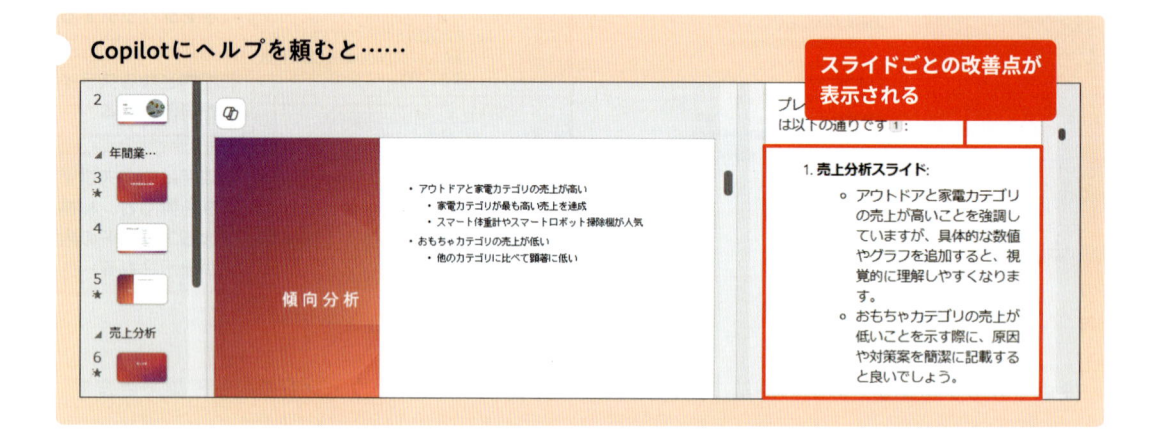

スライドごとの改善点が表示される

プレゼンテーションのレビューをしてもらおう

プレゼンテーションのレビューをしてほしいときは、次のプロンプトを送信しましょう。

Prompt

☑ 作成のポイント　　1　目的　　2　期待値　　3　ソース　　4 コンテキスト

2 このプレゼンテーションの各スライドの改善点を教えてください。

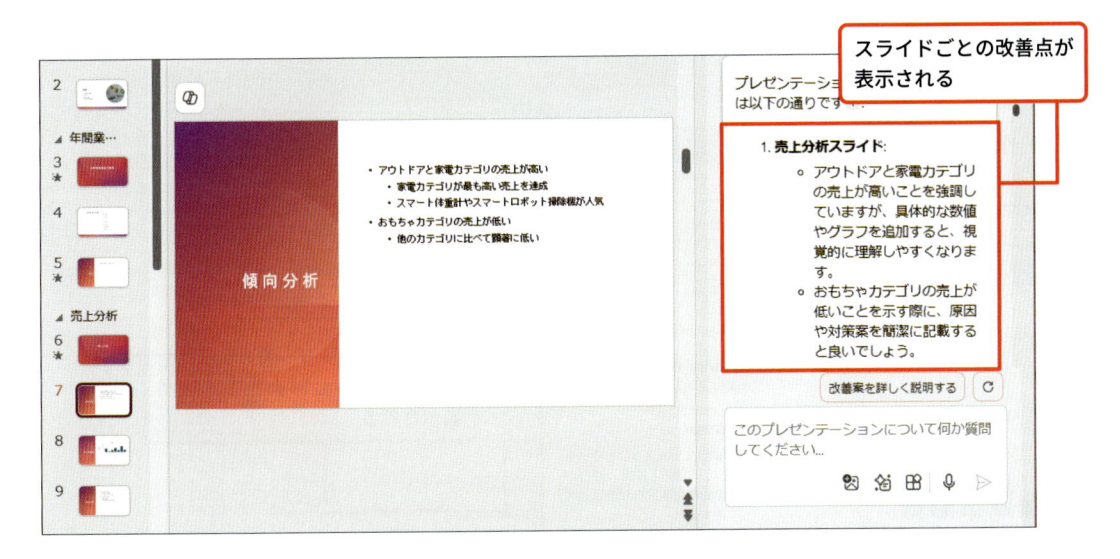

スライドごとの改善点が表示される

プロンプトを送信すると、視覚的な改善点と内容に関する改善点が表示されました。内容に関する改善点はテキストを編集して修正するとして、ここでは売上分析スライドに対して指摘されている「具体的な数値やグラフを追加すると、視覚的に理解しやすくなります。」という視覚的な改善点を修正するために Copilot を使ってみましょう。

　必要なグラフは別のスライドに使われているため、移動させる必要があります。しかし、Copilot は直接スライドを修正することができないので、「**スライド「売上額詳細」のグラフをスライド「傾向分析」に移動してください**」といったプロンプトを送信すると、次のような結果が表示されます。

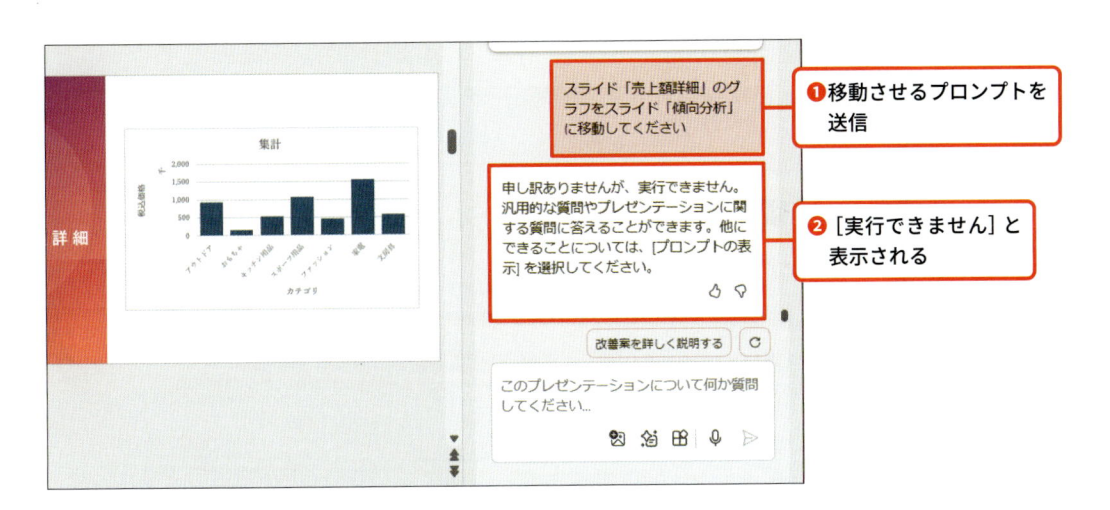

❶移動させるプロンプトを送信

❷[実行できません]と表示される

　そのため、Copilot に修正させるのではなく、修正するために PowerPoint のどのような機能を使えばいいかを、次のようなプロンプトで Copilot に質問するようにしましょう。

2 別のスライドにグラフを移動させる方法を教えてください。

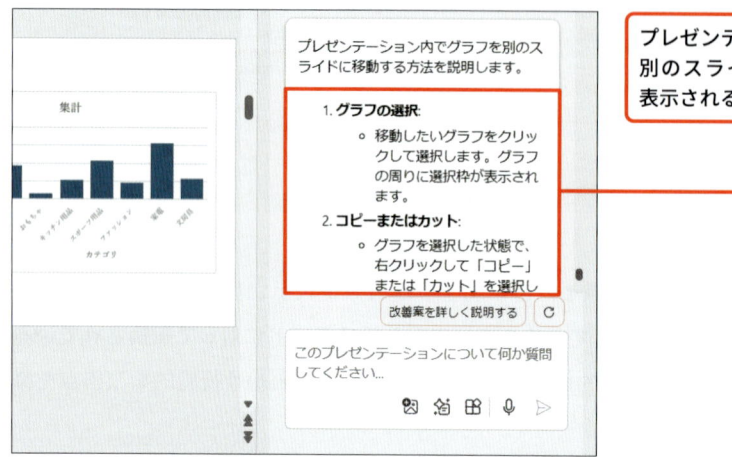

> プレゼンテーション内でグラフを
> 別のスライドに移動する方法が
> 表示される

　Copilotのパネルに表示された方法でグラフを移動させ、160ページで説明した**デザイナー**を使ってスライドのデザインを調整すると、元のスライドの内容と追加されたグラフがバランスよく配置されたスライドに修正することができます。

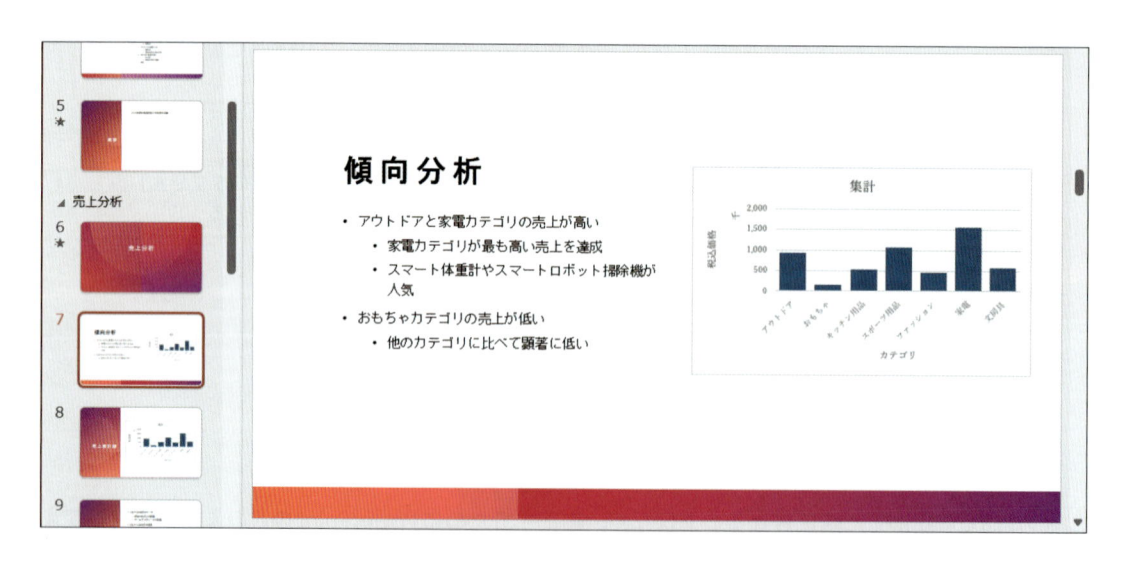

Outlookでの
メール作成や
スケジュール調整を
依頼しよう

日々多くのメールをやり取りするビジネスパーソンにとって、文面の作成
や日程調整などに費やす時間は少なくないでしょう。Copilotの文章生成
やコーチング、スケジュールなどの機能を利用して、そうした仕事を効率
よくこなしていきましょう。

Section 01
スケジュールをまとめてもらおう

ミーティング用の資料を急いで制作してほしい……仕事をしていると、上司や取引先からこうした急な依頼も舞い込んでくるものです。このようなときは、OutlookからCopilotを操作し、今日の予定を確認し、作業に必要な空き時間が確保できるかチェックしてもらいましょう。

こう頼む！

- 自身の今週の予定を確認してもらう
- タスクを行うための空き時間を確認してもらう

Copilotにヘルプを頼むと……

1月12日 – 18日 ∨

火 14	水 15	木 16	金 17	土 18

今週の予定を整理して空き時間をピックアップしてくれる

1月20日には、以下の予定があります:

- 9:00 AM - 10:00 AM: 営業提案資料準備 ①
- 10:30 AM - 11:30 AM: ER工業 鈴木様お打ち合わせ ②
- 12:00 PM - 12:30 PM: リブロワークス朝会 ③
- 1:00 PM - 2:00 PM: PIP 斎藤様お打ち合わせ ④
- 2:30 PM - 3:30 PM: aiインター 三輪様お打ち合わせ ⑤
- 6:00 PM - 7:00 PM: リーダー会議用プレゼン資料作成 ⑥
- 7:00 PM - 8:00 PM: 報告書作成 ⑦

合計で7件の予定があります。何か他にお手伝いできることはありますか？
①：営業提案資料準備 ②：ER工業 鈴木

他の日の予定を確認したい

「新しいOutlook」を使おう

　2025年1月時点では、デスクトップ版のOutlookは2つ用意されています。1つはMicrosoft 365 AppsやOfficeアプリに付属する**Outlook（classic）**で、もう1つがWindows 11またはWindows 10に無料で付属する**Outlook（new）**です。

　CopilotはどちらのOutlookでも利用できますが、Outlook（classic）は廃止が予定されていることもあり、他のアプリと操作感が統一されているOutlook（new）の利用をおすすめします。本書では、

Outlook（new）でCopilotを利用する方法を解説しています。

　自身の権限でOutlook（new）へ移行できない方は、**オンライン版のOutlook**を活用するのも手です。Outlook（new）とほぼ同じ操作感となっており、本書の解説と同様の手順でCopilotを利用することができます。

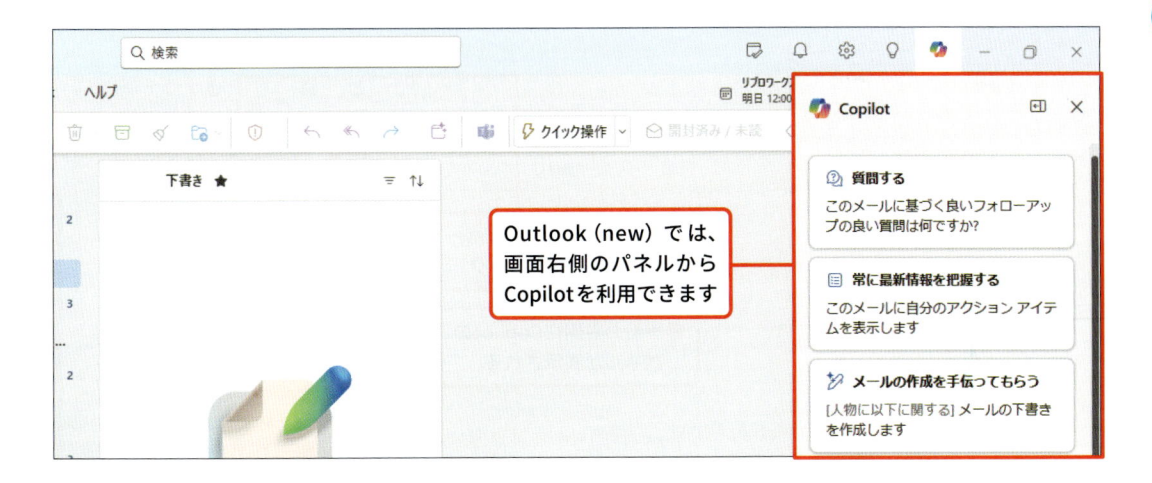

Outlook（new）では、画面右側のパネルからCopilotを利用できます

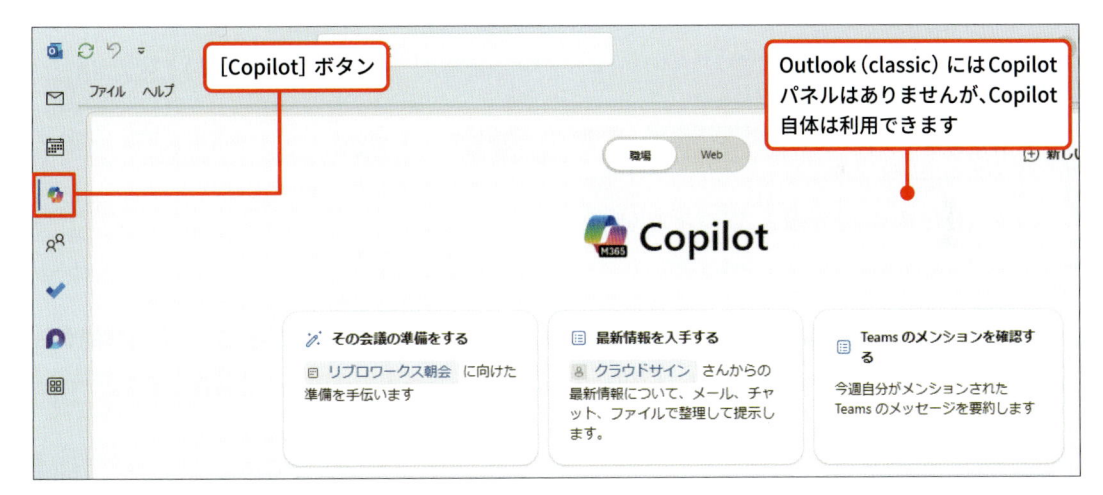

[Copilot] ボタン

Outlook（classic）にはCopilotパネルはありませんが、Copilot自体は利用できます

Column　**Outlook（new）への移行は簡単**

Outlook（classic）で使用していたメールアカウントや、やり取りしていたメールのデータ、カレンダーに登録した予定などは、自動ですべて新しいOutlookに引き継がれるので、Outlook（new）への移行はスムーズに行えます。

予定を確認しよう

　Copilotでは、Outlookに登録されている予定を読み取り、そこからある日の予定をリストアップしたり、タイトルや出席者を条件として予定を検索したりすることができます。まずは、Copilotのパネルから予定を確認する方法を紹介します。

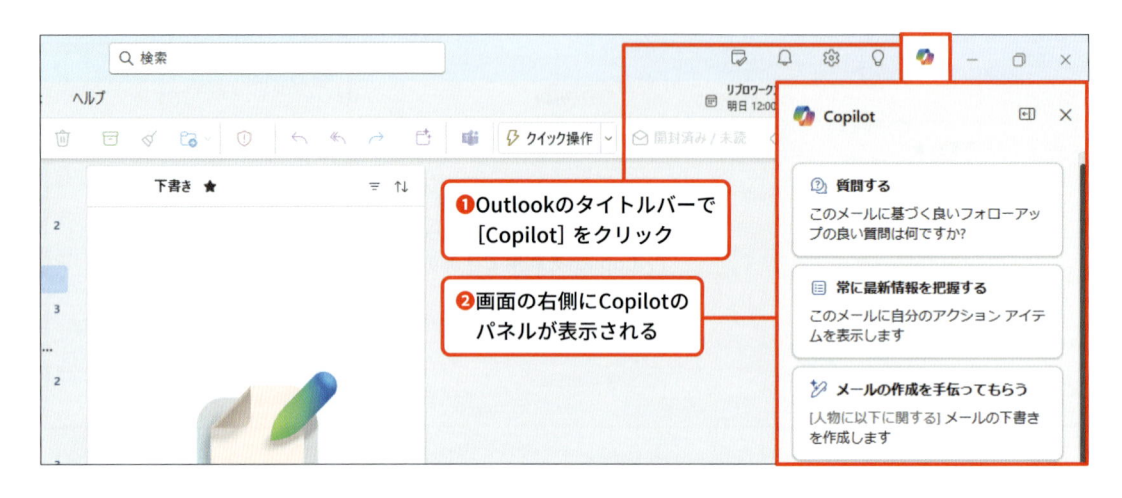

Prompt

☑ 作成のポイント　　1 目的　　**2 期待値**　　3 ソース　　4コンテキスト

₂1月20日の予定を教えてください

　Copilotのパネルに、上記のプロンプトを入力して実行します。ここでは「1月20日」と具体的な日付を指定していますが、「今日」「明日」「来週月曜日」といった表現でも問題なく動作します。

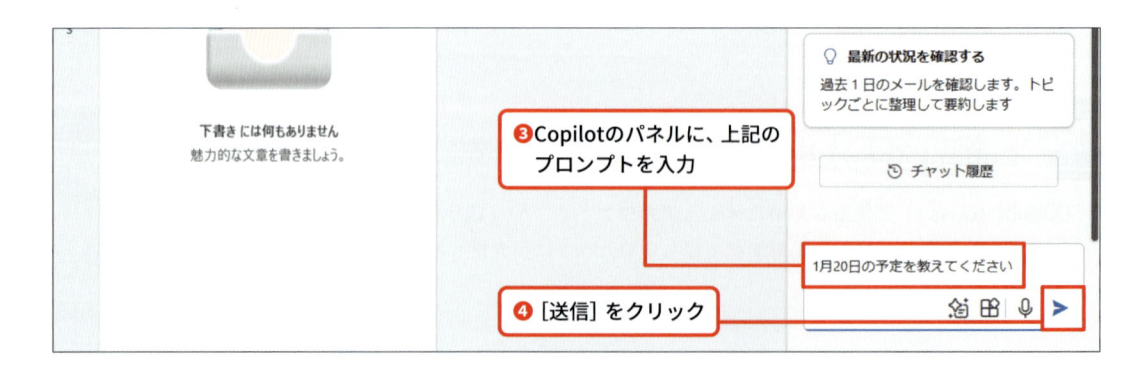

　プロンプトが送信された結果、1月20日の予定が箇条書きで整理して表示されます。**数字のリン**
クをクリックすると、該当する予定の詳細を確認することができます。

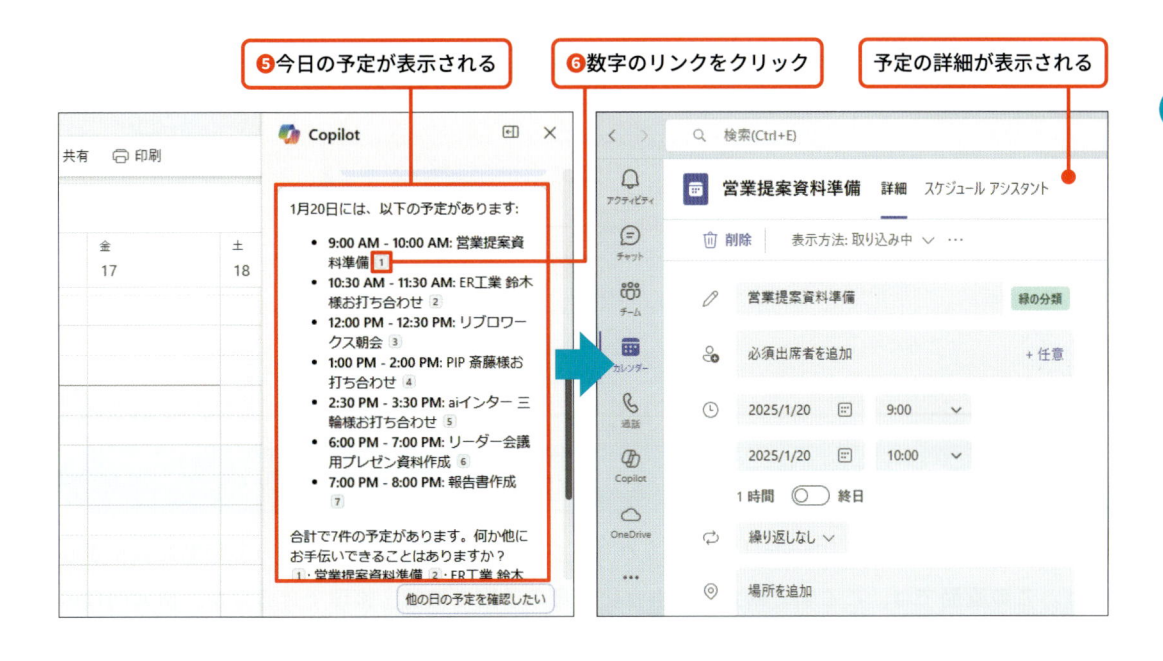

❺今日の予定が表示される　　**❻数字のリンクをクリック**　　**予定の詳細が表示される**

空き時間をチェックしよう

　作業に必要な時間の見積もりができていれば、その情報をCopilotに伝えることで**どこでその時間**
を確保できるかを提案してくれます。先のプロンプトで日付を1月20日に指定しているので、今回は
用件を伝えるだけで構いません。プロンプトがリセットされている場合は、日付を指定するようにし
ましょう。

　Copilotのパネルに、次のようなプロンプトを入力して実行します。

Prompt
☑ 作成のポイント　1 目的　2 期待値　3 ソース　4 コンテキスト

1 2時間の作業を行うための　2 空き時間はありますか？

　プロンプトが送信された結果、Outlookに登録されている予定を解析し、指定された時間を確保で
きる時間帯を次のようにピックアップしてくれます。

候補の時間帯が表示される

Copilotのチャット画面から同僚の予定を確認しよう

　画面左のサイドバーの［Copilot］ボタンをクリックすると、Copilotとのチャット画面が表示されます。この画面では、ここまで紹介したように自身の予定を確認・整理できるほか、法人向けのMicrosoft 365とCopilotを導入している場合は、**自分の予定と関連のある同僚の予定を検索**することも可能です。

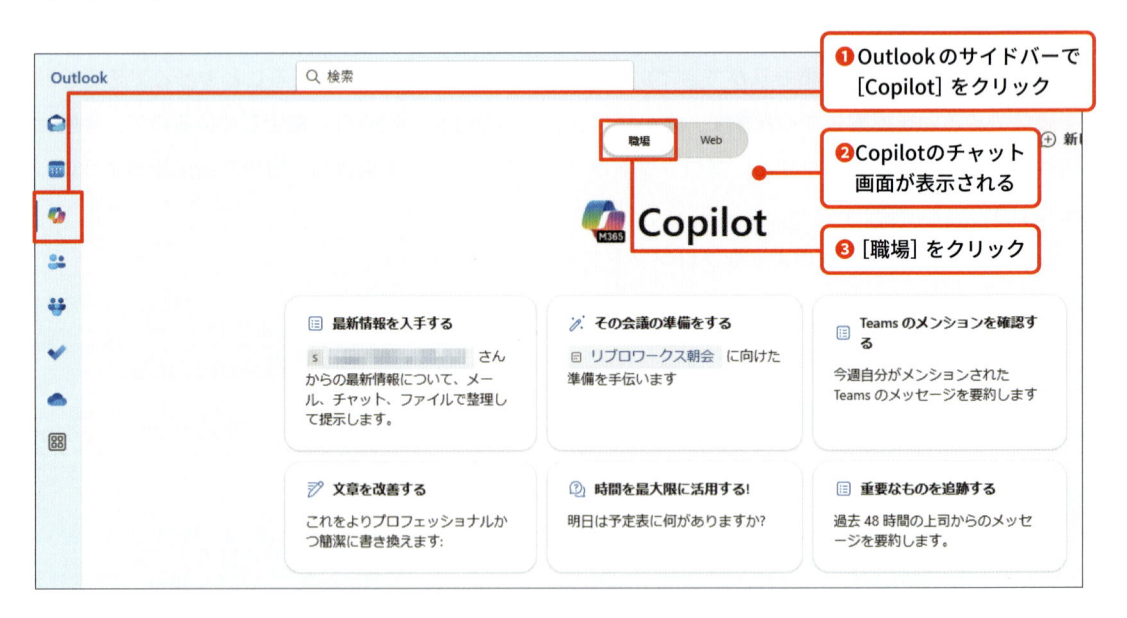

❶ Outlookのサイドバーで［Copilot］をクリック

❷ Copilotのチャット画面が表示される

❸ ［職場］をクリック

　Copilotのパネルに、次のようなプロンプトを入力して実行します。

このように**日付と同僚の名前を指定**することで、該当メンバーの予定を検索して情報を提供してくれます。

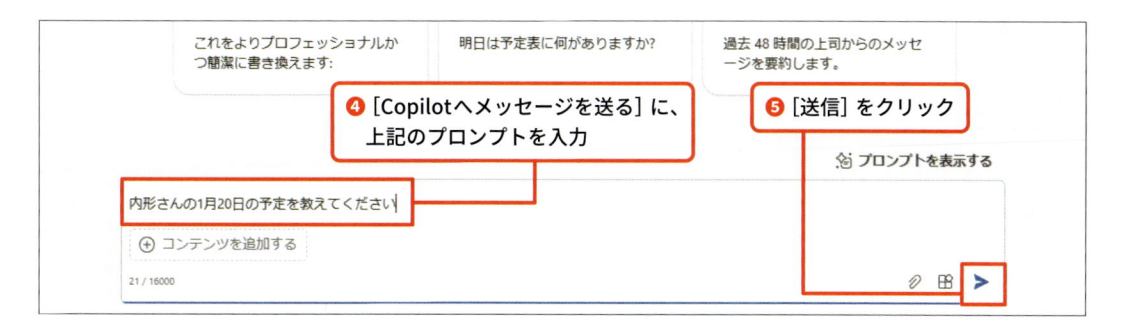

プロンプトが送信された結果、指定したメンバーの1月20日の予定が箇条書きで表示されます。数字のリンクをクリックすると、該当する予定の詳細を確認することができます。

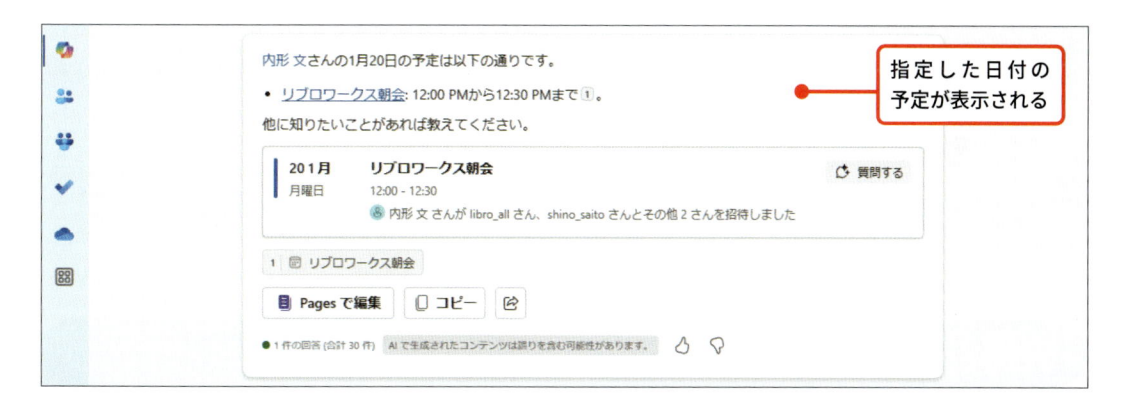

Column　Copilotから直接予定は作成できない

カレンダーに関するCopilotの機能は現在のところ、ここで紹介した抽出・整理に限定されています。Copilotから直接予定を作成し、カレンダーに追加するといった操作はできません。

ただし、メールのやり取りからCopilotで予定を作成することは可能です（「Copilotを使用してスケジュールする」機能）。この機能の使い方は196ページで解説しています。

5

Outlookでのメール作成やスケジュール調整を依頼しよう

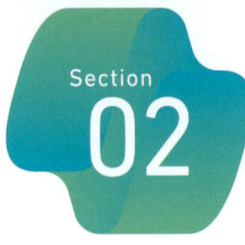

#未読メールの確認　#重要性の高いメールの抽出

未対応メールを教えてもらおう

多忙なビジネスパーソンにとって、日々大量に受信するメールへの対応は頭の痛い問題です。そこで活用したいのがCopilot。Outlookで受信したメールを解析し、未読メールを確認したり、優先的に対応が必要なメールをピックアップしたりと、皆さんを手厚くサポートをしてくれます。

こう頼む！

- まだ確認していないメールをピックアップしてもらう
- 優先的に対応が必要な、重要度の高いメールを教えてもらう

Copilotにヘルプを頼むと……

最優先で対応が必要なメールをピックアップしてくれる

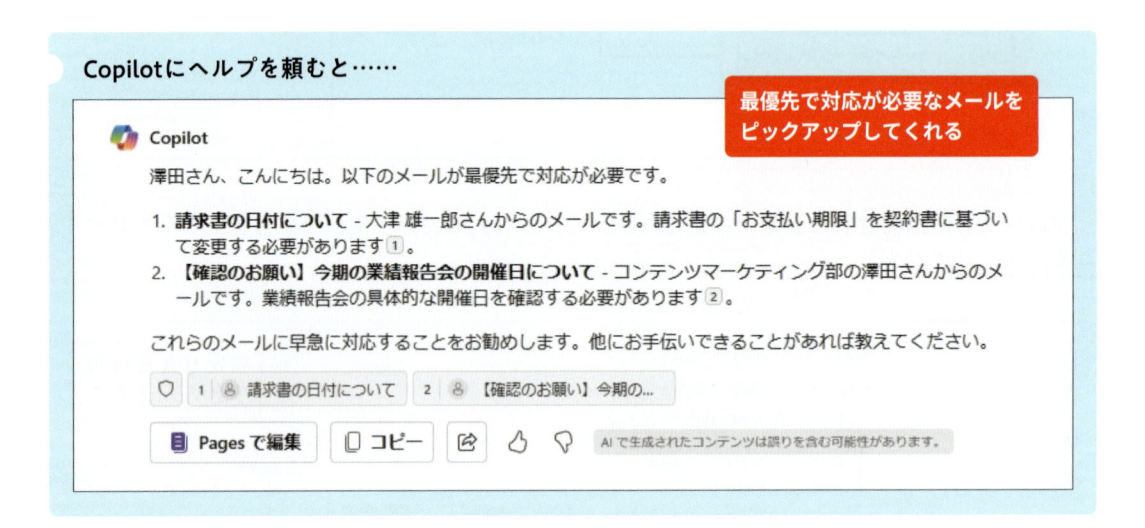

Copilot

澤田さん、こんにちは。以下のメールが最優先で対応が必要です。

1. **請求書の日付について** - 大津 雄一郎さんからのメールです。請求書の「お支払い期限」を契約書に基づいて変更する必要があります ① 。
2. **【確認のお願い】今期の業績報告会の開催日について** - コンテンツマーケティング部の澤田さんからのメールです。業績報告会の具体的な開催日を確認する必要があります ② 。

これらのメールに早急に対応することをお勧めします。他にお手伝いできることがあれば教えてください。

① ⑧ 請求書の日付について　2 ⑧ 【確認のお願い】今期の…

📄 Pages で編集　📋 コピー　↗　👍　👎　AI で生成されたコンテンツは誤りを含む可能性があります。

未読メールを確認しよう

Copilotでは、Outlookで受信したメールを解析して、**未読・既読**の状態で絞り込みをしたり、タイトルや本文に**特定の文字**が含まれているか、**送信者**は誰かなど、さまざまな条件でメールを検索したりできます。

ここでは、Copilotのチャット画面から未読メールを確認する方法を紹介します。

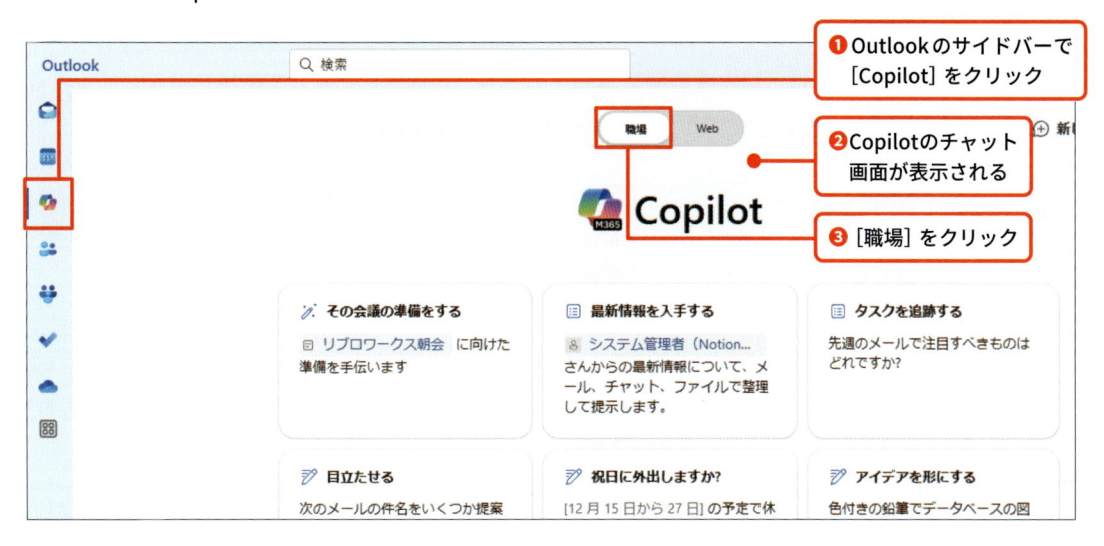

Copilotのチャット画面に、次のようなプロンプトを入力して実行します。

プロンプトが送信された結果、次のように未読メールが箇条書きで整理して表示されます。数字のリンクをクリックすると、該当するメールの詳細を確認することができます。

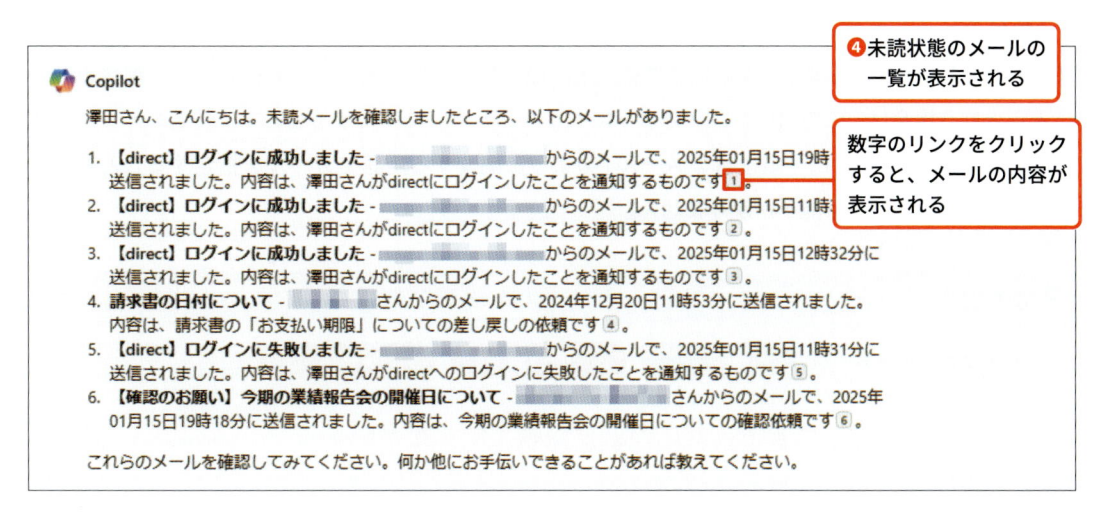

5

Outlookでのメール作成やスケジュール調整を依頼しよう

優先的に対応が必要なメールを確認しよう

　Copilotの便利なところは、**抽象度の高い質問をしても、自律的に判断して結論を提示してくれる**点にあります。まずは次のようなプロンプトを入力して実行してみてください。

　Copilotがメールを解析して重要度の高いものを2つピックアップしてくれました。

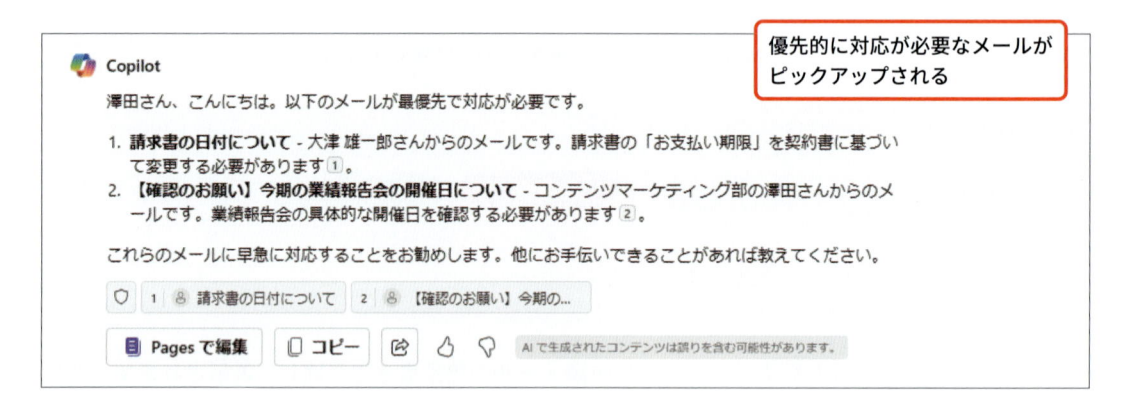

　2番目のメールが気になるので、いつまでに対応すればいいのかCopilotに聞いてみましょう。[Copilotへメッセージを送る] ウィンドウに、下記のプロンプトを入力して実行します。複数の候補が表示される場合は、このプロンプトのように**「1」「2」と数字で指定**することで、特定のメールの詳細な情報を確認できます。「請求書のメール」のように関連する用語でメールを指定することもできますが、数字のほうが手間がかかりません。

プロンプトが送信され、1つ目のメールに記載されていた期限（今週中）が抽出されます。次のSectionを参考に、Copilotを活用して急いで返信メールの文章を準備しましょう。

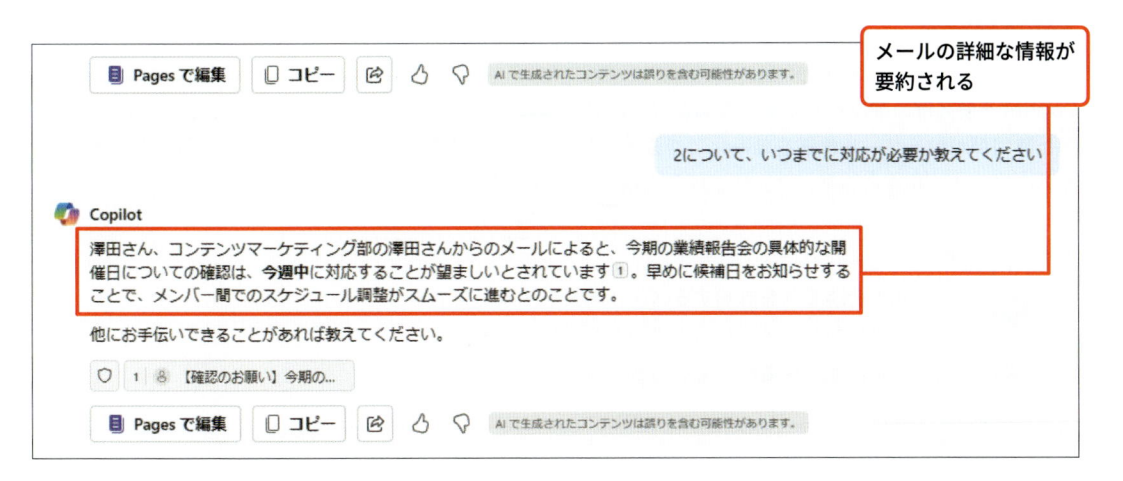

メールの詳細な情報が要約される

このように、チャット内でCopilotにメールに関する質問をすれば、詳細な情報を確認することができます。Copilotの判断に全幅の信頼を置くというわけにはいきませんが、多忙なときは自分を支えるもう1つの頭脳として積極的に活用してはいかがでしょうか。

5
Outlookでのメール作成やスケジュール調整を依頼しよう

Column 他のアプリからメールを確認する

メールの検索や内容の確認は、Outlookからでなくても利用できます。WordやExcelのCopilotから確認すれば、Outlookに切り替えなくてもアプリ内でメールを確認し、その内容をWordやExcelの文書に反映することができます。

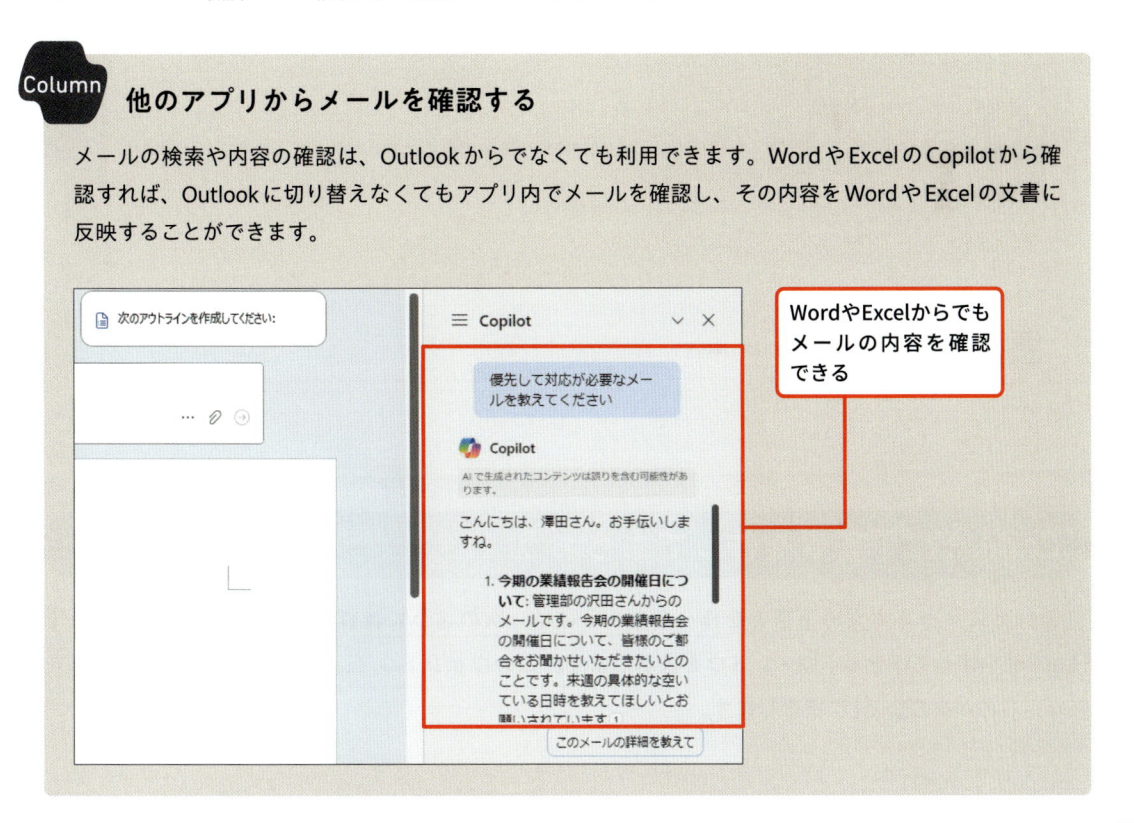

WordやExcelからでもメールの内容を確認できる

Section
03

会議の開催メールを 生成してもらおう

Copilotを使えば、簡単な指示を与えるだけで、メールの本文をすばやく生成してくれるので、本来なら手間と時間がかかるメール作成を効率化できます。生成した文章の長さや内容も、Copilotで微調整できます。海外の方にメールを送る場合は、仕上げた文章をCopilotで翻訳してもらいましょう。

こう頼む！

- ・ 社内会議開催を告知するメール本文を生成してもらう
- ・ 対話しながらメール本文の内容を調整してもらう
- ・ メール本文を英訳してもらう

Copilotにヘルプを頼むと……

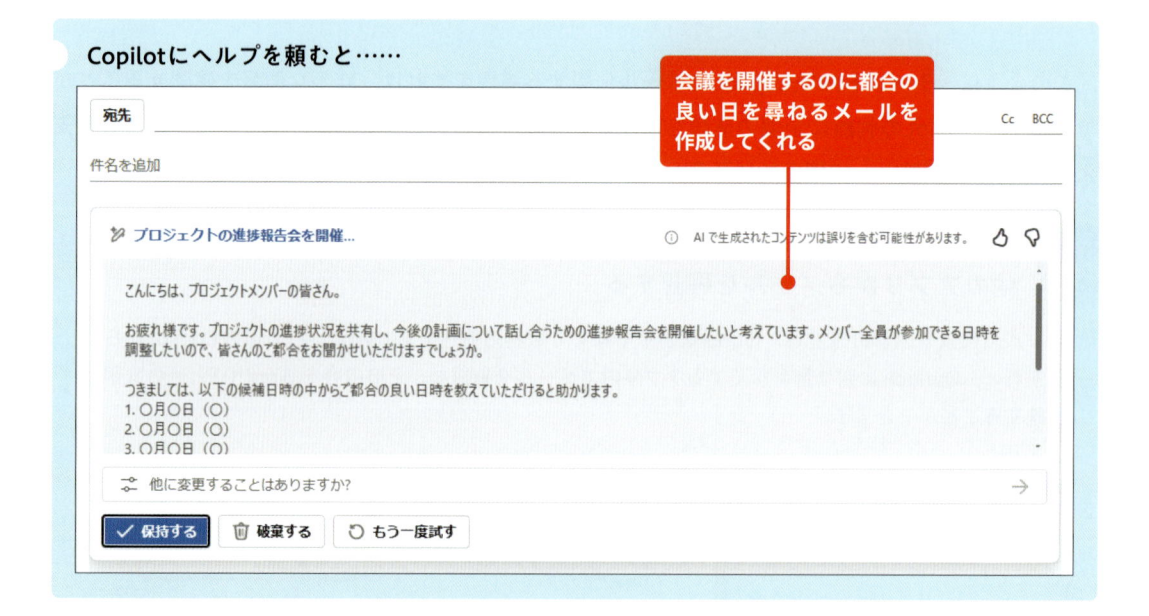

会議を開催するのに都合の良い日を尋ねるメールを作成してくれる

Copilotに下書きを作ってもらおう

　Copilotにメール本文の下書きを作ってもらうには、次のように操作して、メールの作成画面で[Copilotを使って下書き]ウィンドウを表示します。このウィンドウで、メール本文にどんな要素を盛り込むのかをCopilotに指示します。

❶メールの作成画面で［Copilot］をクリックして、

❷［Copilotを使って下書き］をクリックすると［Copilotを使って下書き］ウィンドウが表示される

　ここでは社内会議の開催に向けて、出席メンバーに都合を尋ねる内容のメールを作ります。**盛り込みたい要素が複数ある場合は、読点（、）で区切りながら入力**するといいでしょう。ここでは次のようなプロンプトを入力して実行します。

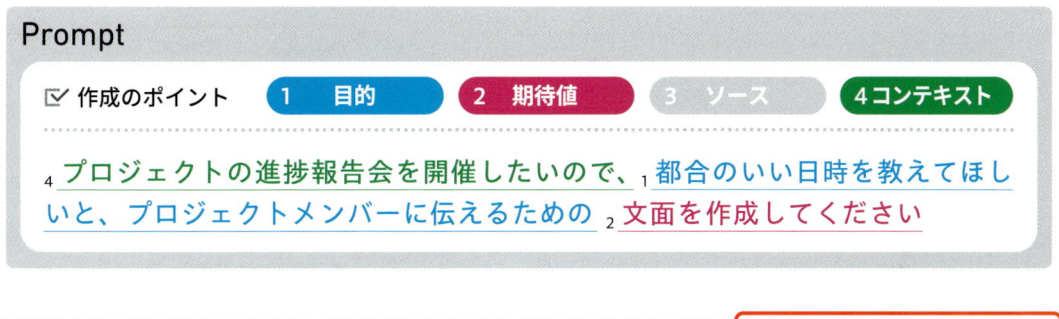

Prompt

☑ 作成のポイント　　1　目的　　2　期待値　　3　ソース　　4コンテキスト

4 プロジェクトの進捗報告会を開催したいので、1 都合のいい日時を教えてほしいと、プロジェクトメンバーに伝えるための 2 文面を作成してください

❸［Copilotを使って下書き］ウィンドウにプロンプトを入力

❹［生成］をクリック

　すると、次のように指示した内容を反映したメール本文が生成されます。ここで［保持する］をクリックすると生成された文章がそのままメール本文に挿入されます。［破棄する］をクリックすると生成が取り消され、［もう一度試す］をクリックすると一部の言い回しを変えるなどしてメール本文があらためて生成されます。

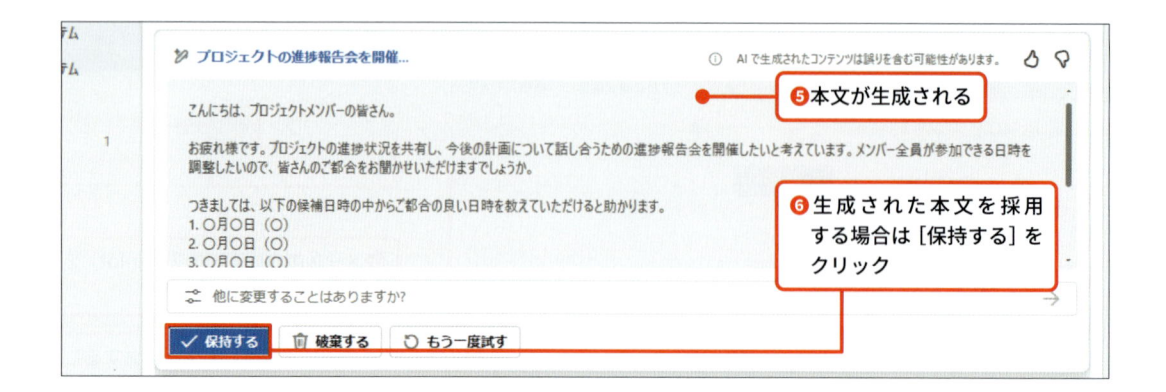

文面の長さを調整してもらおう

　生成されたメール本文の長さは、次のように操作することで調整できます。Copilotは簡単な指示を与えるだけでも、足りないと考えられる要素を自動で補足し、長めの文章を生成する傾向があります。文章が想定よりも長いときは、この調整機能を使って適切な長さに整えましょう。

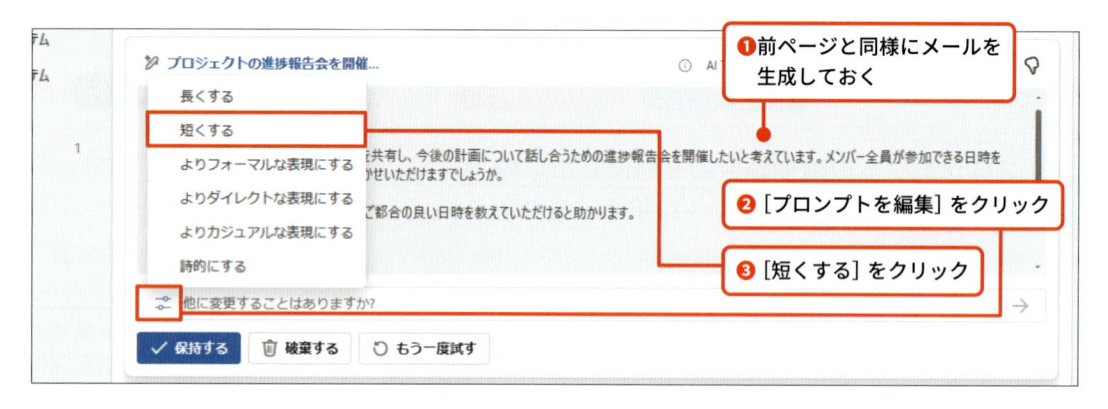

　ここでは生成されたメール本文が長く感じられたので、メニューから［短くする］をクリックしました。その結果、「メンバーに都合の良い日程を尋ねる」、「その返答はなるべく早めに欲しい」という要点を漏らすことなく、文章を短くすることができました。

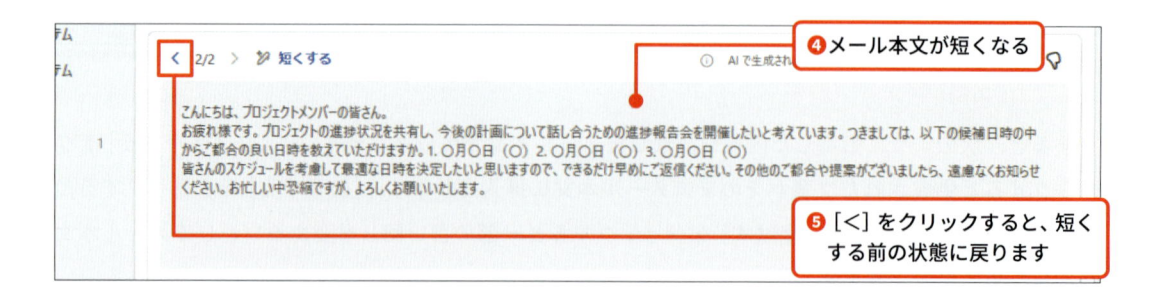

　[プロンプトを編集] のメニューで [長くする] をクリックすると、指示通りメール本文が長くなります。ただし、伝えるべき要素を新たに追加するのでなければ、単に冗長な文章になってしまいます。ビジネスメールなどでは使わないほうが賢明でしょう。

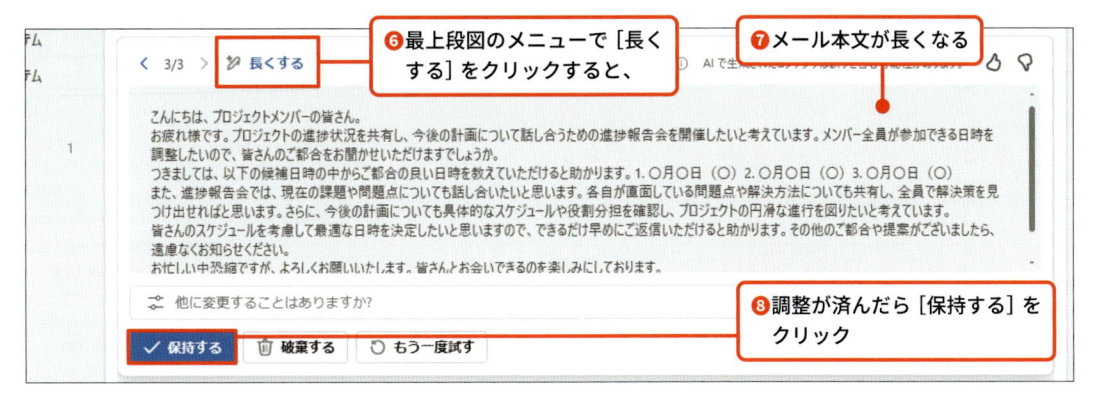

文章の長さは、プロンプトから調整することもできます。その場合、「(数値) 文字以上 (以内) で」や「長め (短め) で生成して」といった指示をプロンプトに付け加えて実行します。

Copilot と対話しながらメールの内容を調整しよう

　Copilot で生成したメール本文は、プロンプトによって追加の指示を出すことで、追記したり、内容を変更したりできます。また、ここで作成するメールのように、会議の開催日時や場所を改行するといった、文章の体裁に対して変更を指示することもできます。

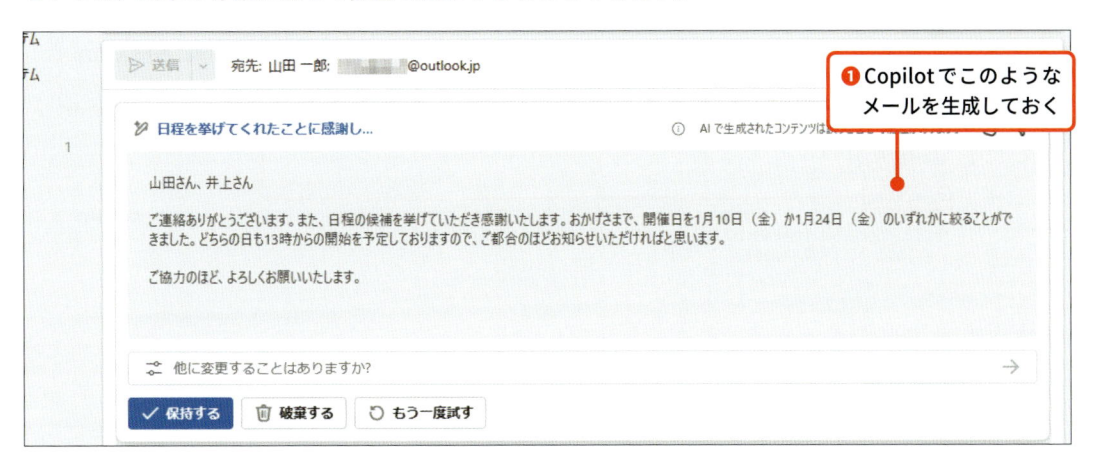

　Copilot で生成した文章が、必ずしも自分の想定した通りになるとは限りません。このサンプルでは相手方の名前を冒頭に入れていますが、差出人である自分が名乗っていないため、プロンプトを送信して名乗るように指示しましょう。

次のプロンプトを、[Copilotを使って下書き] ウィンドウの [プロンプトを編集] ボックスに入力して [→] をクリックするか Enter キーを押して送信します。

Prompt

☑ 作成のポイント 〔 1 目的 〕〔 2 期待値 〕〔 3 ソース 〕〔 4コンテキスト 〕

2 最初に差出人として名乗ってください

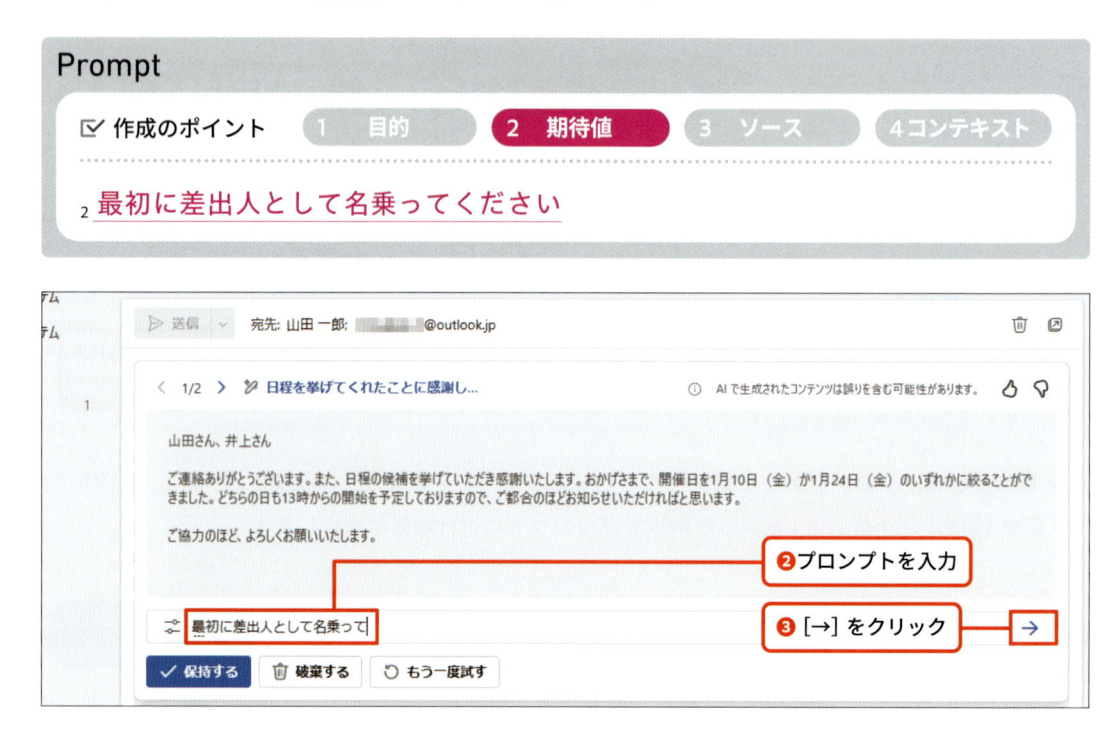

すると、次のようにメール本文の冒頭に差出人名が自然な形で挿入されます。

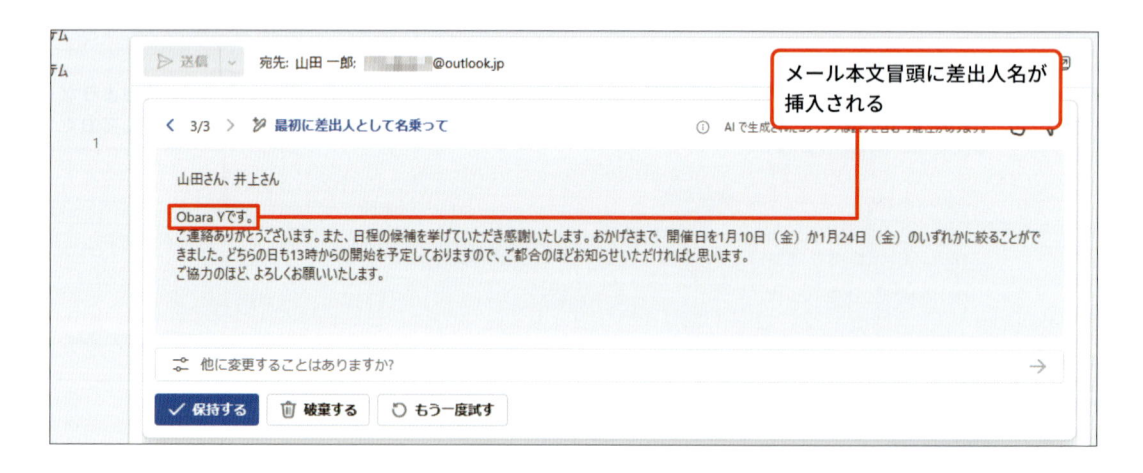

　同様に手順を繰り返すことで、メール本文に不足している要素を追記するなどして内容を変更できます。プロンプトによって指示を出し、変更を加えた履歴（バージョン）は、[Copilotを使って下書き] ウィンドウ上部の [<] [>] をクリックして行き来し、その時点の状態に簡単に戻すことができます。

　今度は文章の体裁を、プロンプトを使って変更してみましょう。まずは会議の日程、場所が決定したことを、会議出席メンバーに伝えるメール本文を生成します。以下のプロンプトをメール作成画面の［Copilotを使って下書き］ウィンドウに入力して［生成］をクリックして送信します。

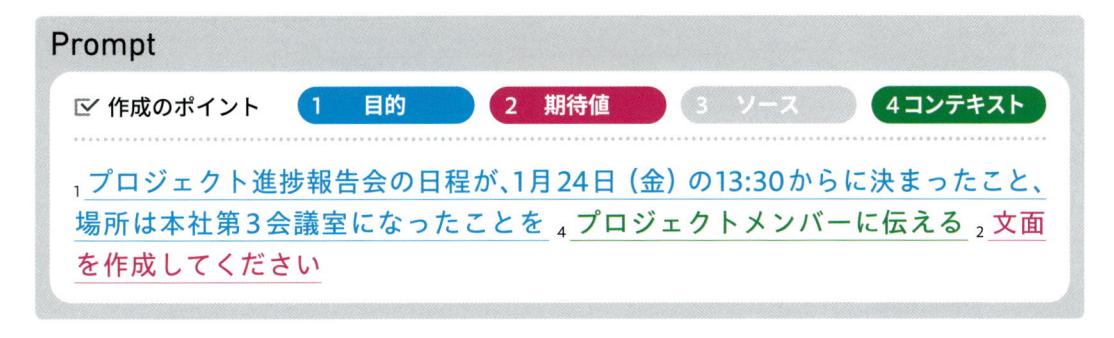

Prompt

☑ 作成のポイント　①　目的　②　期待値　③　ソース　④コンテキスト

①プロジェクト進捗報告会の日程が、1月24日（金）の13:30からに決まったこと、場所は本社第3会議室になったことを　④プロジェクトメンバーに伝える　②文面を作成してください

　プロンプトによってメール本文が生成されたものの、日時や場所といった重要な情報が目立ちません。

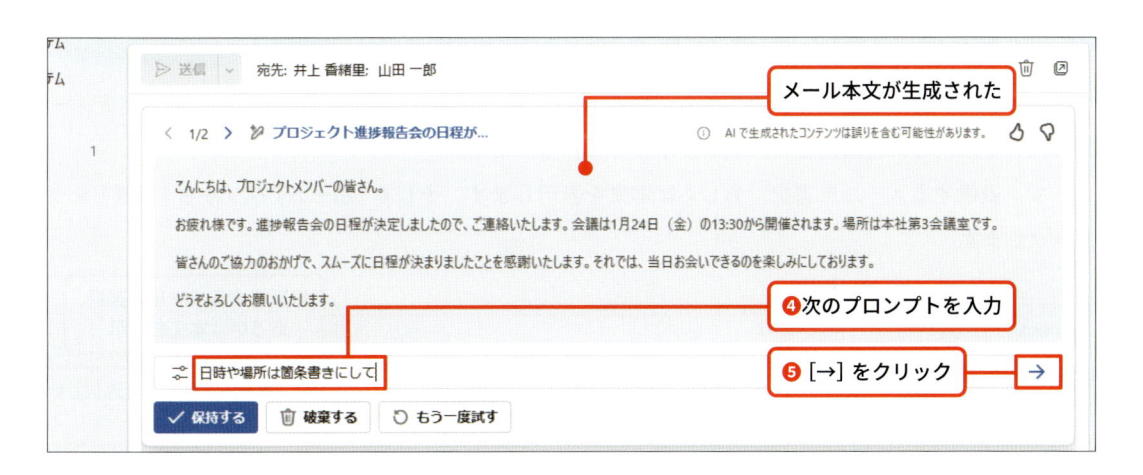

　これを次のプロンプトで**箇条書きにするよう指示**し、文章の体裁を整理します。

Prompt

☑ 作成のポイント　①　目的　②　期待値　③　ソース　④コンテキスト

②日時や場所は箇条書きにしてください

　指示が反映され、日時と場所が改行されます。今回は自動的に、箇条書きの日時の前に「日時：」、開催場所の前に「場所：」というラベルが自動挿入されました。

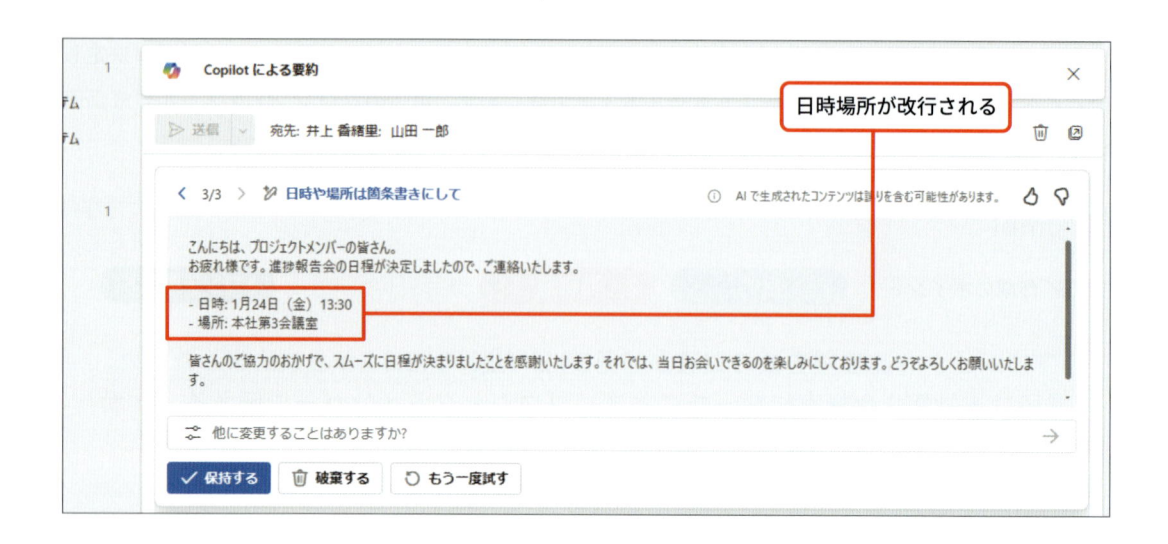

日時場所が改行される

返信の文面を作成してもらおう

　受信メールに対する返信の文面ももちろんCopilotで生成できます。Copilotが自動的に返信元メールの内容を解析し、返信内容の候補を提示してくれるのです。

　まず、返信するメールを選択、もしくは本文を表示します。そして [ホーム] タブから [返信] をクリックします。

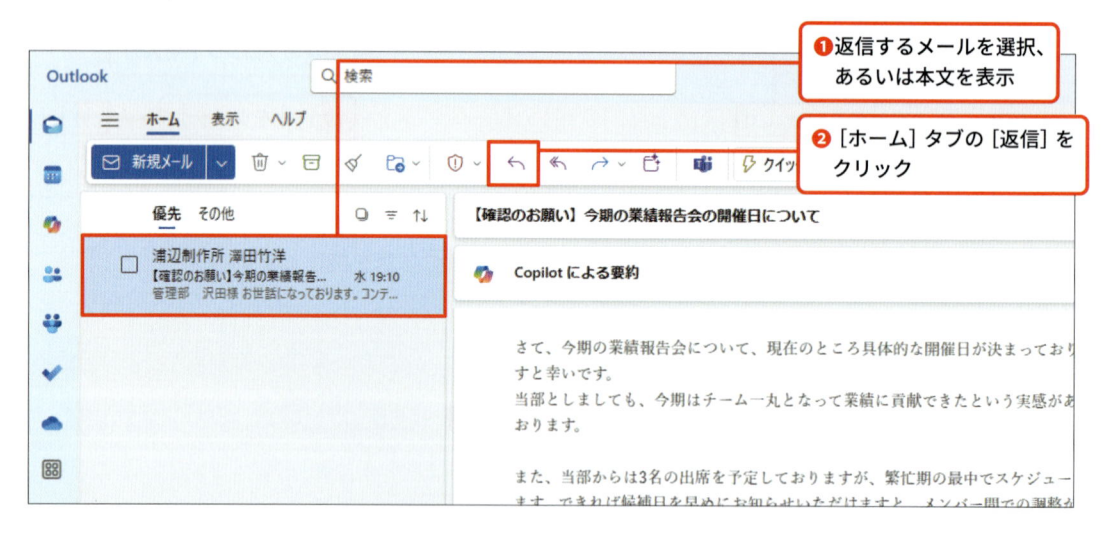

❶ 返信するメールを選択、あるいは本文を表示

❷ [ホーム] タブの [返信] をクリック

　上の手順に続けて、メールの返信作成画面に切り替わり、[Copilotを使って下書き] ウィンドウが表示されます。ここに「近日中にお知らせします」「調整中です」といった**返信内容をボタン化したもの**が表示されるので、目的のボタンをクリックします。

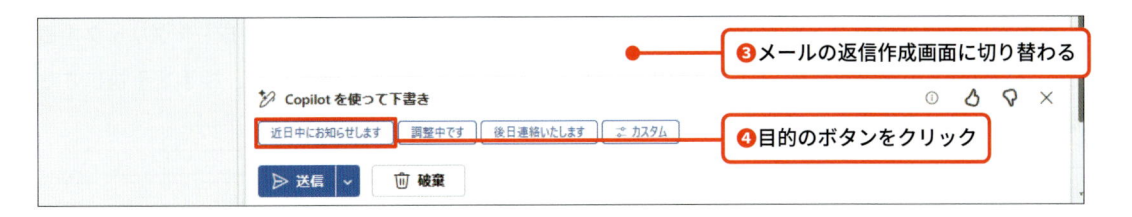

クリックしたボタンに応じて、返信の本文が生成されます。提示された別のプロンプトを実行して本文を書き換えたい場合は、この画面で [破棄する] をクリックして前の画面に戻ります。

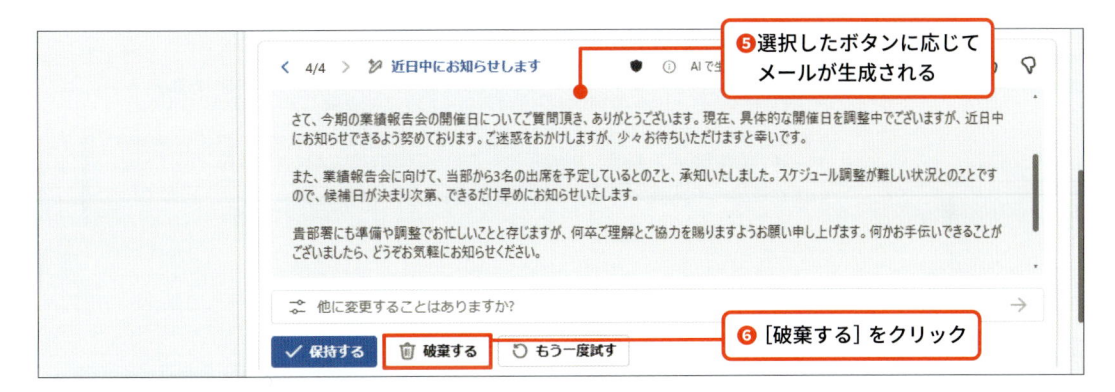

このようにボタンをクリックするだけで返信を生成できるので、メールの作成にかける時間が大幅に削減できます。ただし、必ずしも望んだ通りの返信が生成されるとは限りませんし、提示されたもの以外のトピックを盛り込みたいという場合もあります。このような場合は、通常のメール生成時と同様に、手動でプロンプトを入力しましょう。

返信の作成画面の [Copilotを使って下書き] ウィンドウで [カスタム] をクリックすると、プロンプトを手動で入力する画面に切り替わります。あとは通常のメールと同様にプロンプトを入力して実行します。ここでは次のように、打ち合わせの日程調整を依頼する文面を生成します。

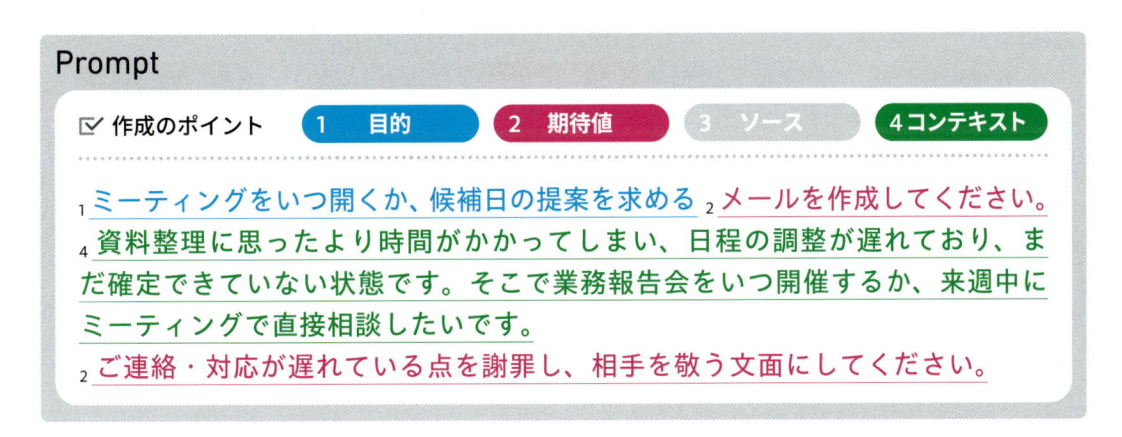

5

Outlookでのメール作成やスケジュール調整を依頼しよう

前のページのプロンプトを［Copilotを使って下書き］ウィンドウに入力し、［生成］をクリックすると、プロンプトの指示を反映した返信が生成されます。候補日の提示を求めつつ、相手を不快にさせない、狙い通りの返信を生成することができました。

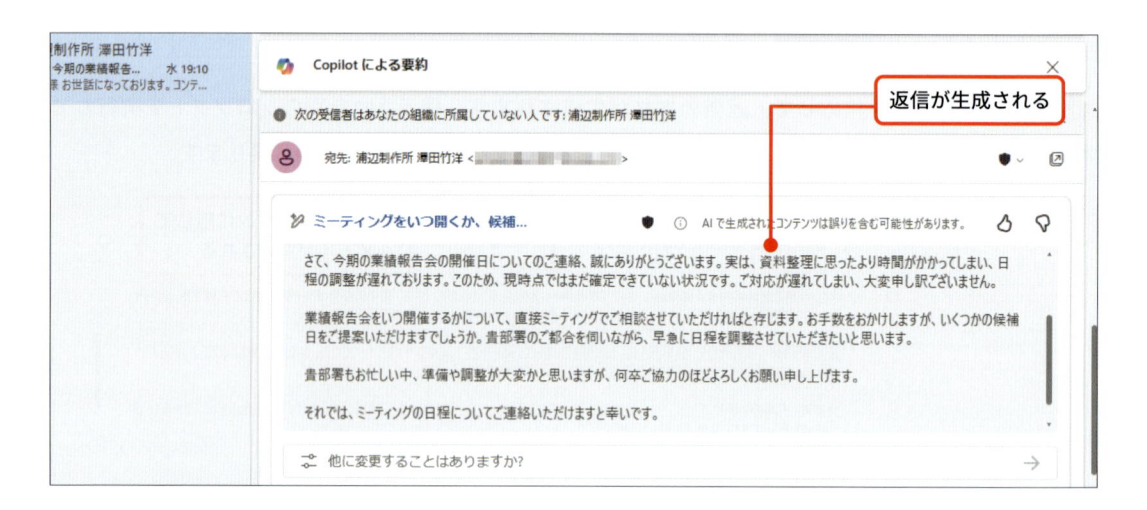

英文のメールを生成してもらおう

　海外の支社やビジネスパートナーとメールをやり取りする機会が多い場合は、Copilotに翻訳を依頼してみましょう。以下の例では、一度日本語でメール本文を生成してから英語に翻訳しています。こうすることで、内容が意図通りか確認しつつ英文のメール本文を作成できます。

　まずは、［Copilotを使って下書き］ウィンドウで下記のプロンプトを入力し、［生成］をクリックしましょう。

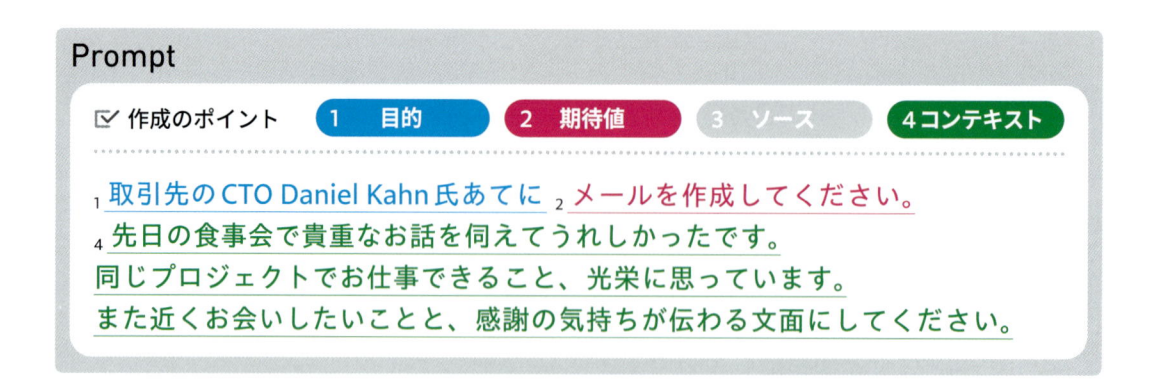

　すると、次のように日本語でメールが生成されます。

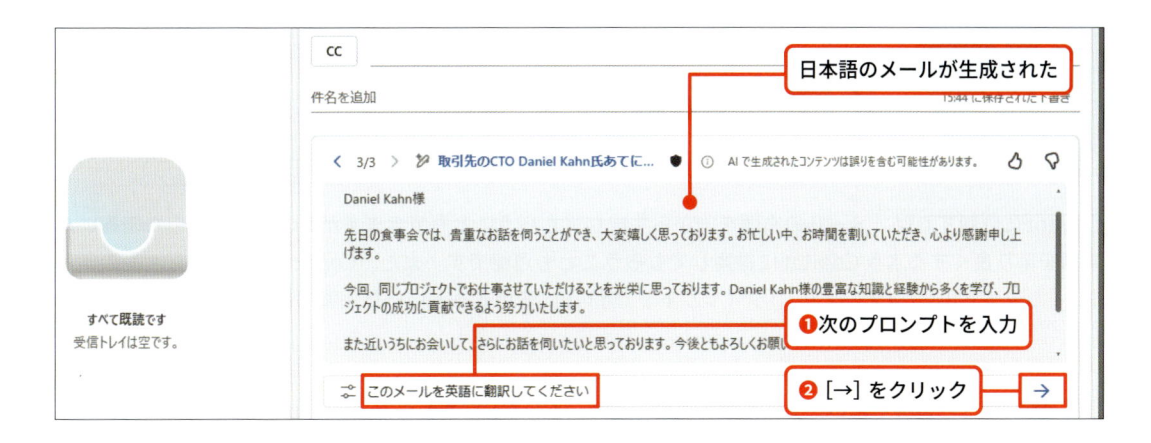

この段階でメールの内容に誤りや不備がないか確認し、必要に応じて追記・修正しておけば、翻訳した文面でももともとの意図が伝わりやすくなります。続けて、[プロンプトを編集]のボックスに以下のプロンプトを入力して実行します。

すると、次のようにメール本文が翻訳されます。

　念のため、英文も誤りなどがないかよく確認し、問題がなければ[保持する]をクリックしてメール本文に生成された英文を挿入します。なおここでは日本語から英語に翻訳していますが、中国語やスペイン語、フランス語などCopilotがサポートしているその他の言語への翻訳も可能です。

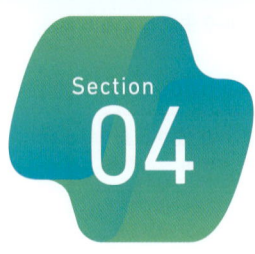

#Copilotによるコーチング　#文面をカジュアルな印象に変える

文面を改善してもらおう

Copilotに依頼すれば、メールの文面を一から生成してもらうこともできますが、ユーザーが自身で書いた文章をより良くするようCopilotに提案してもらうことも可能です。また、Copilotで生成した文面の印象を、「カジュアル」「フォーマル」「ダイレクト」「詩的」に変更するといった調整も可能です。

こう頼む！

- 自分で書いたメール本文を校正（コーチング）してもらう
- 生成したメール本文の印象、調子を変えてもらう
- メール内の情報を追加・変更してもらう

ここに注意！

- Copilotに校正してもらうには、文章が100文字以上である必要があります

Copilotにヘルプを頼むと……

Copilotが、メール本文をより良くするためのアドバイスをしてくれる

Copilotに文面をチェックしてもらおう

　[Copilotによるコーチング]機能を使うと、ユーザーが書いた、あるいはCopilotで生成して[保持する]をクリックした後のメールの文面を解析し、内容をブラッシュアップするためのアドバイスをCopilotが提案してくれます。重要なメールを出す際は、この機能でCopilotを「第三者の目」として積極的に活用しましょう。

なお、［Copilot によるコーチング］を使うには、**文字数が100文字以上である必要があります。**

メール本文の内容を Copilot が分析し、ブラッシュアップするために3つの観点からアドバイスをしてくれます。1つ目の観点である［トーン］は、文章の印象、調子に関するアドバイスです。

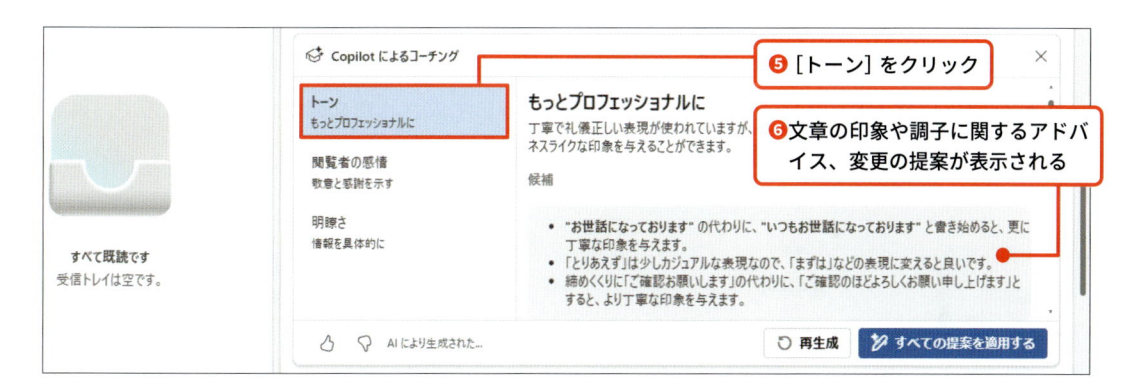

2つ目の観点である［閲覧者の感情］では、メールの送信相手への配慮が、どれだけ文章に込められているかを評価します。感謝や期待などをしっかり伝えたい場合に参考にしましょう。

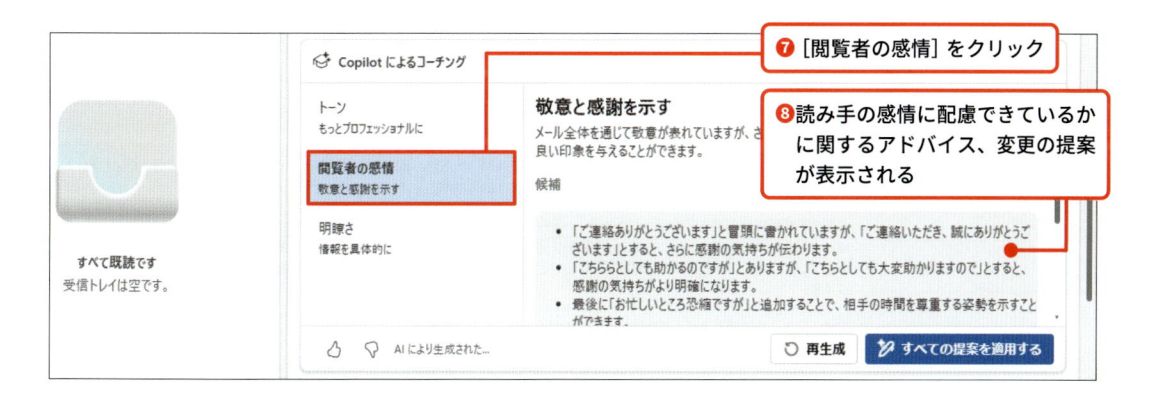

3つ目の［明瞭さ］は、文章がどれだけ「わかりやすいか」ということを基準にした観点です。ここでの例のように、予定の日付あるいはその候補を提案する文面であれば、日付をより際立たせ、強調するような書き方を提案をしてくれます。［トーン］の他に［閲覧者の感情］［明瞭さ］でのアドバイス、提案を受け入れ、それらをメール本文に適用するには、［すべての提案を適用する］をクリックします。また、提案に納得がいかない場合は［再生成］をクリックすると、新しい文章を提案してくれます。

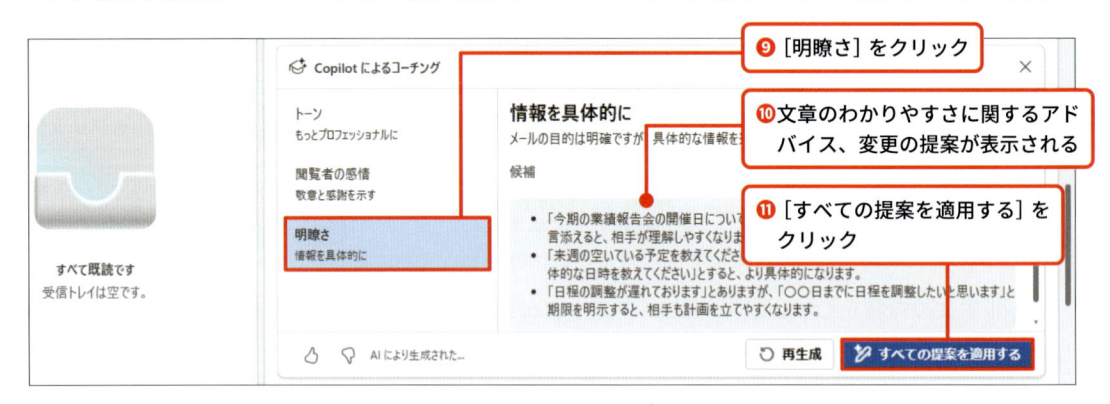

提案を反映した文面が生成されたら、［置換］をクリックすると、その文面に元の文面が置き換えられます。［下に挿入］をクリックすると、元の文面の下に生成された文面が挿入されるので、両者を比較しながら、自らの手で文面のブラッシュアップすることもできます。

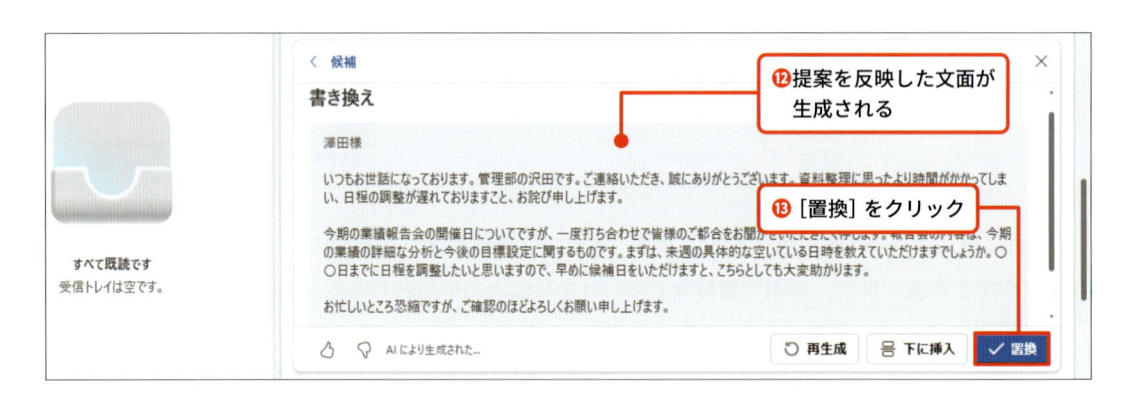

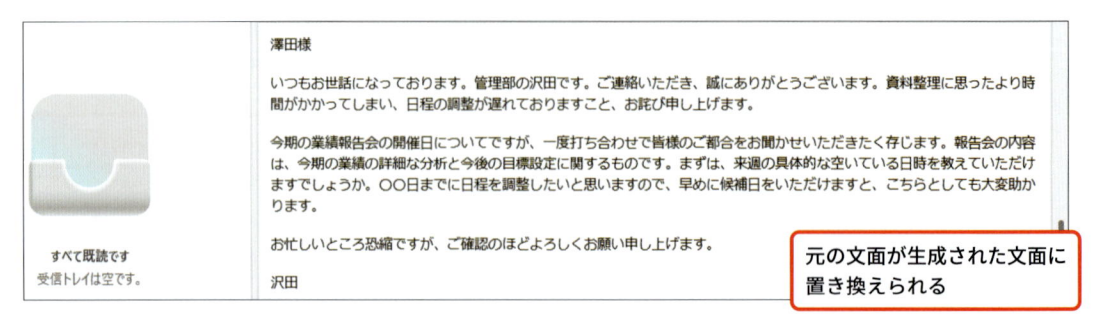

文章の印象を変えてもらおう

　Copilotに文面を生成してもらった際に、「ちょっと堅苦しいな」「なれなれしい感じがする」といった違和感を抱くこともあるでしょう。このような**文章の調子（トーン）**は、Copilotの調整機能を使えば簡単に変更できます。

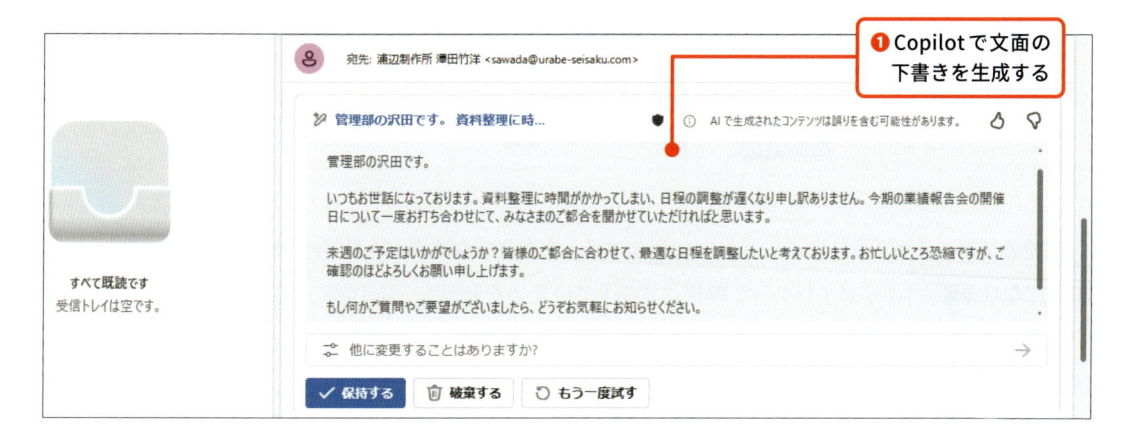

❶ Copilotで文面の下書きを生成する

　[Copilotを使って下書き] ウィンドウで [プロンプトを編集] をクリックすると表示されるメニューには、文体や調子を変更するための4つのメニュー項目が用意されています。ここではまず [よりカジュアルな表現にする] をクリックします。

❷ [プロンプトを編集] をクリック

❸ [よりカジュアルな表現にする] をクリック

　メールの文面が親しみやすい砕けた表現に変更されます。元に戻すには [Copilotを使って下書き] ウィンドウの [<] を、同じカジュアルでも別の表現にしたい場合は [もう一度試す] をクリックします。

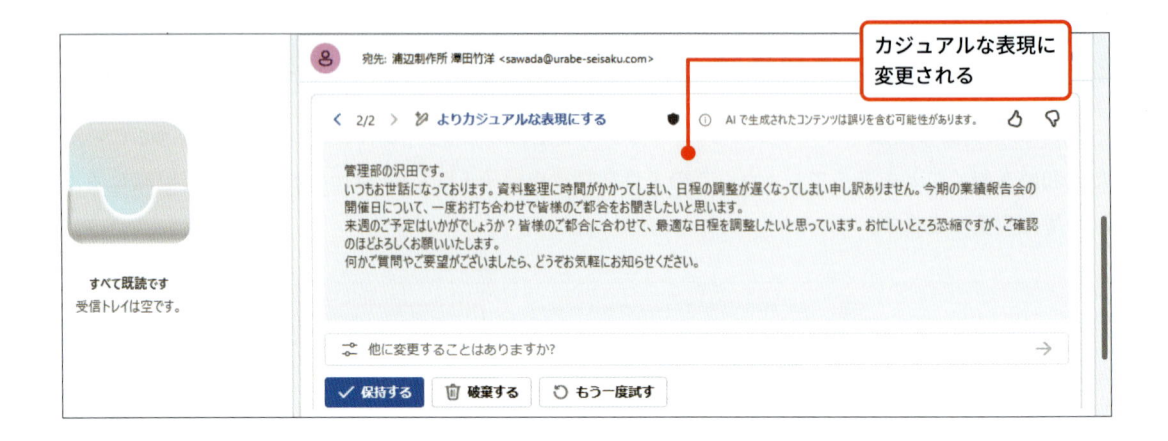

前述のメニューで［よりフォーマルな表現にする］をクリックすると、文面全体がかしこまった、堅い印象になります。［よりダイレクトな表現にする］では要点を強調し、最小限の言葉で文面を生成します。

ユニークなのは［詩的にする］で、次の例では「澄んだ空の下、時の流れに身を任せ、管理部の沢田がここに」など、文字通り詩的な表現を多用した文章が生成されますが、こうした文章は基本的にビジネスシーンにはふさわしくないため、あまり使う機会はないでしょう。

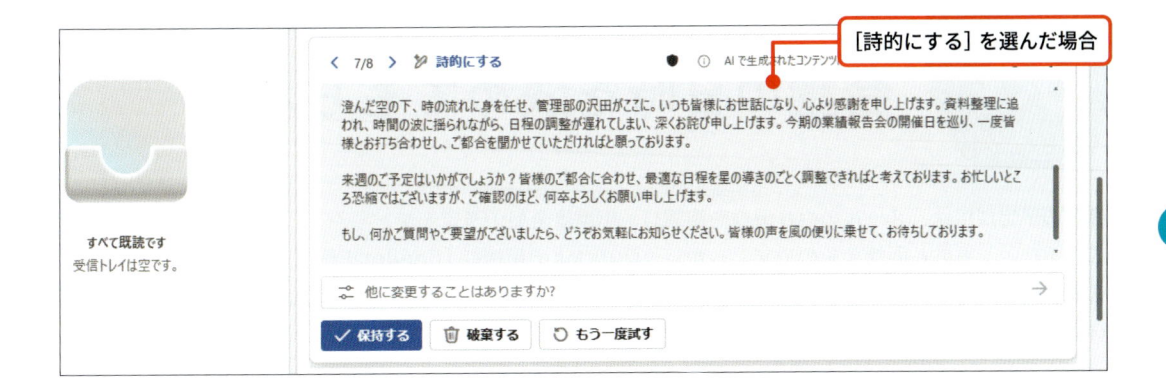

[Copilotを使って下書き] ウィンドウでは、文面の生成履歴 (バージョン) を [<] [>] をクリックして行き来できます。生成結果に満足できなければ前のバージョン、あるいは元のバージョンに戻ってから、別の表現方法を選び直すなどして、文章の再生成してみましょう。

プロンプトで一括修正・追記しよう

Copilotを使って生成した文面を修正したい場合、[保持する] をクリックして生成したものをメール本文に入力する前であれば、プロンプトを使って修正指示を出すことができます。プロンプトを使った修正指示であれば、次のように日付、時刻、場所など、複数箇所をまとめて修正できるうえ、同時に新しい要素を追記することもできます。

Prompt

☑ 作成のポイント　　1 目的　　2 期待値　　3 ソース　　4 コンテキスト

₂打ち合わせはTeamsのオンラインミーティングで、所要時間は30分ほどに設定してください。₄また、管理部からの出席者は私と小出です。

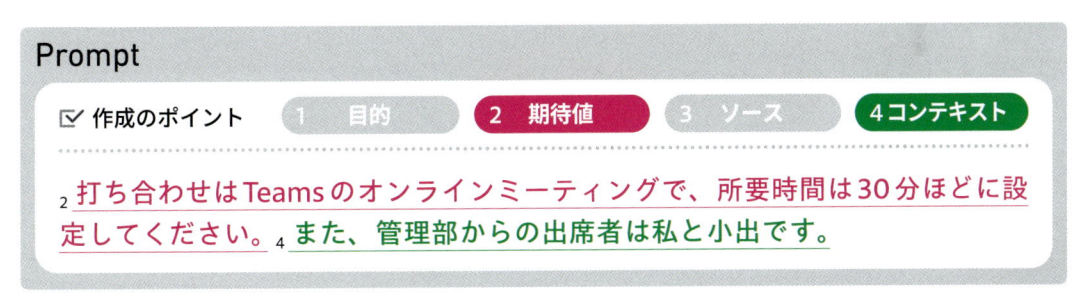

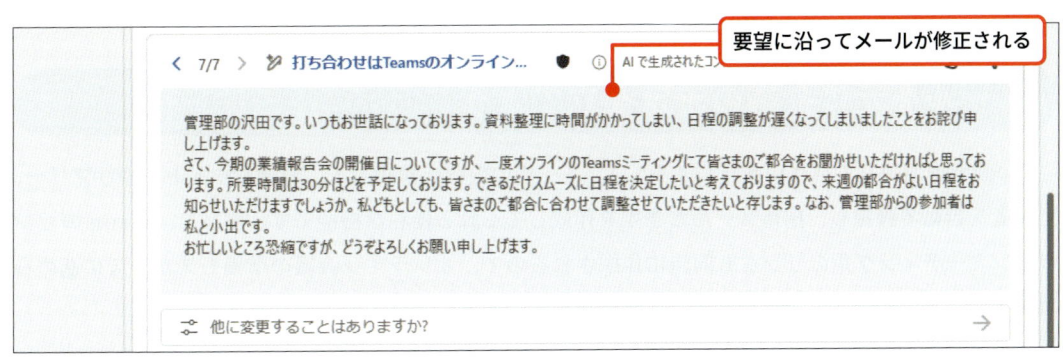

会議の日時を決めてもらおう

会議の予定調整は、メールのやり取りを確認し、出席者全員の予定をチェックし、カレンダーに予定を追加するなど、意外と面倒なものです。しかし、Outlookの新機能「Copilotを使用してスケジュールする」を利用することで、このような手間を大幅に軽減できます。ここでは、AIを活用した新時代のミーティング調整方法について詳しく解説します。

こう頼む！

- メールの内容を解析し、カレンダーに会議の予定を追加してもらう
- 出席者の予定を参照し、会議に適した日程を提案してもらう

Copilotにヘルプを頼むと……

メールの内容を解析し、会議のアジェンダやメールのサマリーをまとめてくれる

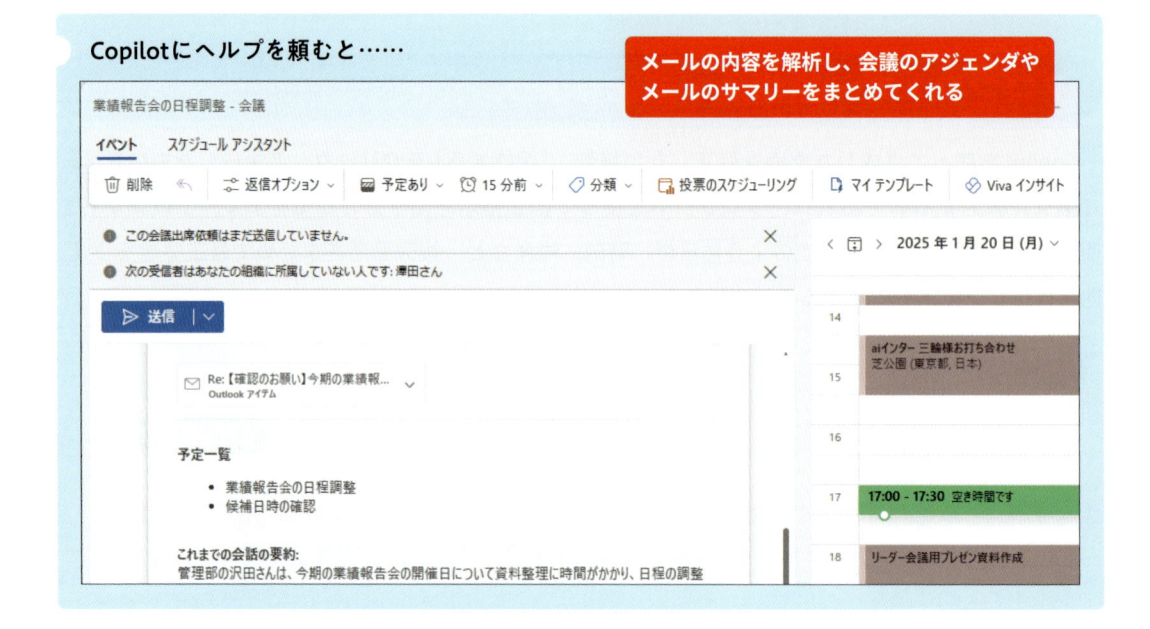

メールを元に会議の予定を立てよう

　「Copilotを使用してスケジュールする」は、メールの内容を解析して、最適なタイトルやサマリー、出席者を自動で設定し、招待メールと予定を作成してくれる便利な機能です。さらに、Teamsのオンラインミーティング用のリンクも同時に作成されるので、オンライン会議の準備もスムーズに進められます。ここでは、この機能を活用して予定を立てる方法についてご紹介します。

　会議の予定を立てたいときは、対象のメールを開いた状態で [ホーム] タブの [Copilot を使用してスケジュールする] をクリックします。

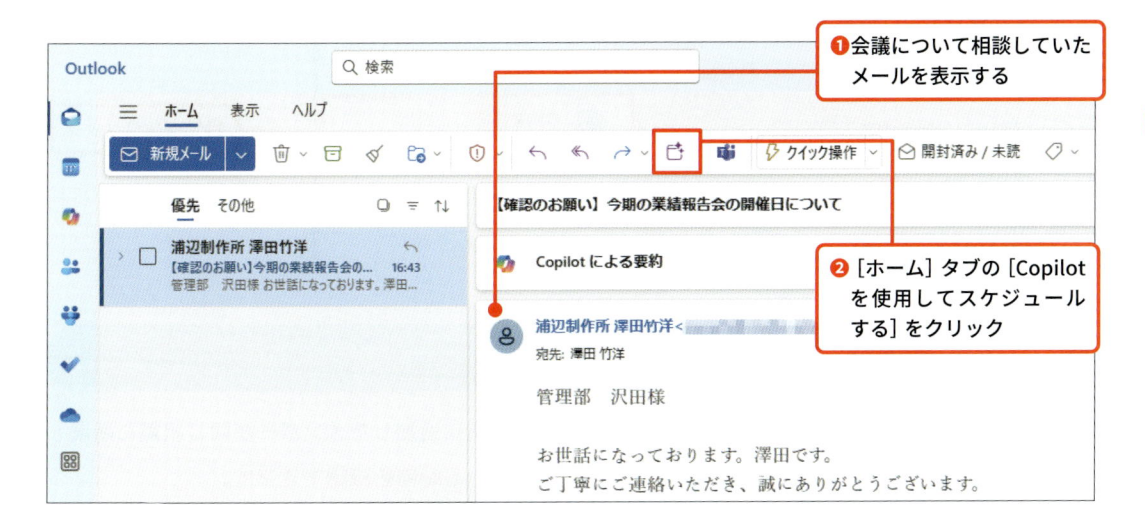

❶会議について相談していたメールを表示する

❷[ホーム] タブの [Copilotを使用してスケジュールする] をクリック

　イベントの作成ウィンドウが表示されます。タイトル、出席者、これまでのやり取りのサマリーなどの基本情報は、Copilot があらかじめメールの内容から推測して入力してくれています。Teams でオンライン会議を行う場合は、[Teams 会議] にチェックをつけるのを忘れないようにしましょう。

❸タイトルや出席者をCopilotが入力してくれる

❹[Teams 会議] にチェックをつける

出席者を追加しよう

　メールのやり取りに含まれていないメンバーを会議に追加したいときは、[出席者を招待します] 欄に招待したい人の名前やメールアドレスを入力し、候補をクリックします。これで、メールに含まれていないメンバーにも招待状が送付されるようになります。

❶招待したい人の名前やメールアドレスを入力

❷候補をクリック

会議の実施日時を調整しよう

　法人向けの Microsoft 365 と Copilot を導入しており、会議に追加したメンバーが同じ組織に所属している場合、このイベントの作成画面から**お互いの空いている時間を確認できます。**

　ウィンドウ右側のカレンダービューで候補となる時間帯を選択した際、赤く表示されると出席者のうち誰かに予定がすでに入っていることを意味し、緑色で表示されると出席者全員の予定が空いていることを意味します。つまり、緑色になる時間帯を選択しておけば、招待した全員が出席できる確率が高くなるということです。

　残念ながら予定を参照できない社外の人に対しては、この機能は利用できません。Copilot がまとめてくれたサマリーを参考に日時を設定しましょう。

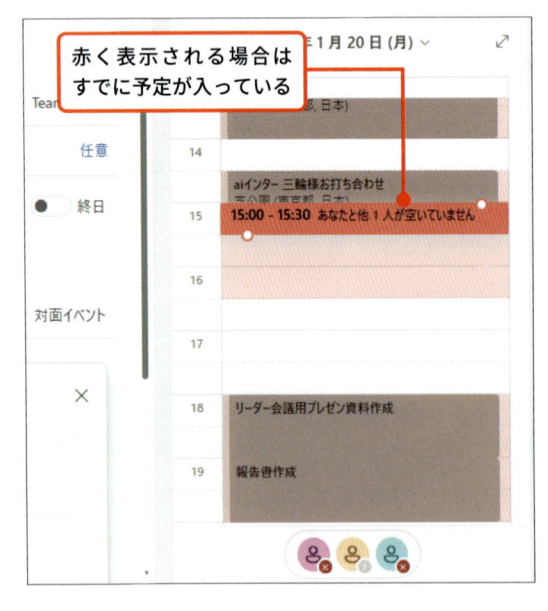

赤く表示される場合はすでに予定が入っている

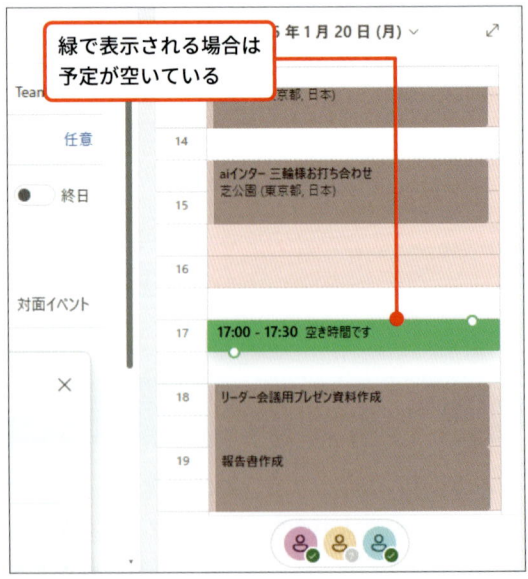

緑で表示される場合は予定が空いている

出席者のスケジュールを詳細に確認する

会議に招待するメンバーが増えてくると、カレンダービューだけでは全員が都合のつくタイミングを探すのが大変になります。このようなときは、参加者の予定を一覧できるスケジュールアシスタント機能を活用しましょう。

イベント作成ウィンドウの [スケジュールアシスタント] タブをクリックすると、招待したメンバーと自身の予定がガントチャート風に表示されます。必須出席者と任意出席者を設定することもできるため、必須出席者の予定が合う時間帯を簡単に見つけるといったことも簡単に行えます。

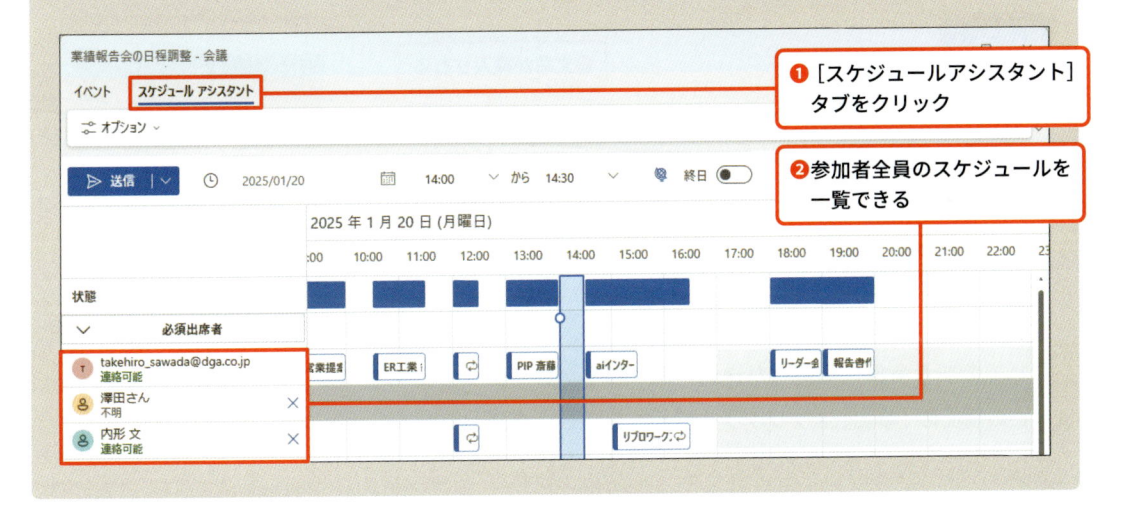

5

Outlook でのメール作成やスケジュール調整を依頼しよう

招待状を送信し予定を登録しよう

　出席者の追加と、実施日時の設定が完了したら、招待状を送付しましょう。まずは、ウィンドウ下部の [挿入] をクリックし、Copilot が自動入力してくれたサマリーをイベントの詳細欄に反映します。

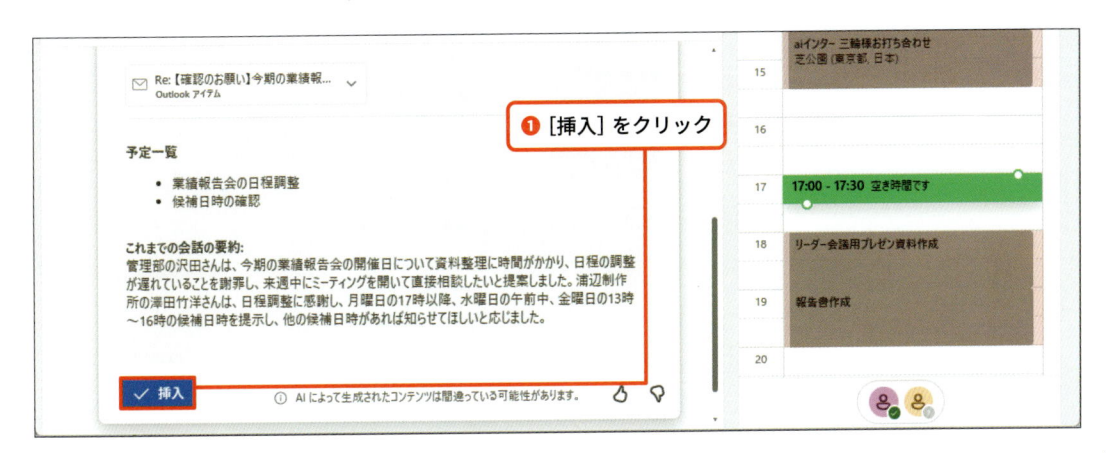

イベントの詳細にCopilotが用意した文章が挿入され、編集できる状態になりました。特に付け加えることがなければ、あとは［送信］をクリックするだけです。

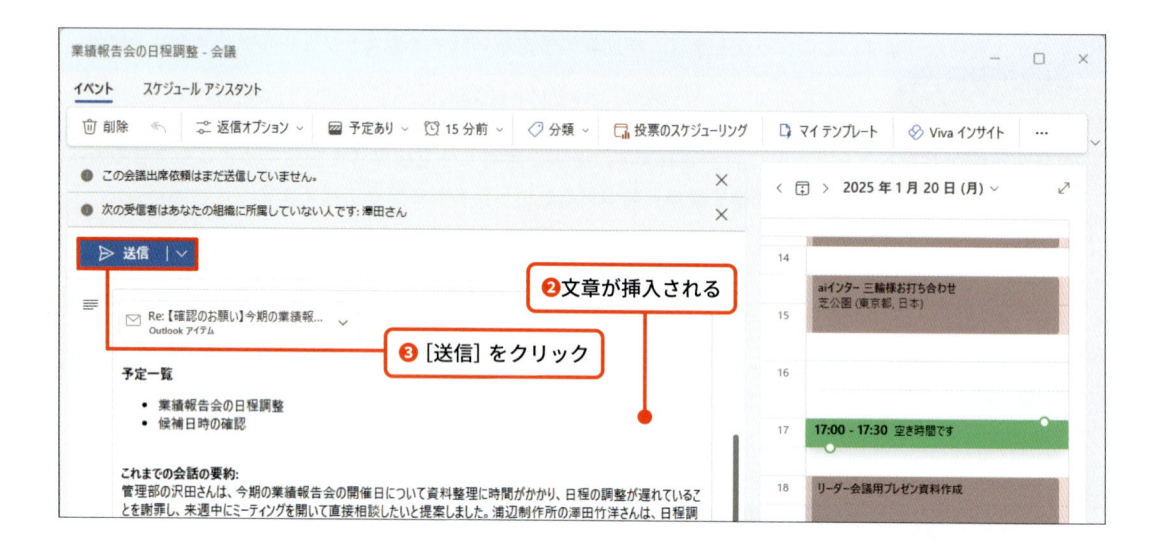

　これで参加者全員に招待状が送信され、自身のカレンダーには会議の予定が追加されます。当日は、この画面の［参加］をクリックすると、Teamsの会議画面が表示されます。

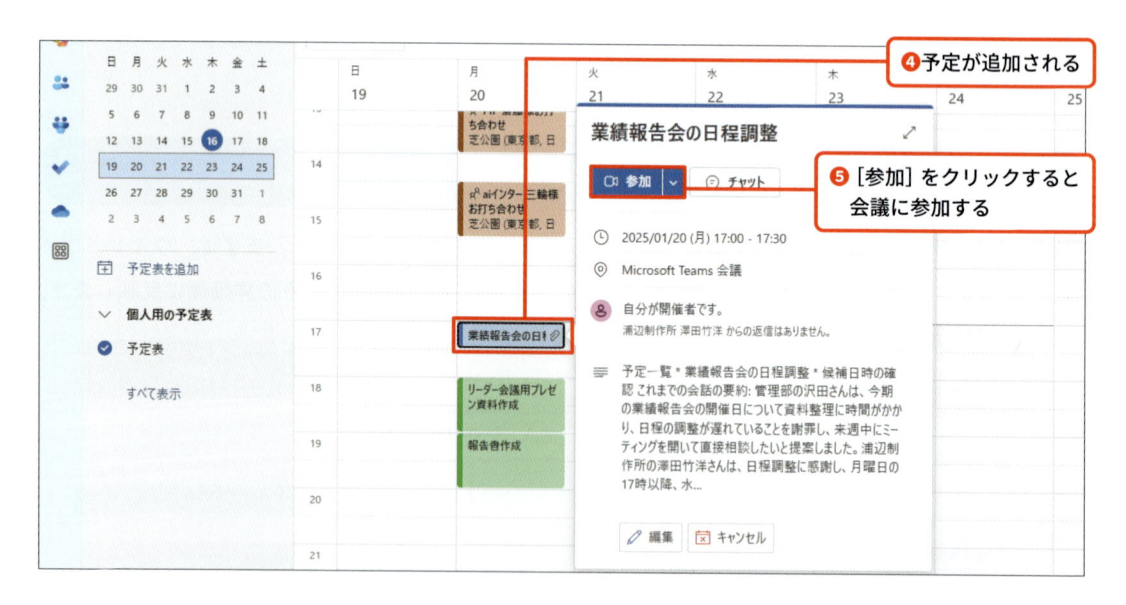

Chapter 6

Teamsでの
会議の議事録作成や
フィードバックを
依頼しよう

Teamsを使ったオンライン会議では、文字起こし機能を使用することで、Copilotにさまざまなことを依頼することができるようになります。議事録作成を効率化したり、会議を踏まえたフィードバックを依頼して、会議の質を向上させたりしましょう。

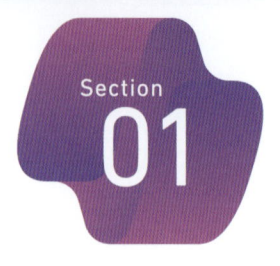

#議事録の生成　#フォーマットを指定した議事録の生成

議事録を生成してもらおう

Teams で会議を実施した後に、議事録をすべて自分で作成するのは手間も時間もかかります。Copilot に議事録を生成してもらうことで、時間を節約してみましょう。単に議事録を作成してもらうように依頼する以外にも、必要な項目を指定することでより理想的な議事録に仕上げてもらうことも可能です。

こう頼む！

- 会議の録画をもとに議事録を生成してもらう
- 議事録に必要な項目を盛り込んだフォーマットを指定して生成してもらう

ここに注意！

- 議事録を生成するには、会議を録画しておく必要があります
- Word 形式などに直接出力することはできません

Copilotにヘルプを頼むと……

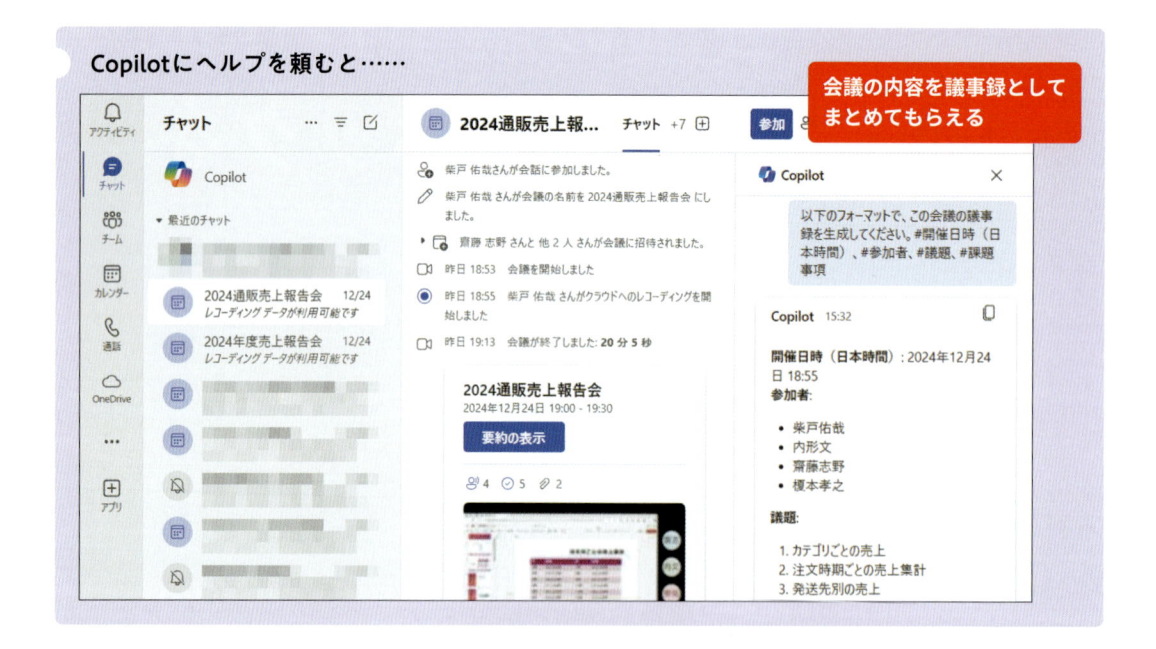

会議の内容を議事録として
まとめてもらえる

会議を録画・文字起こしする

　本セクションではCopilot に議事録を生成してもらいますが、その前提として会議を録画しておく必要があります。まずは、会議の録画の手順を説明します。

参加している会議画面の［その他］メニューから**［レコーディングと文字起こし］**をクリックし、その中の**［レコーディングの開始］**をクリックすると会議の録画が始まります。また、文字起こしも同時に開始されます。録画を行う際には、事前に参加者に断りを入れてから録画するようにしましょう。

　［レコーディングの開始］がグレーで表示されておりクリックできない場合、組織の管理者によって録画機能が停止されていることを意味します。システム部など社内のシステムを管理している人に、録画機能を有効にできないか相談してみてください。

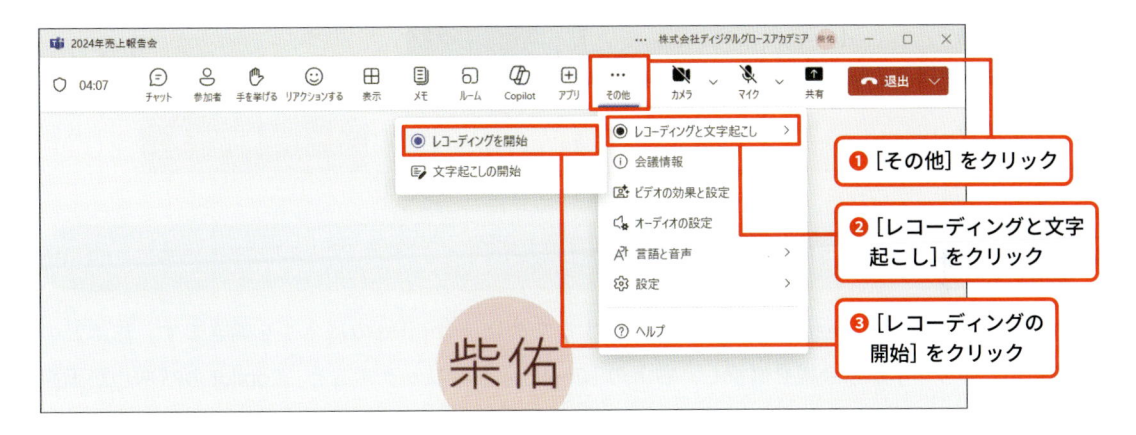

会議終了後、録画したデータは以下の手順で確認できます。

　まず、Teamsを開き、［チャット］をクリックします。その後、録画を確認したい会議を選択し、［共有済み］タブをクリックします。この会議で共有されたファイルを表示する画面が開きます。その中に録画データがありますので、クリックします。

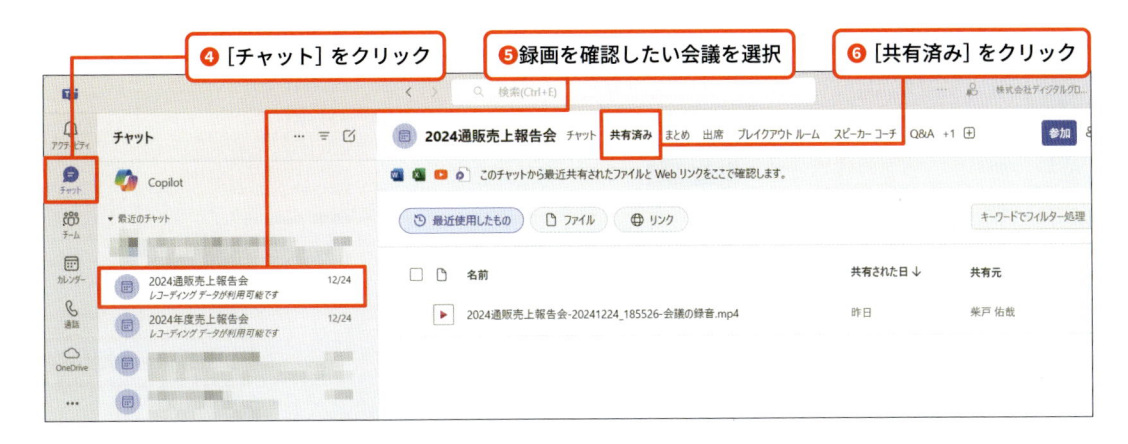

クリックするとブラウザが起動し、Microsoftが提供している企業向け動画共有サービスである**Stream**にアクセスします。録画データはこちらに保存されており、ブラウザ上で再生可能です。また、ダウンロードもできます。

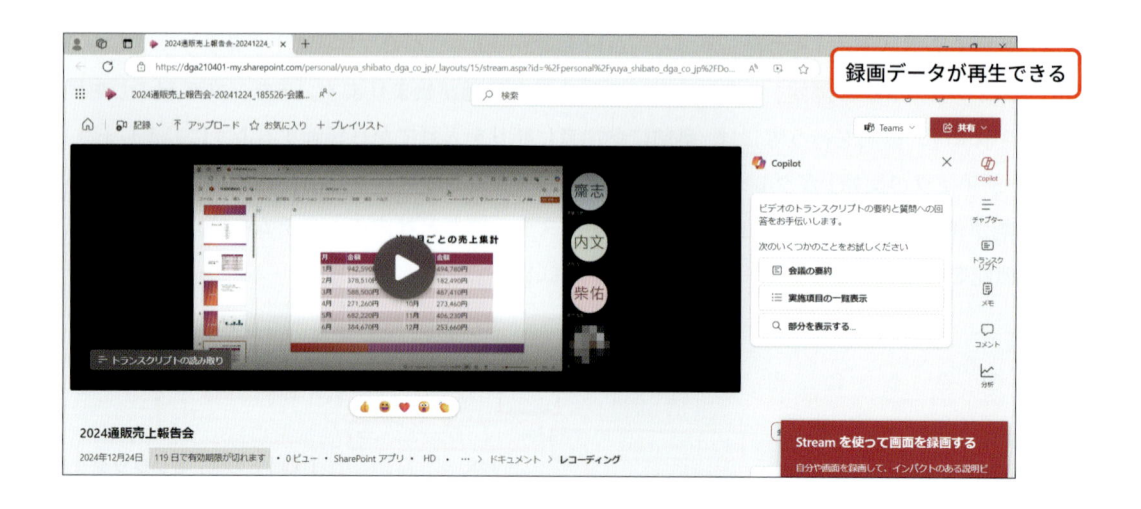

録画データが再生できる

Copilot を起動しよう

　会議が終わったら、TeamsでCopilotを使用するために、**Copilotのパネル**を開きます。先ほどの手順で［チャット］から会議を選択し、右上の［Copilot］をクリックすると、Copilotのパネルが画面右側に開きます。

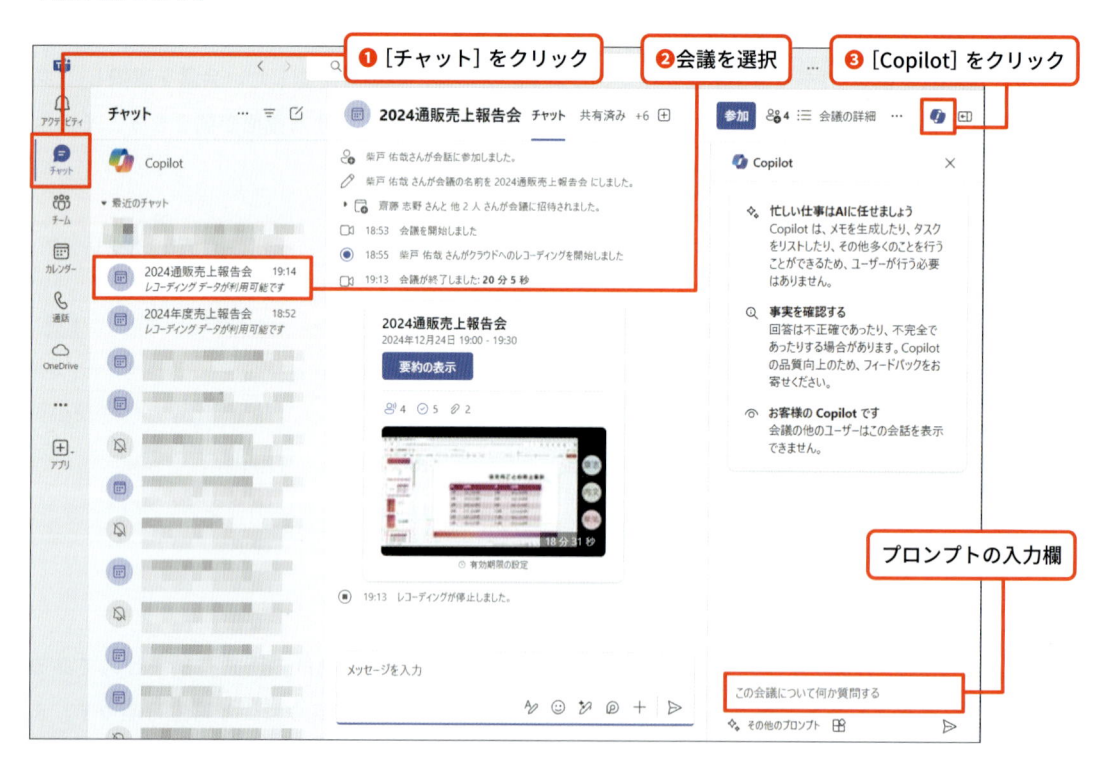

❶［チャット］をクリック　　❷会議を選択　　❸［Copilot］をクリック

プロンプトの入力欄

　パネルの一番下の入力欄にプロンプトを入力することで、Copilotと対話ができます。

Copilot に議事録を生成してもらう

　ここからは、Copilot に議事録を作成してもらう手順を紹介します。まずは、こちらからフォーマットを指定せずに議事録を生成させてみます。

このプロンプトを実行すると、次のような回答が返ってきました。

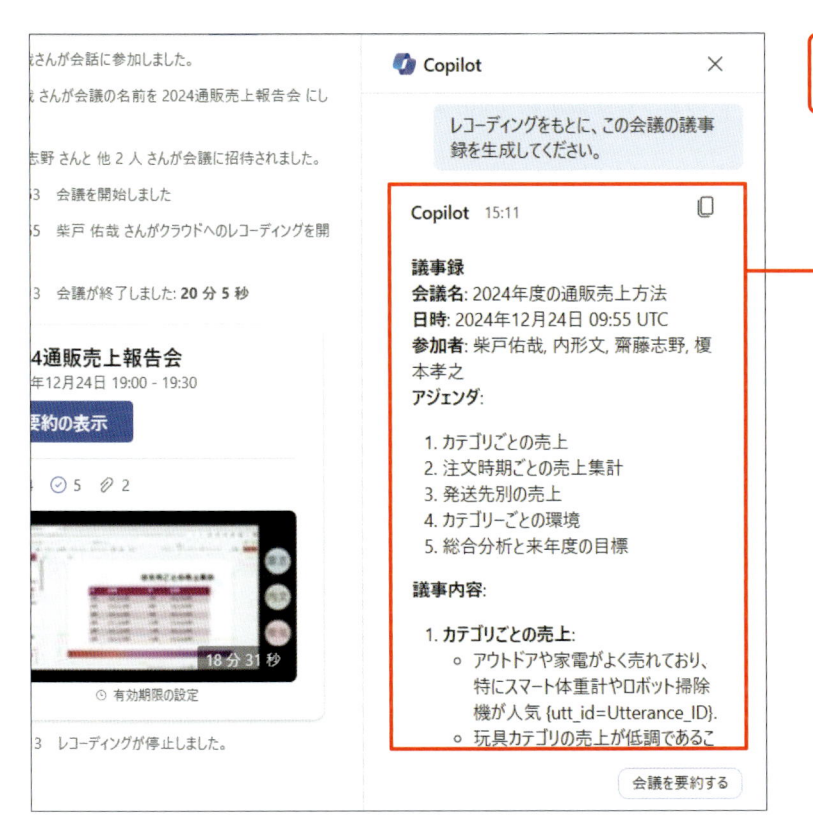

　会議で話されていた内容が議事録として生成されました。

　一方で、開催日時が日本時間ではなくUTC（協定世界時）で表示されているなど、そのまま使うには不十分な点も存在します。

フォーマットを指定して議事録を生成してもらう

　先ほどのプロンプトでは、生成結果にいくつかうまくいかない点がありました。そこで、プロンプトを改良し、**フォーマットを指定して**議事録を生成させてみましょう。ここでは、開催日時（日本時間）、参加者、議題、課題事項を抽出させます。

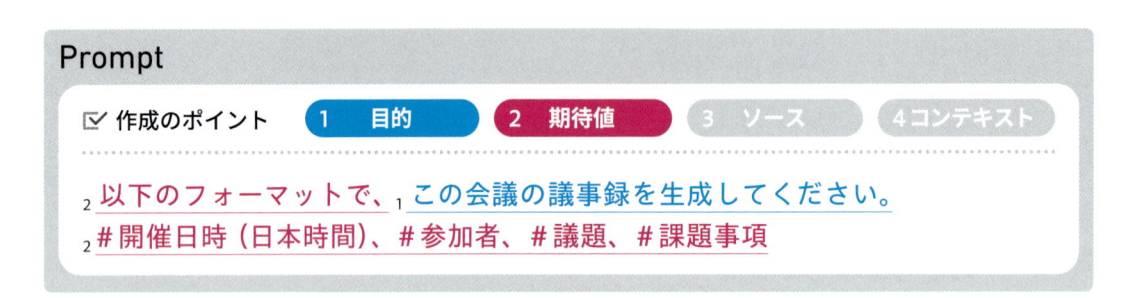

　このプロンプトを実行すると、次のような回答が返ってきました。

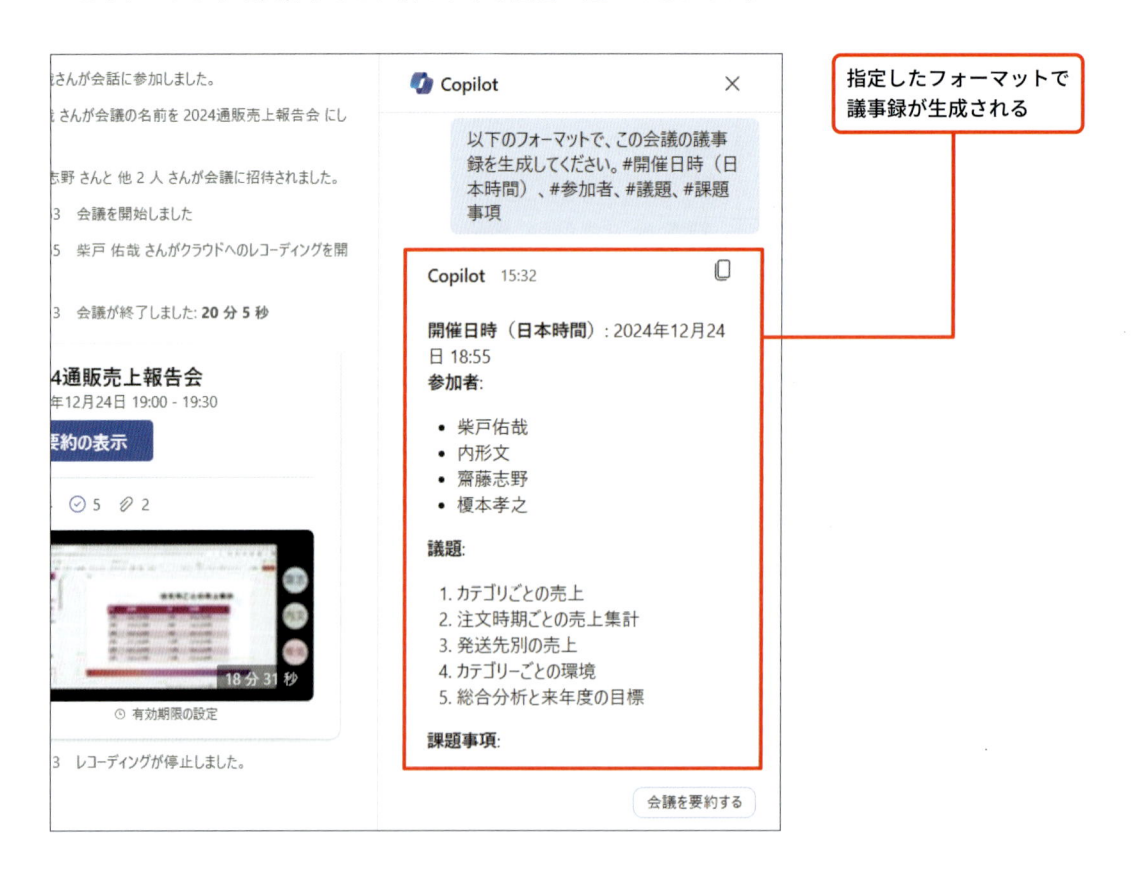

　指定したフォーマットで議事録が生成されました。先ほどUTCで表示されていた日時も、きちんと日本時間で表示されるようになりました。Copilotに議事録を作成してもらう場合、このようにフォーマットを指定したほうが理想のものが生成されやすくなります。

生成された内容をもとにファイルを作成する

　ここまでの手順で議事録を生成する際に、一点注意するべき事項があります。それは、**生成結果をTeamsから直接ファイルとして出力できない**ことです。そのため、議事録を何らかのファイルで提出する必要がある場合、生成されたテキストをもとに別途ファイルを作成する必要があります。Copilotの回答の右上に表示されている［コピー］ボタンをクリックすると、生成された議事録をコピーできます。Wordなどのアプリにコピーしたテキストを貼り付け、適宜体裁を整えて利用するとよいでしょう。

［コピー］をクリック

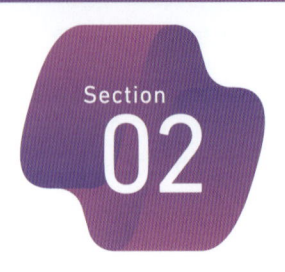

Section 02

会議の内容を要約してもらおう

Copilotに会議の内容を流れに沿って要約してもらい、概要を手短に理解しましょう。また、会議に途中参加した際に、参加時点までの経緯を把握できないこともよくあります。そのようなときに、それまでの会議の経過を教えてもらうこともできます。

こう頼む！

・ 詳しさの程度を指定して、会議の内容を要約してもらう
・ 会議に遅れて参加した際に、参加時点までの会議の経緯を要約して教えてもらう

ここに注意！

・ 要約には漏れがある可能性もあるため、議事録にも目を通すようにしてください

Copilotにヘルプを頼むと……

会議の内容を要約してくれる

要約の表示

18分31秒

⏱ 有効期限の設定

⚪ Copilot　　　　　　　　✕

> レコーディングをもとに、この会議の内容
> を簡潔にまとめてください。

Copilot　10:16　　　　　　　　📋

会議内容の簡潔なまとめ

- **カテゴリごとの売上分析:** 家電カテゴリが最も高い売上を達成。玩具カテゴリの売上が低いことが課題。 [1]
- **注文時期ごとの売上集計:** 4月と5月に売上のピーク。8月と10月の売上が低調。 [2]
- **地域別の売上分析:** 福岡県、広島県、東京都、愛知県、大阪府での売上が高い。地方都市でのオンラインショッピング利用が増加。 [3]
- **カテゴリーごとの環境分析:** 実用性とデザインが両立している商品が高評価。一部商品には抜本的な改善が必要。 [4]
- **総合分析と来年度の目標:** 低調な売上月のプロモーション強化、おもちゃカテゴ

会議の内容を簡潔に要約してもらう

　会議の時間が長かったり議論が交錯したりしていると、議事録を読んでも内容を理解できないこともあるでしょう。そのような際には、Copilotに内容の要約を頼むと理解の助けになるかもしれません。

　会議後のCopilot画面で、次のプロンプトを実行してください。

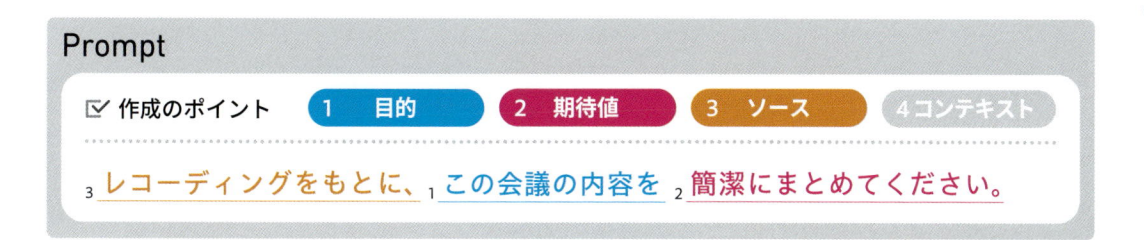

　Copilotから次のような回答が返ってきました。

会議の内容を詳しく要約してもらう

　先ほどの要約は「簡潔に」と指定したこともあり、非常にシンプルな箇条書きでまとめられていました。簡単な会議ならこの程度の要約でもよいのですが、重要な会議であれば内容に漏れがないか不安になるかもしれません。そのようなときには、Copilotへの指示を変えてみましょう。先ほどのプロンプトの「簡潔に」を「詳細に」へと修正し、実行します。

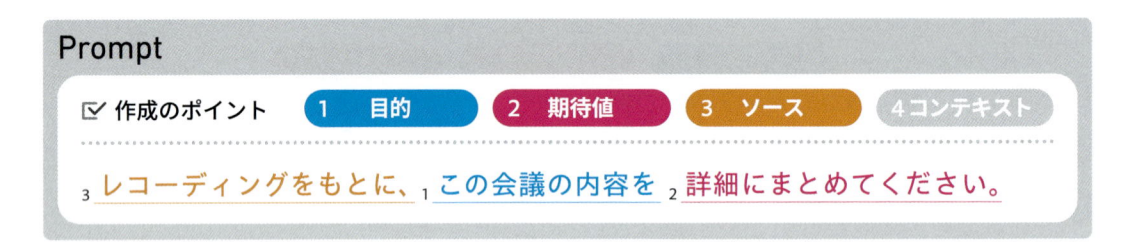

　すると、このような回答が返ってきました。

　家電カテゴリでどの商品が人気なのかやよく売れる月の理由などが表示されており、先ほどの回答に比較して詳細なまとめが生成されたのがわかります。このように、Copilotに要約を任せるときには、**期待値を指定する**ことが重要です。

　ただし、Copilotによる要約はAIによる生成結果ですから、漏れがない保証はありません。Copilotによる要約を参考にしつつ実際の議事録にも目を通すようにしましょう。また、生成結果の文末に表示されている数字をクリックすることで、回答の根拠になった発言を表示することができます。

AIメモを確認する

　ここまで、プロンプトを利用して会議の要約を作成してもらう方法を見てきましたが、プロンプトを使う方法以外にも会議の要約を確認する方法があります。

　画面上部の［まとめ］タブをクリックします。この画面では、誰がどの時間帯にどのくらい話しているのかをわかりやすく示した**［話者］**や会議の文字起こしである**［トランスクリプト］**などで、Copilotが会議を分析したさまざまなデータを確認することができます。

　その中の項目の1つに**［AIメモ］**があります。これは会議の内容や発生したタスクをまとめてくれる機能です。

AIメモの左の「>」をクリックすることで、メモに表示されているトピックの詳細を確認することができます。

これまでの経緯を確認する

会議に遅れて参加した際、それまでの議論の流れがわからず話についていけなかった経験はないでしょうか？ Copilotを活用することで、**自分が会議に参加するまでの議論の流れ**を教えてもらうことができます。

会議の画面で [Copilot] をクリックしてチャット画面を開き、次のプロンプトを実行します。

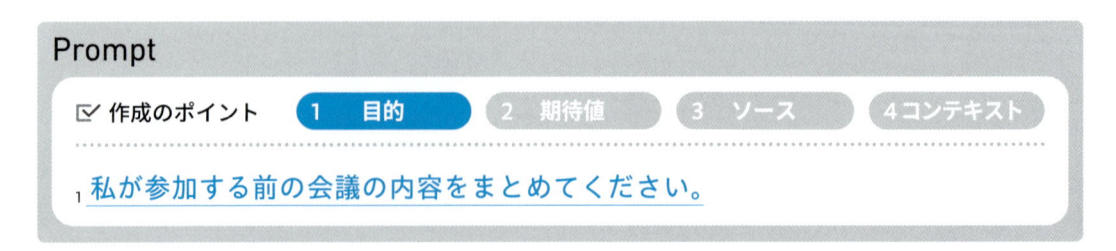

このプロンプトを実行すると、次のような回答が返ってきます。

これまでの話が要約されて表示されました。

遅れて参加したときに限らず、議論の流れや目的がわからなくなってきたときには、まずはCopilotに質問し、まとめてもらうとよいでしょう。Copilotとの対話は他の人からは見えないので、会議の邪魔になることはありませんし、初歩的な質問でもためらいなく質問することができます。

#質問リストの生成　#質問に対する答えの生成

Section

03

「質問はありませんか？」に対する候補を生成してもらおう

会議に参加していると、質問を求められるシーンがよくありますが、議論の内容を十分に理解できていなかったり、議論の観点を整理できていなかったりした場合、とっさに思いつかないこともあるでしょう。そのような場合に備えて、Copilotに質問を生成してもらってみましょう。また、参加者から挙がった質問の答えをCopilotに聞くこともできます。

こう頼む！

・会議の内容を踏まえた質問のリストを生成してもらう
・参加者から出た質問に対する答えを生成してもらう

Copilotにヘルプを頼むと……

> ここまでの会議をもとに、質問すべき内容のリストを箇条書きで生成してください。

Copilot 19:48

- カテゴリごとの売上傾向について、特に家電とアウトドアの売上が高い理由を詳しく教えてください。{utt_id=Utterance_ID_10}
- おもちゃカテゴリの売上が低い原因について、具体的な要因や改善策はありますか？{utt_id=Utterance_ID_14}
- 7月と5月の売上ピークの詳細な理由や、他の月と比較しての違いを教えてください。{utt_id=Utterance_ID_20}
- 売上が下がっている月（特に8月と10月）の具体的な原因と、それに対する対策はありますか？

質問のリストを生成してもらえる

質問のリストを生成してもらう

　会議の中で「なにか質問はありませんか？」と質問を求められるシーンがあります。話を聞いたばかりでまだ内容を整理できておらず、何を聞いてよいのかもわからないこともあるかもしれません。とはいえ、せっかくの質問の機会を無為に過ごすのももったいないです。ここまでの会議の話題に対して、なにか質問しておくべきことがないか、Copilotに助けを求めてみましょう。

会議中の画面でCopilotを開き、以下のプロンプトを入力し、実行します。

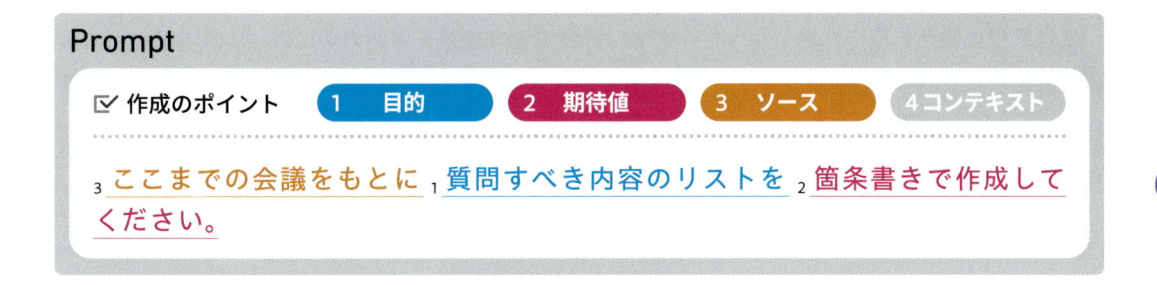

Prompt

☑ 作成のポイント　　1 目的　　2 期待値　　3 ソース　　4 コンテキスト

₃ここまでの会議をもとに、₁質問すべき内容のリストを、₂箇条書きで作成してください。

このプロンプトを実行すると、次のような回答が生成されます。

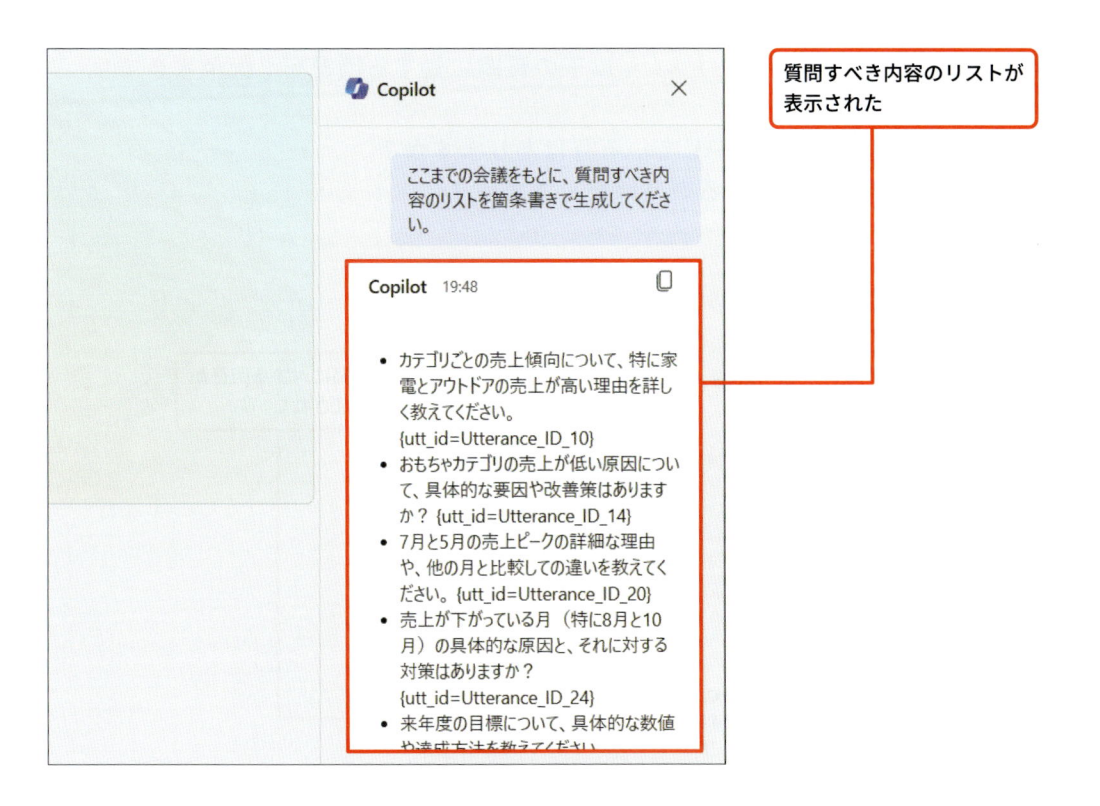

質問すべき内容のリストが表示された

ここまでの会議の内容を踏まえて、質問のリストが生成されました。目を通して、これは必要そうだなと感じたものがあれば質問してみるとよいでしょう。

6

Teamsでの会議の議事録作成やフィードバックを依頼しよう

寄せられた質問への答えを生成してもらう

　次は質問に答える側の立場になってみます。質疑応答で挙がる質問の中には、これまでの議論の中で答えが出ている場合もあります。しかしながら、多様な話題が次々と切り替わり、さまざまな決定がなされていくような会議では、とっさに思い出せないような場面もあるでしょう。そのようなときは、Copilotに質問を投げかけ、これまでの会議で答えが出ていないか探ってみましょう。

　会議中のCopilot画面で、以下のプロンプトを入力して実行します。

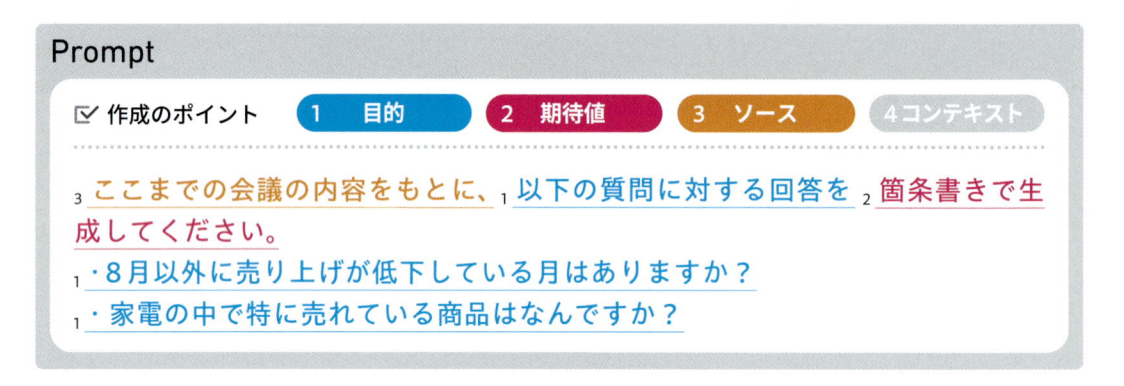

このプロンプトを実行すると、次のような回答が生成されます。

質問に対する回答が生成された

　プロンプト内で聞いた質問に対して、ここまで会議で話されていた内容をもとに回答が生成されました。

　このように、Copilotを活用することで質問やそれに対する答えを生成してもらえます。会議に対する新たな視点として取り入れてみるとよいでしょう。

トランスクリプトを確認する

　これまでも注意事項として触れてきましたが、**Copilotが生成してくる内容はその仕組み上必ずしも正しいとは限りません**。そのため、**トランスクリプト（文字起こしのテキスト）** を確認しておくと、生成内容に間違いがあった際に気づくことができます。

　以下の手順で、トランスクリプトを会議中に確認することができます。

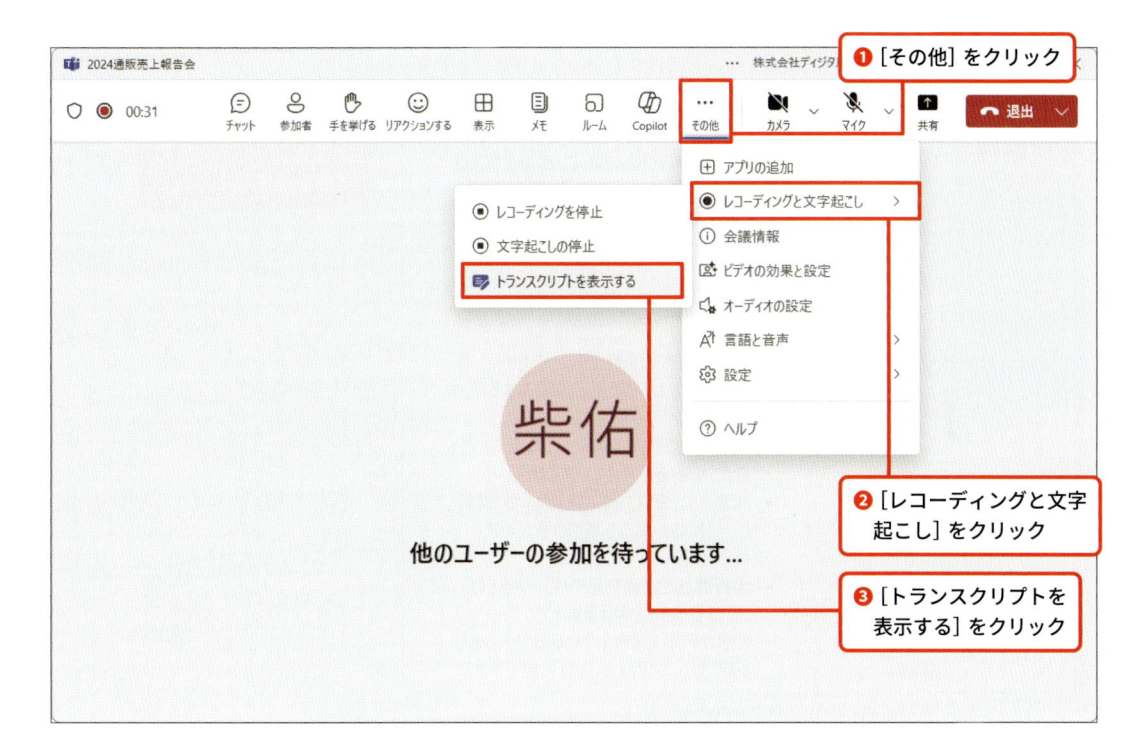

　以上の操作をすると、会議画面の右側にトランスクリプトが表示されるようになります。会議で話された内容は逐次文字起こしされて表示されます。

#意見の違い・共通点の抽出　#フォローアップの質問

会議のフォローアップを してもらおう

行き詰まった議論の解決役としてもCopilotは有効です。意見の相違点や共通点を整理してもらうことができ、論点を明確にする手助けとなるでしょう。また、議論をフォローアップするための質問を提案してもらうこともできます。

こう頼む！

- ・ 会議の中で出た意見の相違点や共通点を整理してもらう
- ・ 議論を進めるための質問も提案してもらう

▶ Copilotにヘルプを頼むと……

> おもちゃカテゴリに関して、議論を展開させるためのフォローアップの質問を提案してください。

議論を進めるための質問を提案してくれる

Copilot　19:59

- ・ おもちゃカテゴリの売上向上のために、具体的にどのような新商品を導入する予定ですか？
- ・ 定番商品の強化に向けて、具体的にどのような施策を考えていますか？
- ・ 問屋さんとの協力体制をどのように構築し、売れ筋の調査を進める予定ですか？
- ・ 流行商品と定番商品のバランスをどのように取るべきだと考えますか？
- ・ 他のカテゴリで成功している戦略をおもちゃカテゴリに応用することは可能ですか？

意見の違いや共通点を整理してもらう

　会議では、時として議論が停滞してしまうことがあります。アイデアが出尽くしてしまった場合や、参加者同士の見解に相違がある場合など、理由はさまざまでしょう。ここでは参加者同士の意見がかみ合わない場合を想定して、Copilotに論点を整理してもらいましょう。

会議中の Copilot 画面で、以下のプロンプトを入力して実行します。

Prompt

☑ 作成のポイント　　1　目的　　2　期待値　　3　ソース　　4 コンテキスト

₁おもちゃカテゴリに関して、意見の違いを整理してください。

このプロンプトを実行すると、次のような回答が生成されます。

意見の相違点が発言者ごとに
まとめて生成された

◆ Copilot　　　　　　　　　　　×

おもちゃカテゴリに関して、意見の違いを
整理してください。

Copilot　19:57

- おもちゃカテゴリの売上向上についての
意見
  ◦ 内形さんの意見:
    ▪ 新商品の導入と既存商品の入
れ替えを行うべき。
    ▪ 問屋さんと相談して売れ筋の調
査を行い、最近の流行を把握
する必要がある。
{utt_id=Utterance_ID_30}
  ◦ 榎本さんの意見:
    ▪ 流行よりも定番商品の強化が
先決である。
    ▪ 現状ではおもちゃカテゴリのノウ
ハウが不足しているため、無理
に拡大を狙うべきではない。
{utt_id=Utterance_ID_32}

　生成された内容から、流行の新商品を導入すべきか、無理に拡大を狙わず定番商品の強化をすべきかで意見が割れていることがわかりました。意見の相違点が判明すると、次に行うべき議論の論点が定まります。

6

Teams での会議の議事録作成やフィードバックを依頼しよう

同じように、**意見の共通点**についても整理してもらいましょう。次のプロンプトを入力し、実行します。

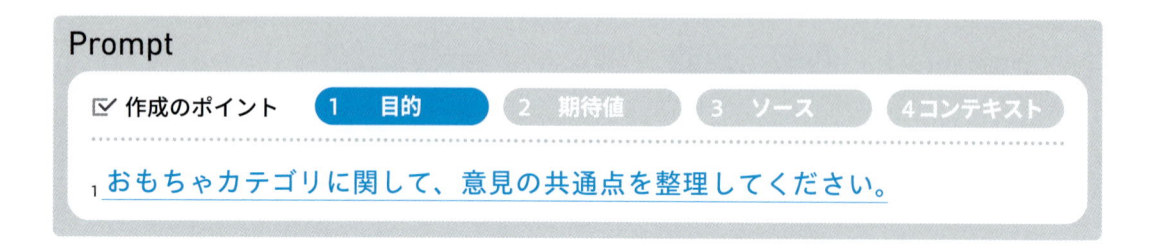

Prompt

☑ 作成のポイント　　①　目的　　②　期待値　　③　ソース　　④コンテキスト

₁ おもちゃカテゴリに関して、意見の共通点を整理してください。

　このプロンプトを実行すると、次のような回答が生成されます。

意見の共通点が生成された

　売上の低さが課題であり、何らかの対策が必要であるとの共通認識があることがわかりました。したがって、どのような対策を実施すべきかについて話し合ってみるとよいかもしれません。

フォローアップの質問を提案してもらう

意見の違いや共通点が整理できたら、質問を投げかけて議論を次へ進めましょう。

会議中のCopilot画面で、以下のプロンプトを実行します。

Prompt

☑ 作成のポイント　　1　目的　　2　期待値　　3　ソース　　4コンテキスト

1 おもちゃカテゴリに関して、議論を展開させるためのフォローアップの質問を提案してください。

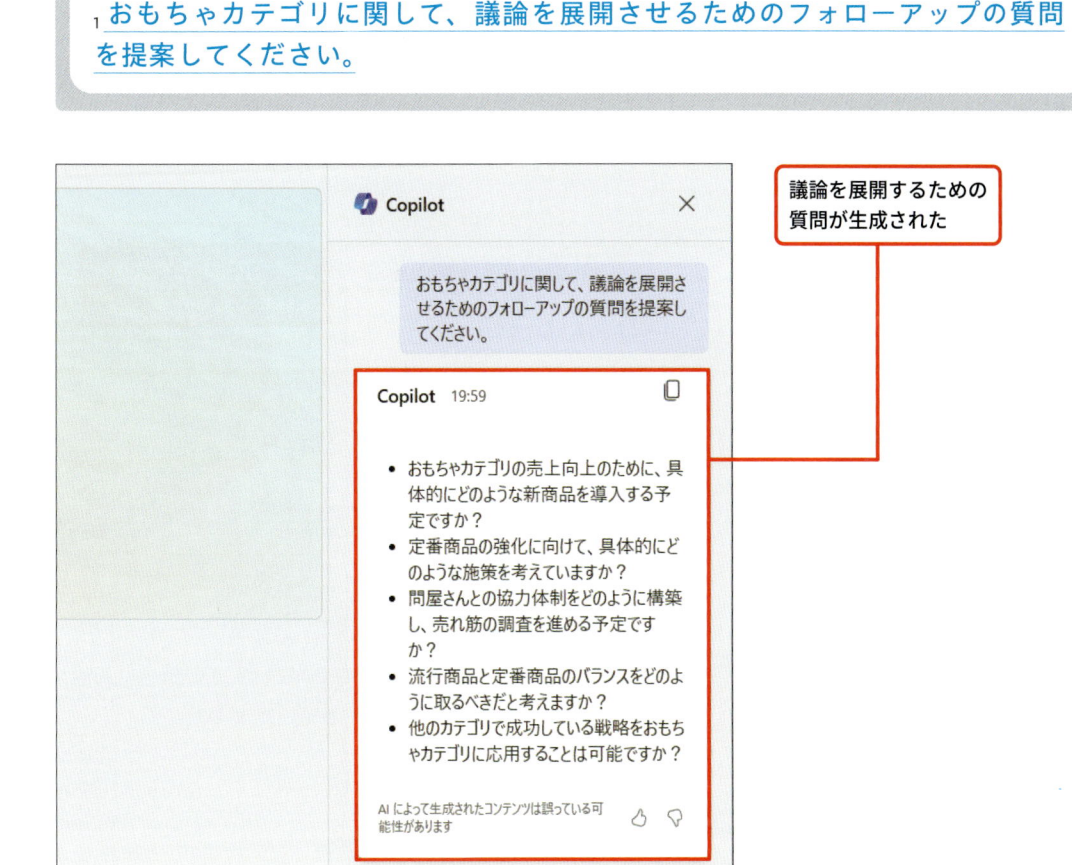

議論を展開するための質問が生成された

フォローアップの質問リストが生成されました。先ほどの手順で流行商品・定番商品のどちらに力を入れるべきかで意見が割れていることがわかっているので、そのバランスを議論してみるのもよいかもしれません。

　このように、Copilotを会議中に活用することで、議論に第三者の視点を入れることができます。

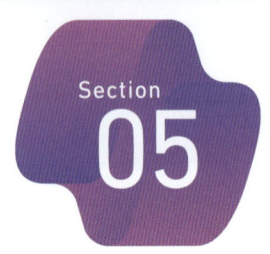

Section 05

会議で挙がった今後のタスクを整理してもらおう

会議の結果、その後実施しなければならないタスクや追加で行わなければならない会議が発生することがあります。Copilotに整理してもらい、実施漏れがないようにまとめておきましょう。プロンプトでのやり取りなしにタスクを確認する方法もありますので、そちらも併せて説明します。

こう頼む！

- 会議で発生したタスクを整理してもらう
- 発生した追加の会議を整理してもらう

Copilotにヘルプを頼むと……

> レコーディングをもとに、この会議で発生したタスクを箇条書きでまとめてください。

要約の表示

18分31秒

⏱ 有効期限の設定

Copilot 11:24

会議で発生したタスク

- **詳細レポートの提出** - 柴戸さんがカテゴリー毎の感想の詳細をレポートにまとめて来週中に提出。 [1]
- **おもちゃカテゴリの改善案会議** - 来週水曜日の15時におもちゃカテゴリの改善案について会議を設定。会議室の確保は齋藤さんが担当。 [2]
- **マーケティングキャンペーンの意見収集** - 齋藤さんがマーケティング部の鈴木さんから全国的なマーケティングキャンペーンについての意見を収集。 [2]
- **会議資料の共有** - 柴戸さんが今日の資料を社内の共有フォルダーにアップロー

会議で発生したタスクを整理してもらえる

タスクを確認する

　会議で話し合った結果、実施しなければならないタスクが発生することがあります。きちんとメモを残していればよいのですが、うっかり忘れてしまっては会議をした意味がありません。議事録を読み返してタスクを整理することもできますが、会議を思い出しながら読み返していると、それなりの

時間や手間がかかってしまいます。そのようなときに、まずCopilotにタスクだけをまとめてもらえば、手早く把握することができます。

　それでは、会議後のCopilot画面で次のプロンプトを実行します。

　このプロンプトを実行すると、次のような回答が返ってきます。「箇条書きで」と指定しなくても、Copilotは箇条書きで回答を生成してくれるケースが多いのですが、こちらから形式を指定したほうが、理想の回答を安定して得られます。そのため、プロンプトにはフォーマットを盛り込むことをおすすめします。

　会議で発生したタスクがまとめて表示されました。右上の［コピー］をクリックすると回答をコピーできます。

プロンプトなしでタスクを確認する

なお、プロンプトのやり取り以外でタスクを確認する方法もあります。

[チャット] タブを開くとチャットのやり取りの中に会議の情報が合わせて表示されており、そこに **[5件のタスク]** というボタンがあります（件数は会議の内容に応じて変わります）。ここをクリックすると、会議で発生したタスクが確認できます。

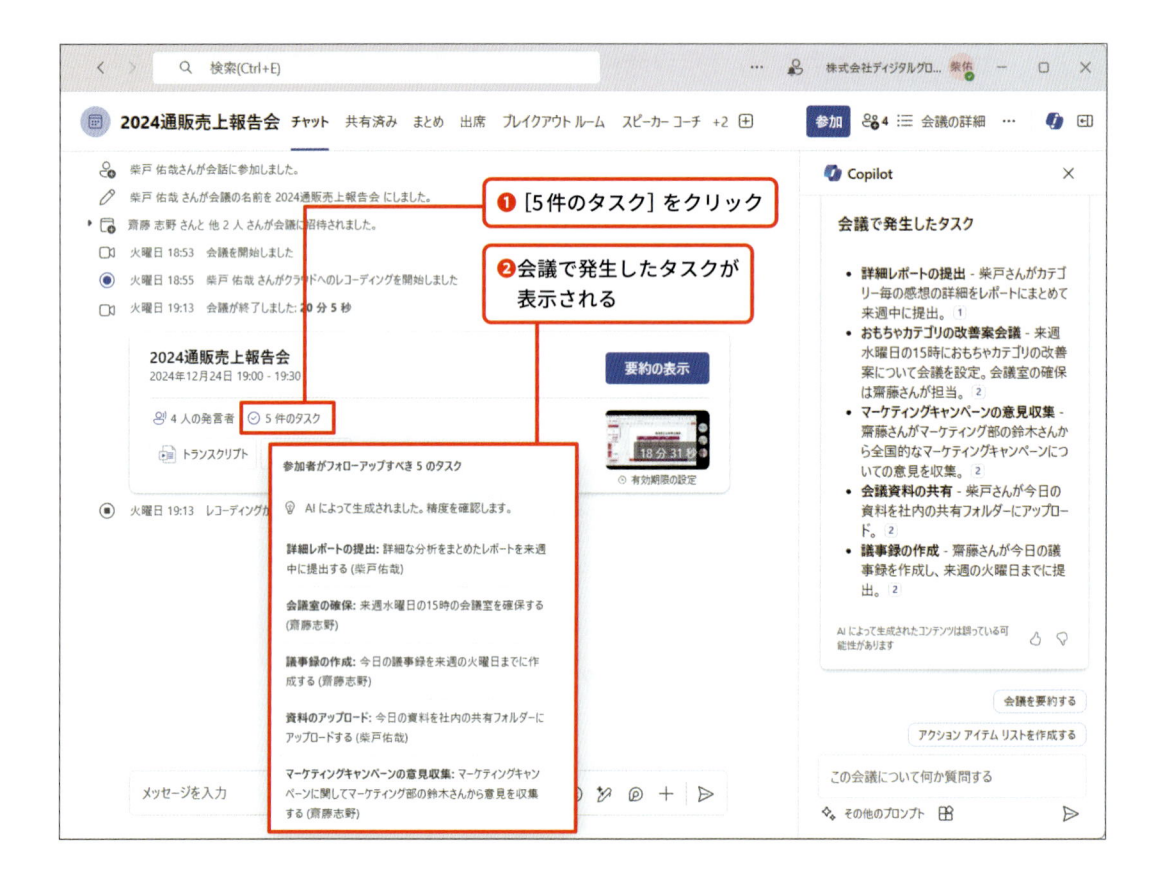

この方法は、プロンプトを入力することなく **ワンクリック** でタスクが確認できるため便利です。一方で、プロンプトを使用する際のようにフォーマットや期待値を細かく設定することはできません。必要な情報量などに応じて使い分けてください。

追加の会議を確認する

　会議の中で新たな課題が見つかった結果、**追加の会議**が発生することがあります。日にちを忘れないように、Copilotに確認してみましょう。

　会議後のCopilot画面で、以下のプロンプトを実行します。

　このプロンプトを実行すると、次のような回答が返ってきます。

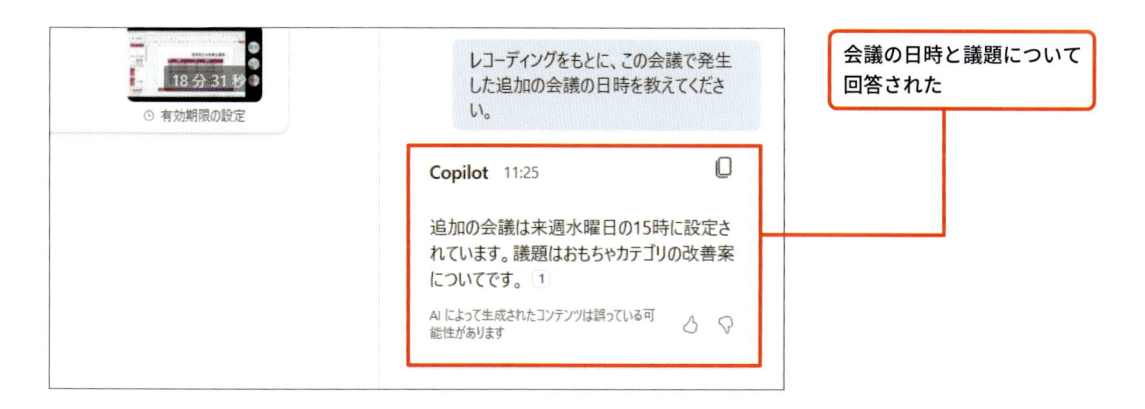

　会議の日時と議題が表示されました。忘れないようにカレンダーアプリやタスク管理ツールに記録しておくとよいでしょう。

#会議の振り返り　#フレームワーク

Section 06 次回以降の会議に向けた改善点を出してもらおう

会議の後には振り返りを行い、次回への改善点をまとめることが重要です。Copilot を用いることで、さまざまな切り口から会議の振り返りを行うことができます。また、行われていた議論に穴がないかも確認してみましょう。

こう頼む！
- 会議の内容を振り返り、改善点などを提案してもらう
- KPT 法や YMT 法などのフレームワークで振り返りを行ってもらう
- 議論に穴がないか分析して提示してもらう

Copilotにヘルプを頼むと……

今日

> レコーディングにもとづき、この会議の内容をKPT法で振り返ってください。

要約の表示

18 分 31 秒

⏱ 有効期限の設定

要約の表示

Copilot 12:38

KPT法による振り返り

Keep（継続すること）

- **アウトドアと家電カテゴリの売上**: これらのカテゴリは高い売上を達成しており、特にスマート体重計やロボット掃除機が人気。 [1]
- **地方都市での需要増加**: 福岡県、広島県、東京都での需要が高く、地方都市でのオンラインショッピングの利用が増加している。 [2]

> 会議の内容を振り返り、改善点を教えてもらえる

KPT 法で会議を振り返る

　会議の質を向上してもらうには、終わった後に振り返りを行い、改善点をまとめることが効果的です。ここでは **KPT 法** を用いて振り返りを行います。KPT 法とは、振り返りや改善活動を実施する際

に用いられる**フレームワーク（考え方の枠組み）**の一種で、Keep（良かったこと・継続して実施すること）・Problem（よくなかったこと・改善したいこと）・Try（新しく取り組みたいこと）の視点から振り返りを行う手法です。3つの頭文字を取って、KPT法と呼ばれます。振り返り手法の中で最もポピュラーなものです。

　それではさっそくKPT法を実施してもらいましょう。会議後のCopilot画面で、以下のプロンプトを実行します。

プロンプトを実行すると、次のような回答が生成されます。会議の内容を分析し、引き続き実施するべきことを抜き出してまとめてくれました。

継続することがまとめられている

チャット欄を下にスクロールすると、問題点と試すことも表示されていることが確認できます。

挙げられた内容をもとに、会議を振り返ってみるとよいでしょう。

YWT法で会議を振り返る

　KPT法以外にも振り返りのためのフレームワークは存在します。次は**YWT法**を試してみましょう。YWT法では、Y（やったこと）・W（わかったこと）・T（次にやること）の視点から振り返りを実施します。要素がシンプルであり、個人や小規模の組織での振り返りにも利用しやすい特徴があります。

　それでは、会議後のCopilot画面で以下のプロンプトを実行してみましょう。

YMT法での振り返りが表示された

先ほどとは別の視点で振り返りを行ってくれました。

業務や会議の性質によって、ふさわしい振り返りの方式も異なります。プロンプト次第でさまざまな手法を手軽に実施できるため、いままでになかった視点での振り返りも試してみるといいかもしれません。

議論に穴がないか教えてもらう

どれほどていねいに議論を行っていても、必要な論点が抜け落ちてしまうことはあります。実施した会議で重要な論点が抜け落ちていないか分析してもらうことで、会議の効果を高めることができます。重要な内容が抜けていたことがわかったら、追加で会議を実施してみてもよいでしょう。

会議後のCopilot画面で、次のプロンプトを入力して実行します。

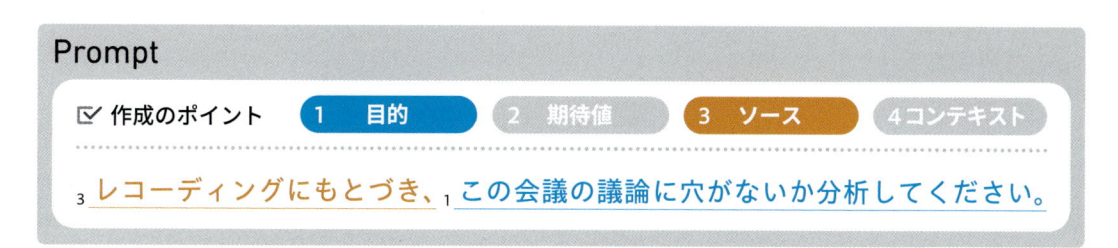

Prompt

☑ 作成のポイント　　1　目的　　2　期待値　　3　ソース　　4 コンテキスト

3 レコーディングにもとづき、1 この会議の議論に穴がないか分析してください。

6

Teamsでの会議の議事録作成やフィードバックを依頼しよう

このプロンプトを実行すると、次のような回答が返ってきます。

会議の中で議論が不足していた点が表示されました。カバーできなかった論点について追加の会議を実施する場合、どのようなことを議論すればよいのかについても聞いてみます。

次のプロンプトを実行してみましょう。

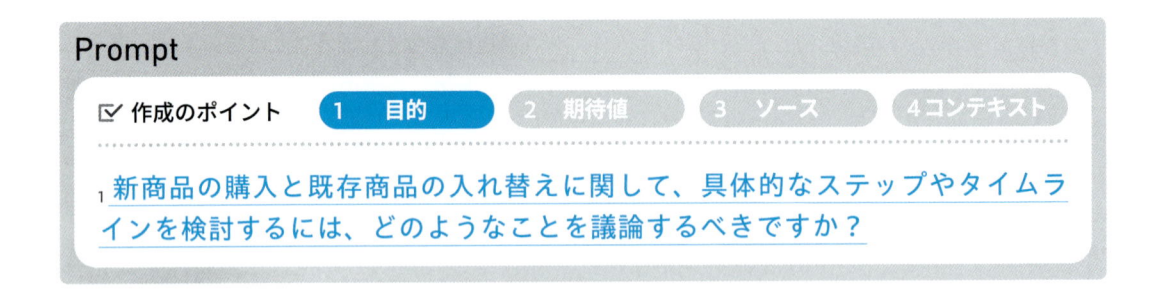

実行したプロンプトに対して、次のような回答が生成されました。

議論すべき内容が生成された

　議論するうえで重要なポイントが列挙されています。妥当な内容か精査したうえで、次の会議では
このポイントについて話し合ってもよいかもしれません。

　このようにCopilotを活用して振り返りを実施することは、会議の質向上につながります。積極的
に取り組みましょう。

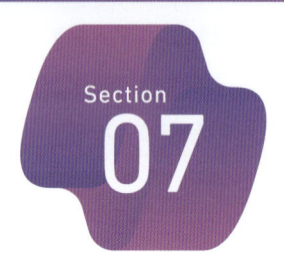

Section
07

参加者の発言をまとめてもらおう

会議の中ではさまざまな発言が飛び交います。参加者それぞれの発言や質疑のやり取りをCopilotにまとめてもらい、内容の理解に活用しましょう。ただし、文字起こしはAIによるものなので必ずしも正しいとは限りません。生成内容に間違いがあった場合、Copilot自身で直してもらうこともできます。

こう頼む！

- ・ 参加者ごとの発言を箇条書きでまとめてもらう
- ・ 質問と回答をまとめたテーブルを生成してもらう
- ・ 内容に間違いがあった場合、修正してもらう

Copilotにヘルプを頼むと……

会議での発言内容を
テーブルにまとめて
もらえる

参加者の発言を箇条書きでまとめてもらう

　会議では、複数の人がさまざまな順番で連続的に発言しています。議事録の中から、発言者を拾い上げるのは難しいこともあるかもしれません。発言の多寡や内容の傾向を掴むことで、会議の改善にもつながるでしょう。

　それでは、会議後のCopilot画面で次のプロンプトを実行します。

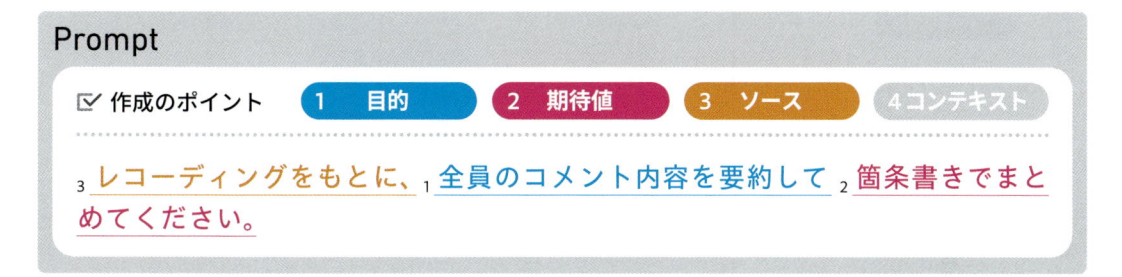

Prompt

☑ 作成のポイント　　① 目的　　② 期待値　　③ ソース　　④コンテキスト

③レコーディングをもとに、①全員のコメント内容を要約して②箇条書きでまとめてください。

　このプロンプトを実行すると、次のような回答が生成されます。

参加者の名前と発言内容がまとめられている

　参加者の名前と発言内容の要約が箇条書きで表示されました。

先ほどの画面では2人分しか表示されていませんが、チャット画面を下にスクロールすると、他の人の発言も確認できます。

他の人の発言もまとめられている

参加者が多いと参加者一人ひとりがどのような意見を持っているのかを整理しきれないことがよくあります。しかし、このように、発言者とコメントを要約してもらうことで、それぞれの意見・主張が整理しやすくなります。

質問と回答をテーブルにまとめてもらう

会議の中で質問があった場合、それに対してどのような答えが出たのかまとめておきたいものです。しかし、質問と回答をまとめる場合、質問者・質問内容・回答者・回答内容と要素が4つに増え、箇条書きではわかりにくくなってしまいます。そこでテーブル（表）形式の出番です。

Copilotにテーブル形式で回答を生成してもらい、質問とそれに対する答えを整理してもらいましょう。

会議後のCopilot画面で次のプロンプトを入力して実行します。

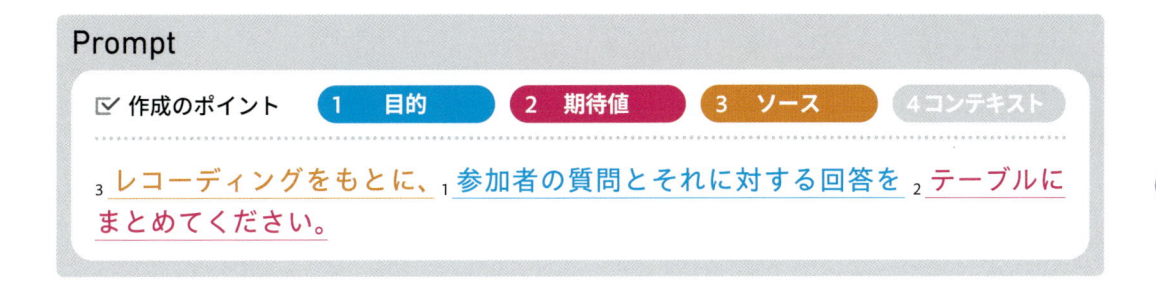

プロンプトを実行すると、次のようなテーブルが生成されます。

質問者と質問内容、それに対する回答者と回答内容がテーブルとして表示される

　質問者と質問内容、それに対する回答者と回答内容をまとめたテーブルが生成されました。会議内での議論がより理解しやすくなったのではないでしょうか。

　必要に応じて聞き方を変えることで、さまざまなテーブルが生成できます。

生成結果の誤字を修正してもらう

　先ほどの生成結果の1行目と2行目を確認すると、「回答者」が別の名前になっています。しかし、実際にはこれは同一の人物の回答です。Copilotが生成時に名前を間違えてしまったようです。自分の手で修正してもよいのですが、Copilotに修正点を指示し、再度テーブルを作成してもらいましょう。

　先ほどの生成結果に続いて、次のプロンプトを実行します。

Prompt

☑ 作成のポイント　　1 目的　　2 期待値　　3 ソース　　4 コンテキスト

₁「栃戸」を「柴戸」に修正して、₂テーブルをまとめなおしてください。

このプロンプトを実行すると、テーブルがこのような内容で再度生成されます。

　2行目の回答者を確認すると、名前が直っていることが確認できます。ただし、テーブルを生成し直した際には内容が最初の結果から変わってしまう可能性がありますので注意してください。

　なお、ここまでの手順で生成してもらったテーブルをコピーしてWordなどに貼り付けると、そのまま表として利用できます。会議の報告書などを作成するときに便利です。

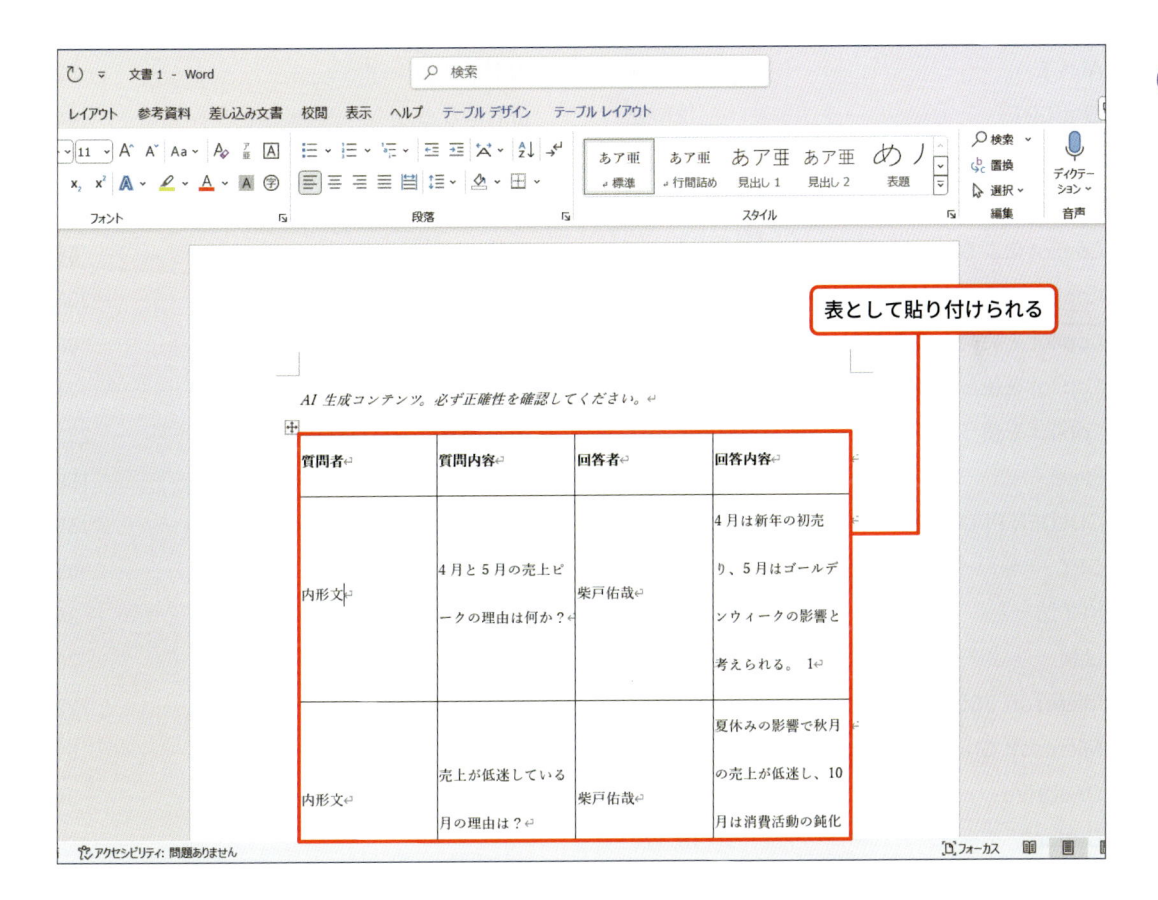

　また、誤字の修正以外にも、常体（だ・である調）を敬体（です・ます調）に直すなど文体の調整もできます。必要に応じて活用してみてください。

索引

アルファベット

AIメモ 211
ChatGPT 21, 32
Copilot 12
Copilot Pro 38
Copilotによるコーチング 190
Copilotプロンプトギャラリー 152
Copilotを使用してスケジュールする 196
Copilotを使って書き換え 104, 119
Copilotを使って下書き 105, 181
Excel 13, 48
GOLDEN PROMPTS 34
GPT 21, 32
KPT法 226
LLM 24
Microsoft 365 Copilot 12
Microsoft Graph 33, 36
OneDrive 42, 54
Outlook 18, 170
PowerPoint 16, 140
RAG 33
SharePoint 42
Stream 203
Teams 19, 202
Web 32, 36
Word 15, 100
YWT法 228

あ行

アイコンセット 76
空き時間 173
英文のメール 188
閲覧者の感情 191
円グラフ 82
折れ線グラフ 84

か行

回帰直線 88
会議の要約 208
回帰分析 88
学習 21
箇条書き 233
画像の生成 158
キースライド 163
議事録 205
期待値 34
クロス集計 70
校正 122
構造化参照 59
コンテキスト 34

さ行

自動書き換え 104
条件付き書式 74
小数点表示桁下げ 58
情報源 43, 94
職場 32, 36, 93, 174
推論 22
数式 56
スケジュールアシスタント 199
スタイル 116, 124, 149

ストック画像 ⸺ 161
生成AI ⸺ 20
セマンティックインデックス ⸺ 33, 36, 91
ソース ⸺ 34
ソート ⸺ 66

た行

大規模言語モデル ⸺ 24
データベース形式 ⸺ 48
テーブル ⸺ 49, 51
テーブルにまとめてもらう ⸺ 234
デザイナー ⸺ 160, 168
テナントレベル ⸺ 36
同僚の予定 ⸺ 174
トーン ⸺ 191
トピック ⸺ 143
トランスクリプト ⸺ 211, 217

は行

ハルシネーション（幻覚） ⸺ 23, 98
ピボットテーブル ⸺ 70
秘密度ラベル ⸺ 37
表として視覚化 ⸺ 114
ファイルの参照 ⸺ 109
フィルター ⸺ 69
フォローアップ ⸺ 218
フレームワーク ⸺ 227
プレゼンテーションの整理 ⸺ 155
プロンプト ⸺ 24
プロンプトエンジニアリング ⸺ 24
棒グラフ ⸺ 80
翻訳 ⸺ 130

ま行

未対応メール ⸺ 176
見出し ⸺ 53, 65
明瞭さ ⸺ 192
目的 ⸺ 34
モデル ⸺ 21

や行

要点を絞る ⸺ 165
要約 ⸺ 126
読み上げ用の原稿 ⸺ 151

ら行

レコーディングと文字起こし ⸺ 203
列やセルの移動 ⸺ 62

わ行

話者 ⸺ 211

よくわかる
Microsoft 365 Copilot 使いこなし術

（FPT2412）

2025年3月31日　初版発行

著作／制作：株式会社富士通ラーニングメディア

発行者：佐竹　秀彦

発行所：FOM出版（株式会社富士通ラーニングメディア）
　　　　〒212-0014 神奈川県川崎市幸区大宮町1番地5 JR川崎タワー
　　　　https://www.fom.fujitsu.com/goods/

印刷／製本：株式会社広済堂ネクスト

制作協力：リブロワークス